IoT에서의

디지털 영상처리

김 인 겸 저

D.B.Info

머리말

오늘날 디지털 영상처리는 필요할 수도 있는 도구가 아니라 마치 필수 도구로 공학 분야에서 응용되고 있다. 인간이 정보를 획득하는 여러 기관 중에서 약 70%를 차지하는 것으로 알려져 있는 시각 시스템은 오래전부터 많은 연구자들이 구현하고 싶어 하는 컴퓨터 기능 중의 하나였다. 그러나 초기 디지털 영상처리 기술이 미흡한 시절의 영상은 너무나 높은 벽과 같아서 인간이 과연 할 수 있을 것인가? 라는 의문을 가지는 어려운 학문 영역 중의 하나였다. 그러나 오늘날 딥러닝과 빅데이터라는 용어가 사용되면서 디지털 영상처리 분야가 인간의 시각 시스템에 근접해 가는 모습을 보이고 있다. 우리 앞에 등장하는 로봇이 아톰이 될지 터미네이터가 될지 모르는 상황에서 우리의 미래가 어떨지 상상하는 단계에 와 있는 현실이다. 그럼에도 영상처리 분야의 공학을 공부하는 연구자 입장에서 보면 로봇의 시각시스템을 구현하는 것이 결코 쉬운 일이 아니라는 것을 잘 알고 있다.

이 책은 공학 분야의 디지털 영상처리를 다루고 있기는 하지만 근본적인 책의 목적은 공학을 공부하는 학생들의 프로그래밍 향상에 목적을 두었다고 할 수 있다. 영상처리에서 기초적인 부분을 다루면서 각 영역에 대하여 배우는 사람들이 스스로 프로그래밍하여 구현할 수 있도록 구성하였다. 공학 분야를 공부한다는 것은 궁극적으로 프로그래밍을 구현하여 사용자들이 편하게 사용할 수 있는 프로그램을 개발하거나 하드웨어 설계를 통하여 신제품을 만드는 것이다. 이러한 구현이 가능하지 않다면 공학이라고 말할 수 없을 것이다. 이러한 맥락으로 이 책은 철저하게 기초적인 프로그래밍 기법에 대한 연구가 될 수도 있을 것이다. 디지털 영상처리는 프로그래밍으로 구현하는 것과 하드웨어적으로 구현하는 것으로 나눌 수 있지만 이 책은 프로그래밍으로 구현하는 소프트웨어적인 기법만을 다룰 것이다.

공학 분야에서 공부하는 학생들이 C 프로그래밍만 잘해도 회사에서 당장 쓸 수 있다는 이야기를 많이 듣는다. 그럼에도 공학을 공부하는 학생들 중에서 프로그래밍을 잘 하는 사람들은 그리 많지도 않은 것이 현실이다. 이 책을 통하여 C 프로그래밍 실력이 향상되었다고 느낄 수 있기를 바란다.

책은 대학에서 교재로 사용할 수 있는 구조로 만들었다.

0장에서는 영상처리를 위하 디지털 영상을 컴퓨터 화면에 볼 수 있도록 환경을 설정하는 과정을 설명한다. 영상을 보기 위한 프로그램은 오픈소스로 잘 알려져 있는 OpenCV를 사용하였다. MS-Windows의 Visual Studio 2018에 OpenCV를 설치하여 환경 설정하는 방법을 설명하고 있으며 임베디드 분야에서 널리 사용하는 라즈베리파이에 OpenCV를 설치하여 영상을 화면에 보이는 프로그램을 예로 제시하고 있다. 0장에서 만든 프로그램은 앞으로 디지털 영상처리 결과들을 화면에 보여주기 위한 기본적인 프로그램이므로 어느 시스템이던지 OpenCV를 설치하여 구현할 수 있다.

1장은 IOT에서의 디지털 영상처리의 시작으로 영상처리의 역사와 배경 그리고 응용분야에 대하여 설명하고 있으며 IOT 분야에서 각광받고 있는 라즈베리파이에서의 기본적인 구현을 설명하고 있다.

2장은 기초적인 영상 변환에 대하여 설명한다. 모든 영상처리 프로그램은 C로 구현되었으며 특별한 언급이 없으면 라즈베리파이에서 실시간으로 동작할 수 있는 작업이다.

3장은 영상향상으로 영상처리의 가장 기본적인 작업이다. 디지털 영상처리를 통하여 원하는 영상을 만드는 작업이라고 할 수 있으며 일반적으로 영상처리라고 말하는 가장 기본이 되는 영역이다. 따라서 누구나 구현할 수 있어야 한다.

4장은 공간 필터링으로 영상을 공간영역에서 원하는 목적에 맞는 출력을 얻을 수 있도록 돕는 역할을 학습한다. 일반적으로 통신 시스템에서 다루는 필터링과 크게 다르지 않으나 영상은 특별한 필터를 사용하여 원하는 결과를 얻을 수 있다.

5장은 공간영역과 다른 도메인인 주파수 영역에서의 영상처리를 다룬다. 공간영역에서 다루었던 필터링이 실제로는 주파수 영역에서의 저주파 필터링과 고주파 필터링이라는 것을 배운다.

6장은 디지털 영상처리의 표준화에 대하여 배운다. 표준화를 통해 우리가 사용하는 디지털 영상 정보를 사용하는 것에 대하여 배운다.

7장은 모폴로지 기법에 대하여 배운다. 모폴로지는 영상의 형태에 변형을 줌으로써 영상 내 존재하는 잡음 제거는 물론 원하는 모양을 만들 수 있는 기법이라는 것을 확인한다. 8장은 디지털 영상을 기하학적으로 변환하는 기법에 대하여 다루며 영상처리 분야에서 쉽게 접할 수 있는 기능들을 다룬다.

기본적으로는 8장까지를 2주에 한 장씩 다룬다는 생각으로 책을 집필하였으며 9장은 문자 인식을 위한 프로그래밍을 위해 추가한 영역이다. 약 10여 년 전에 문자인식에 필요한 기초 작업에 대하여 C 언어의 조건문과 반복문만 가지고 작업했던 내용을 기술한 것이다. 지금은 딥러닝 기법에 의하여 훈련된 데이터 셋을 통하여 쉽게 문자 인식이나 얼굴 인식이 이루어지기 때문에 C 언어만을 사용하는 문자인식이 필요 없을 수도 있다. 그러나 이 책의 집필 목적이 순수한 프로그래밍 기법의 향상에 있기 때문에 수업을 통해 시간적 여유가 생간다면 9장은 학생들에게 프로젝트로 남겨 주어도 좋을 것이다. 숫자만 인식하거나 대문자만 인식하거나 할 수 있다면 규모를 차등적으로 나눌 수 있기 때문에 교육을 받는 학생이라면 프로그래밍 실력이 분명히 눈에 띌 정도로 향상될 것이라 기대한다.

마지막으로 이 책이 출판될 수 있도록 도움을 준 많은 분들에게 고맙다는 말씀을 드린다.

저자 김인겸

차례

00
기본 환경설정

0.1_ Visual Studio 2018 설치

윈도우 기반의 Visual Studio를 설치하는 과정을 설명한다. 네이버나 구글에서 Visual Studio를 검색한 후 웹페이지에 접속하여 아래의 그림에서 보이는 무료 Visual Studio를 선택한다.

그림 0-1 Visual Studio 화면

그러면 아래의 화면이 나오는데 이때 Visual Studio Community를 선택한다. 학생은 무료로 프로그램을 받아서 사용할 수 있다.

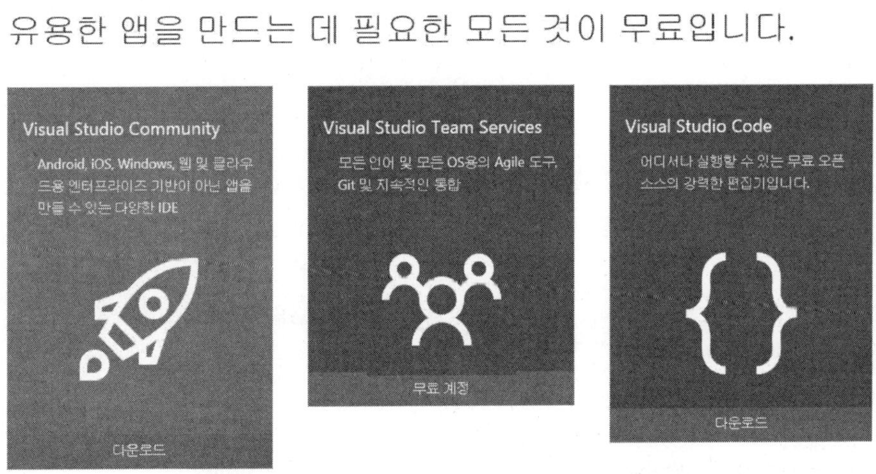

그림 0-2 Visual Studio Community 선택 화면

위의 그림에서 다운로드를 선택하면 아래의 화면이 나온다. 아래 화면은 아래의 주소를 입력하여 직접 다운로드하러 가도 된다.

https://www.visualstudio.com/ko/thank-you-downloading-visual-studio/?sku=Community&rel=15

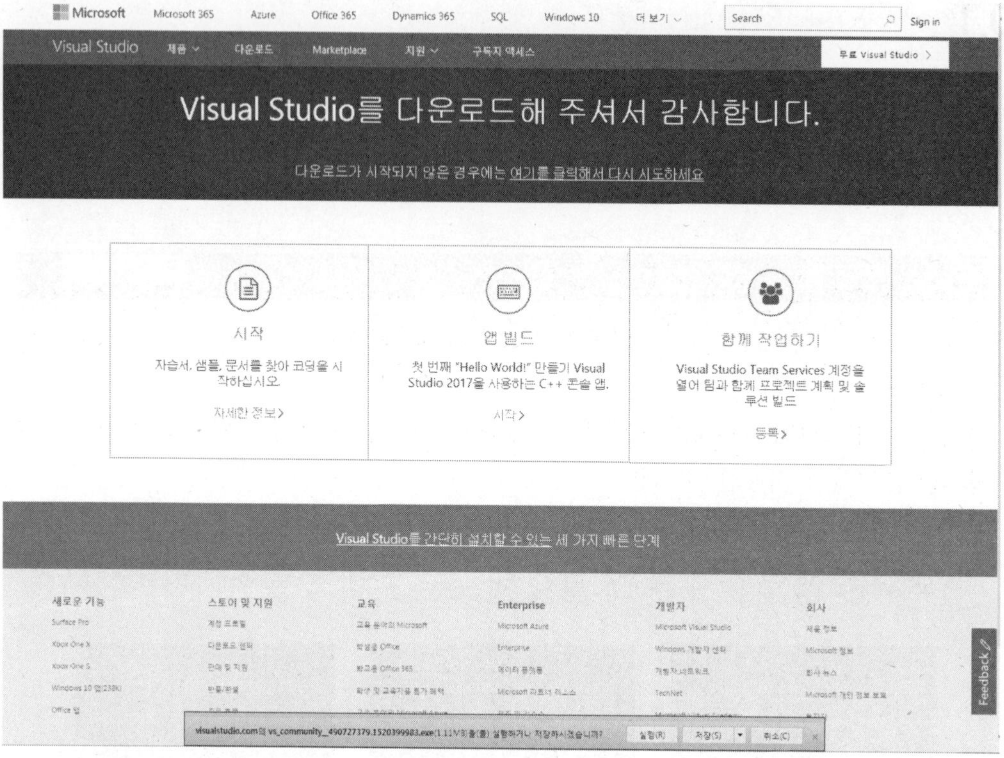

그림 0-3 Visual Studion Download

이때 화면에서 실행을 누르면 프로그램 설치를 묻는 화면이 뜬다. 예를 누르고 계속을 누르면 진행된다.

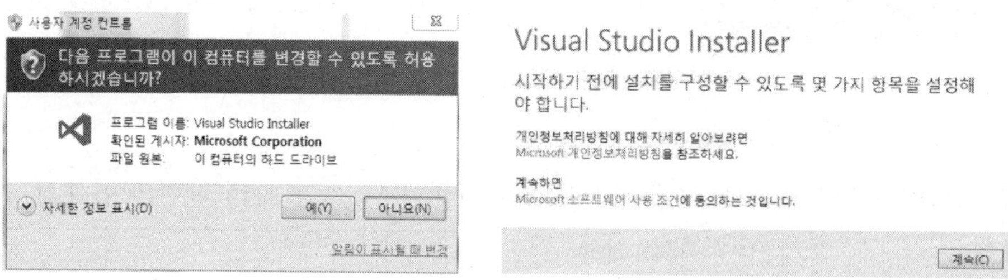

그림 0-4 Visual Studio 설치 과정

그림 0-5의 진행상태를 보게 될 것이다.

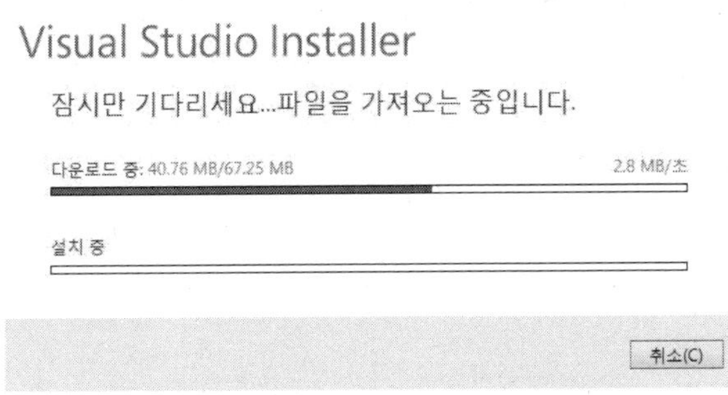

그림 0-5 Visual Studio 설치 과정(계속)

다운로드가 완결된 후 설치 중 화면이 아래와 같은 화면이 나오면 원하는 작업을 위한 툴을 선택한 후 설치를 누른다. 화면에서는 C++를 사용한 데스크톱 개발, Python 개발, 데이터 과학 및 분석 응용프로그램 그리고 C++를 사용한 Linux개발을 선택한 화면을 볼 수 있다.

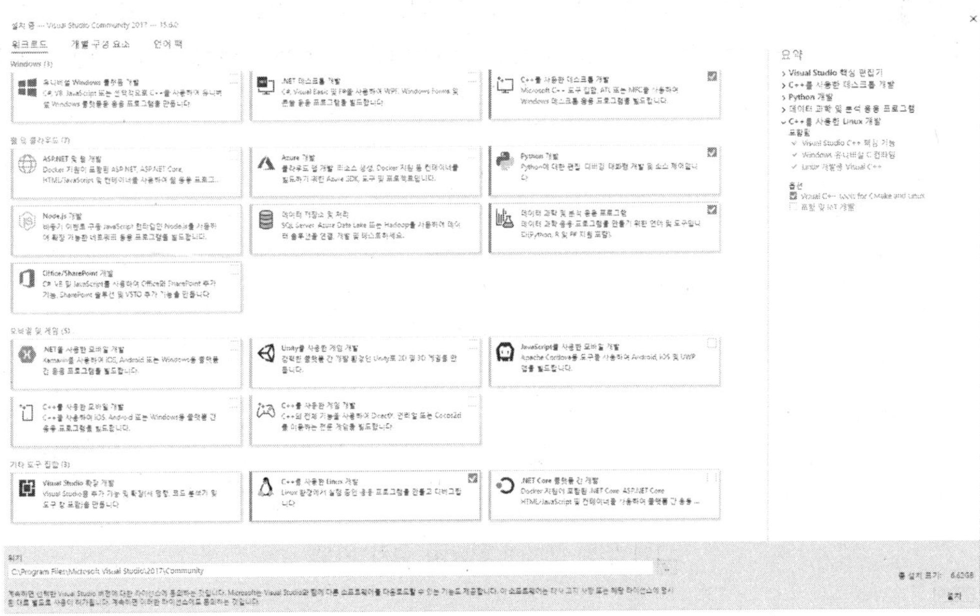

그림 0-6 Visual Studio 설치 과정(계속)

아래는 설치가 진행되는 과정을 보여주는 그림이며 사용가능이라고 적혀있는 부분은 유료로 제공하는 개발 툴이므로 특별히 필요하지 않은 경우 학생용 툴로도 모든 것을 할 수 있을 것이다.

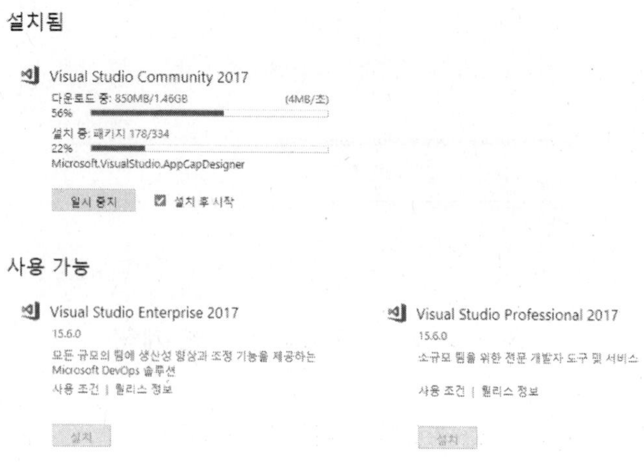

그림 0-7 Visual Studio 설치 과정(계속)

설치가 성공하면 다음과 같은 화면이 나오고 실행을 누르면 개발자 서비스에 연결하라는 메시지가 뜬다. 이때 나중에 로그인을 눌러도 되고 개발자 계정을 만들어 등록해도 된다. 여기서는 나중에 로그인을 눌러 진행하는 과정을 보여준다.

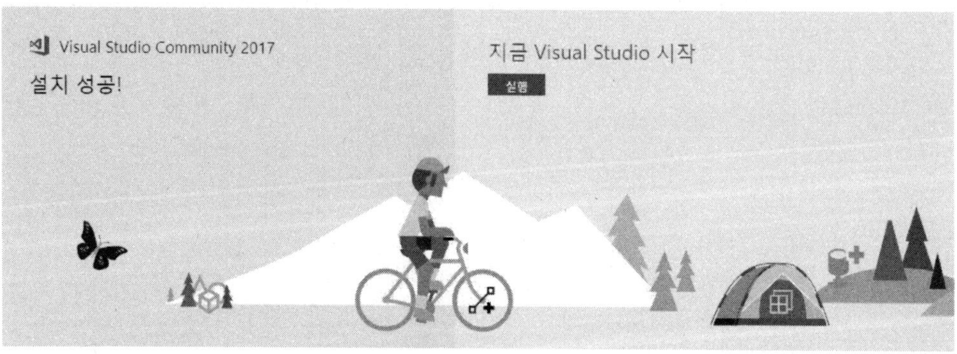

그림 0-8 Visual Studio 설치 완료

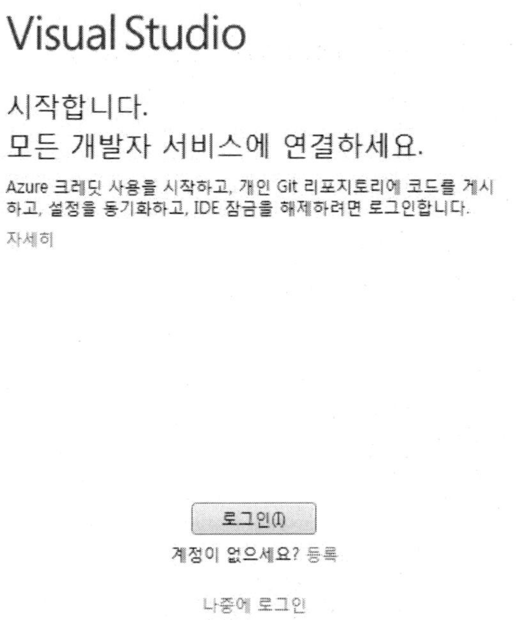

그림 0-9 Visual Studio 로그인 화면

나중에 로그인을 누르면 아래와 같은 화면이 나오는데 이때 일반으로 되어 있는 개발설정을 VisualC++로 설정하고 아래 색 테마는 본인의 취향에 따라 설정하면 된다. 여기서는 default로 설정하고 진행한다. Visual Studio 시작을 누르면 [처음 사용할 준비 중입니다] 화면이 나온 후 아래 화면이 나오면 설치가 완료된 것이다.

오른편에 개발자 뉴스가 나오나 화면상 여기서는 개발자 뉴스가 화면에 안보이도록 하였다.

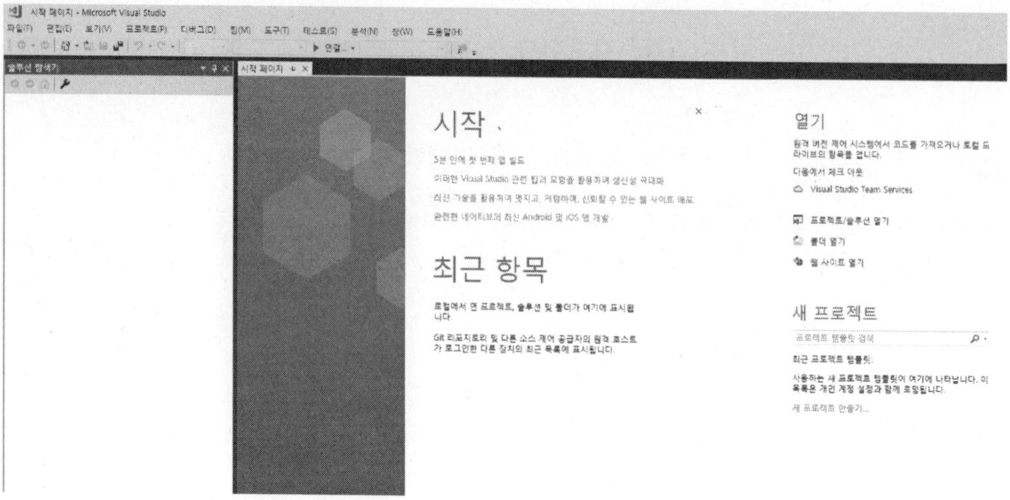

그림 0-10 Visual Studio 시작화면

파일 메뉴의 새로 만들기 프로젝트에서 새 프로젝트를 선택하면 아래 화면이 나오는데 화면 왼쪽에서 VisualC++와 오른쪽의 빈 프로젝트를 선택하여 실행한다.

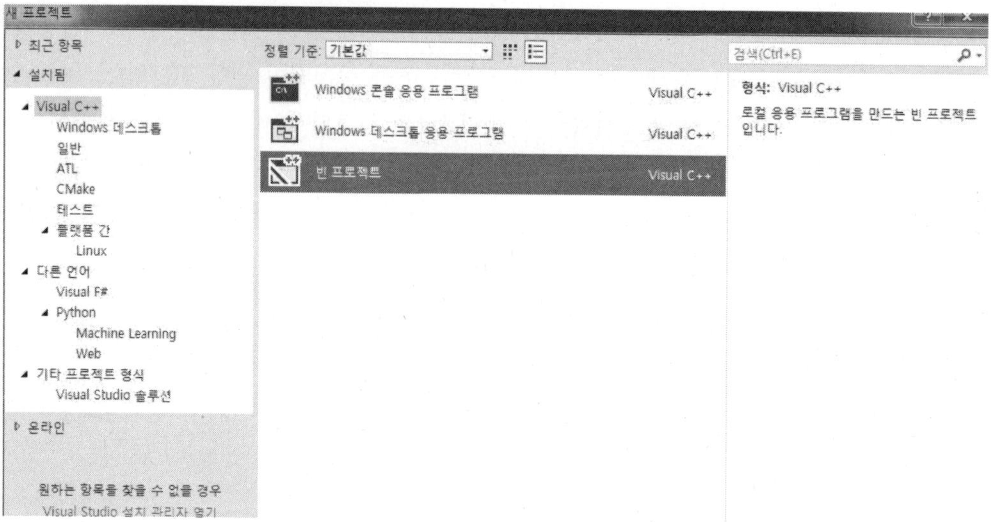

그림 0-11 Visual Studio 프로젝트 시작 화면

파일 메뉴의 새로 만들기 파일에서 화면 왼쪽에서 VisualC++와 오른쪽의 C++파일(.cpp)를 선택한다.

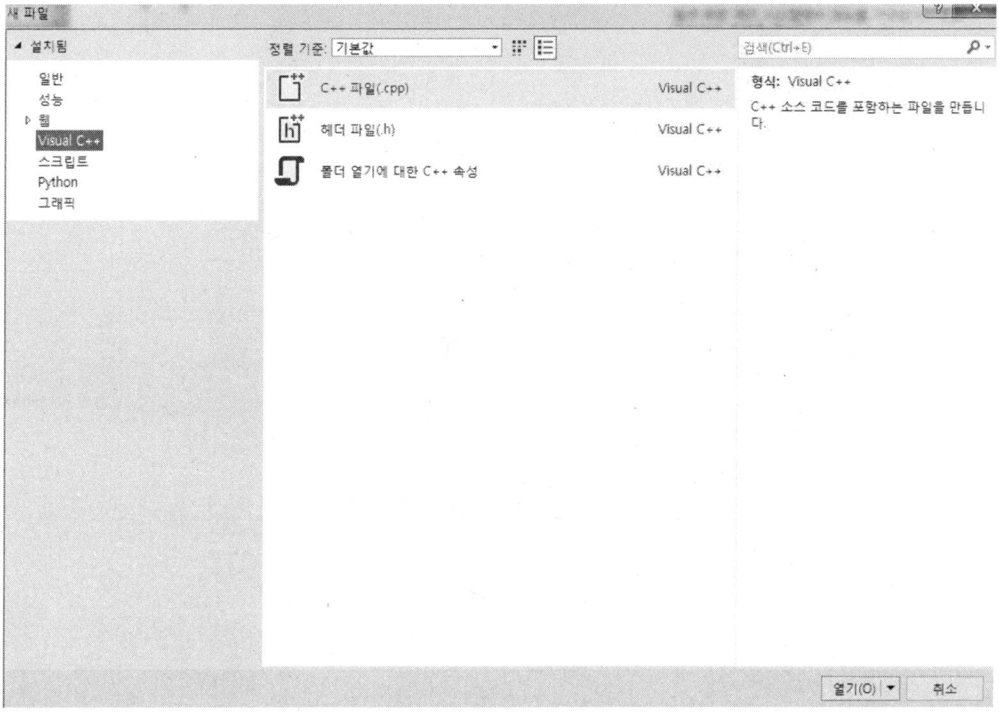

그림 0-12 Visual Studio 프로젝트 파일 선택

0.2_ OpenCV 설치

윈도우에 비주얼스튜디오를 설치했다면 영상을 화면에 띄우기 위한 작업을 수행한다. 이 작업을 수행하기 위하여 OpenCV를 설치한다. OpenCV는 Intel에서 영상처리를 위한 오픈소스로 개발하여 공개한 플랫폼이다. 지금은 전 세계의 많은 연구자들이 OpenCV를 이용하여 연구를 하고 있다. OpenCV 홈페이지에 아래의 주소로 접속하거나 네이버나 구글 등에서 OpenCV를 검색하여 접속해도 된다.

https://opencv.org

OpenCV에 접속하면 아래 화면이 나온다. 화면 아래 부분에서 최신 버전을 선택하여 들어간 후 원하는 운영체제에 맞는 버전을 다운로드하면 된다. 여기서는 윈도우 버전을 선택하여 설치하도록 한다.

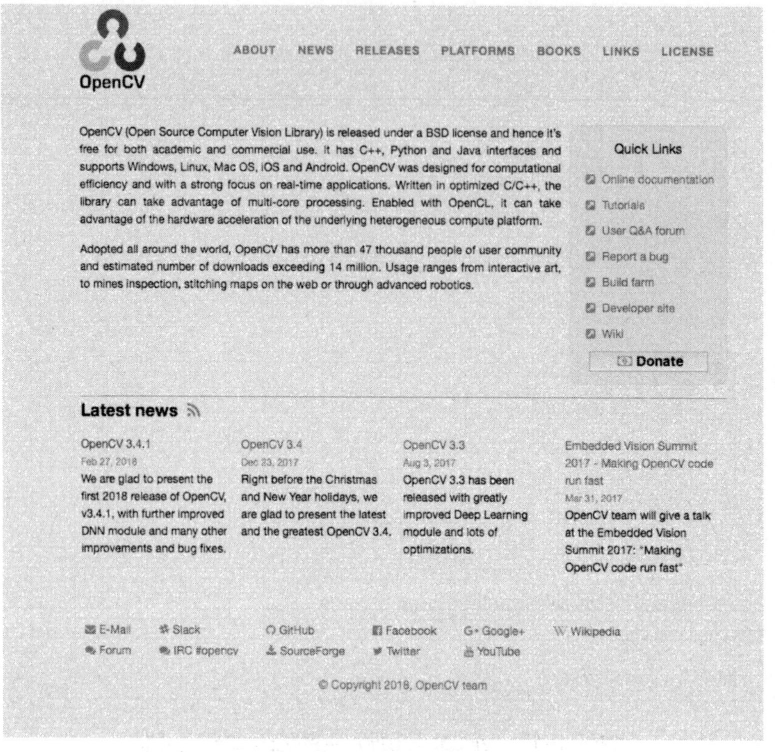

그림 0-13 OpenCV 홈페이지

현재 최신버전은 3.4.1이며 아래 부분에 다운로드 할 수 있는 소스가 있어 각 운영체제별 설치 프로그램을 제공하는 사이트 접속이 가능하다.

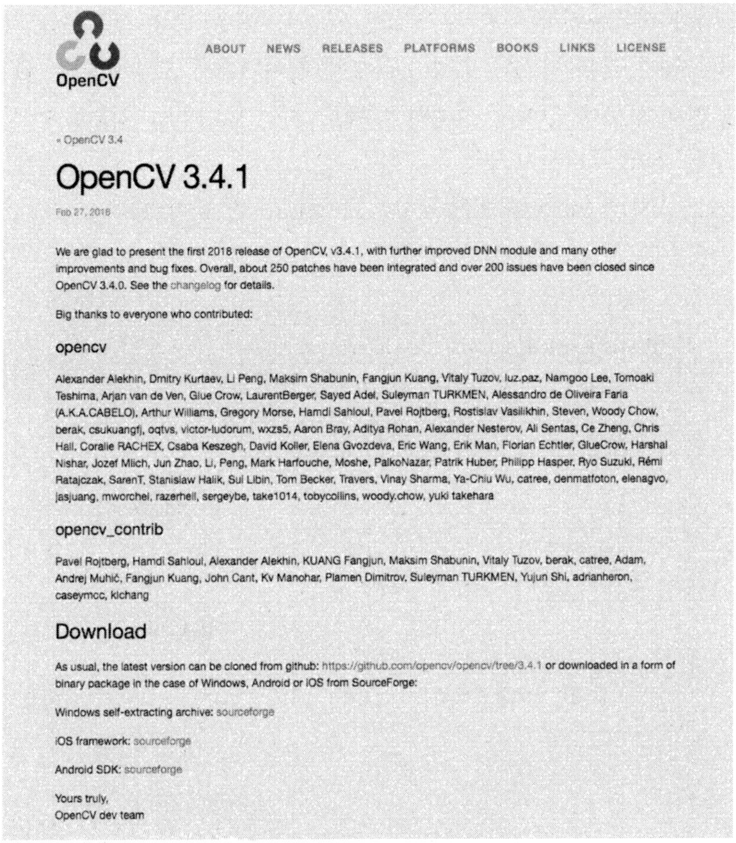

그림 0-14 OpenCV 최신버전

윈도우의 경우 Windows self-extracting archive 옆의 sourforge를 누르면 다운로드가 자동으로 실행되며, 다운로드가 완료되면 실행 파일을 실행하여 아래 그림과 같이 압축파일을 푸는 디렉토리를 지정하여 압축을 풀어준다. 그러나 자동으로 opencv 디렉토리를 생성하여 압축이 풀리기 때문에 아무 디렉토리나 지정해도 상관은 없다.

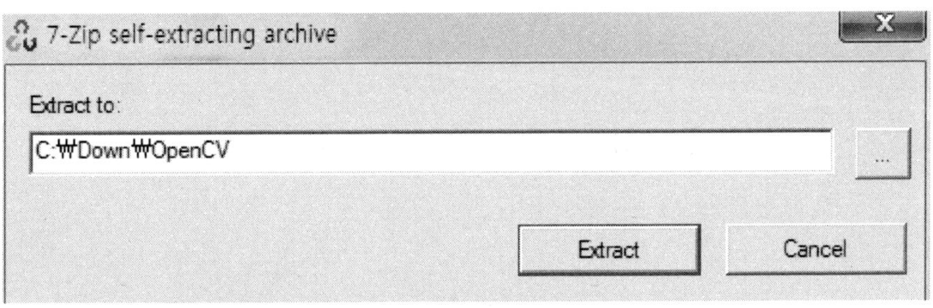

그림 0-15 OpenCV 다운로드 위치 지정

윈도우 메뉴에서 제어판에 들어간 후 시스템을 눌러 왼쪽 행에 있는 고급 시스템 설정을 누른다. 그러면 아래와 같은 시스템 속성이 나오는데 여기에서 고급에 있는 **환경변수**를 눌러 자신의 **사용자 변수 부분**에 위에서 설정한 디렉토리를 새로 만들기를 통하여 설정해 준다. 위와 같이 설정한 경우
C:₩Down₩OpenCV₩opencv₩build₩x64₩vc15₩bin 과 같이 된다.

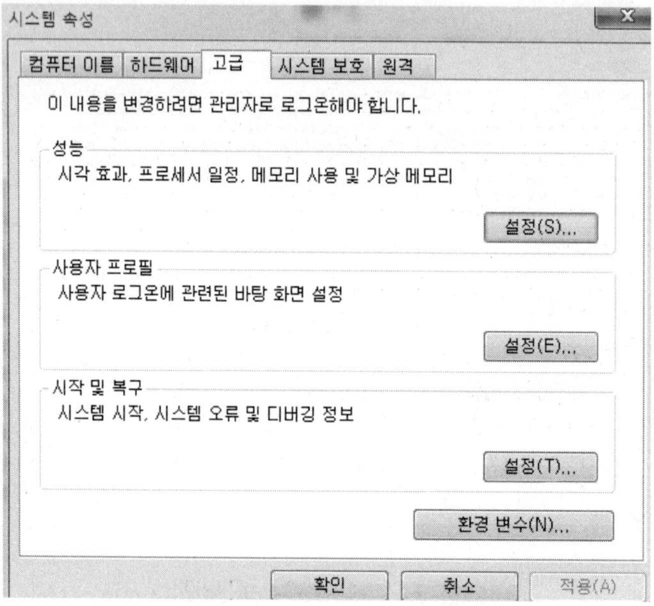

그림 0-16 OpenCV 환경설정

윈도우 시스템 설정이 끝난 후 Visual Studio를 실행시켜 파일에서 새로운 프로젝트를 생성한다. 새 프로젝트는 아래 그림처럼 Visual C++에서 Windows 콘솔 응용 프로그램을 선택한 후 확인을 누른다. 그러면 잠시 후 opencv.cpp 파일이 기본적으로 생성되어 화면에 뜨는 것을 확인할 수 있다.

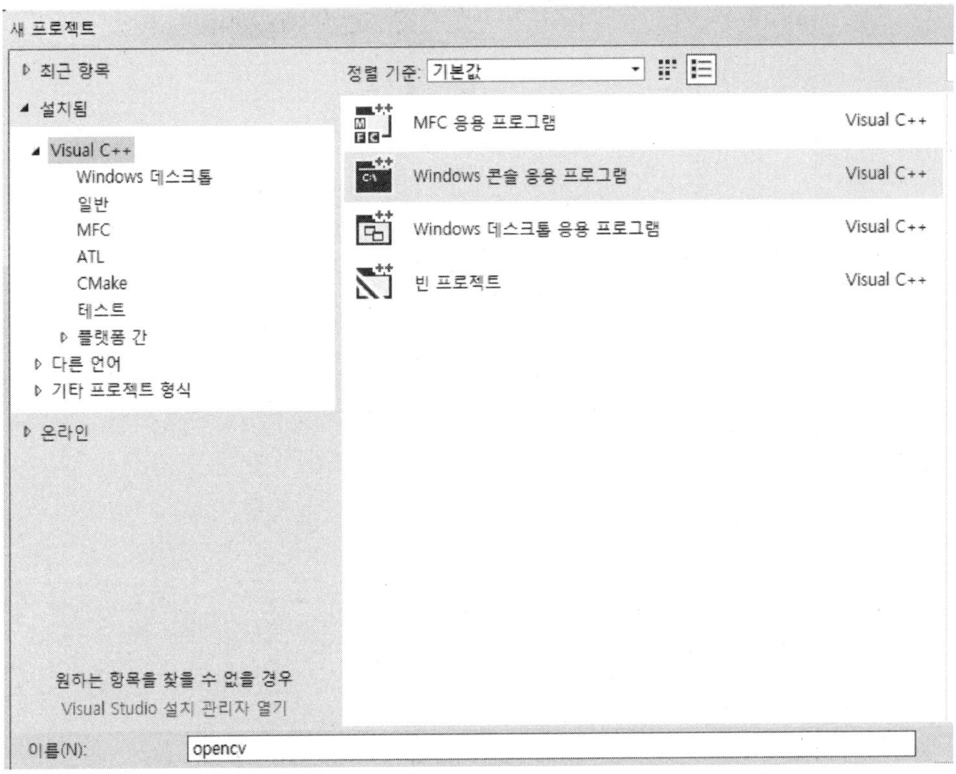

그림 0-17 OpenCV 프로젝트 시작 화면

모든 것이 새롭게 생성된 화면에서 왼쪽 편의 클래스 뷰에 있는 opencv를 선택 후 마우스를 우클릭하면 아래와 같은 화면이 나오는데, 이때 속성을 선택한다.

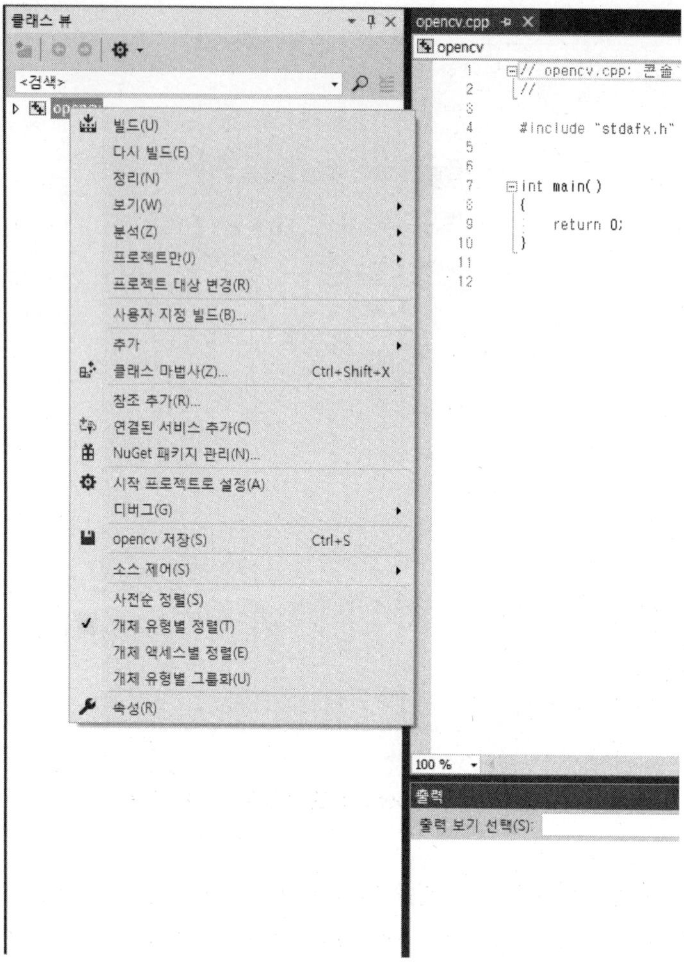

그림 0-18 OpenCV 프로젝트 설정

속성을 선택하면 아래 화면이 나오는데 구성부분에서 Debug와 Release를 각각 선택하여 플랫폼을 x64로 설정한 후 왼쪽 편에 있는 C/C++ 부분에서 오른쪽의 추가 디렉토리에 OpenCV가 설치된 디렉토리의 include 디렉토리를 추가한다. 여기서는 아래와 같이 추가하였다. 그림 0-19의 오른쪽 위에 있는 **구성관리자**를 선택하여 반드시 x64로 선택하여 설정을 하여야 한다.

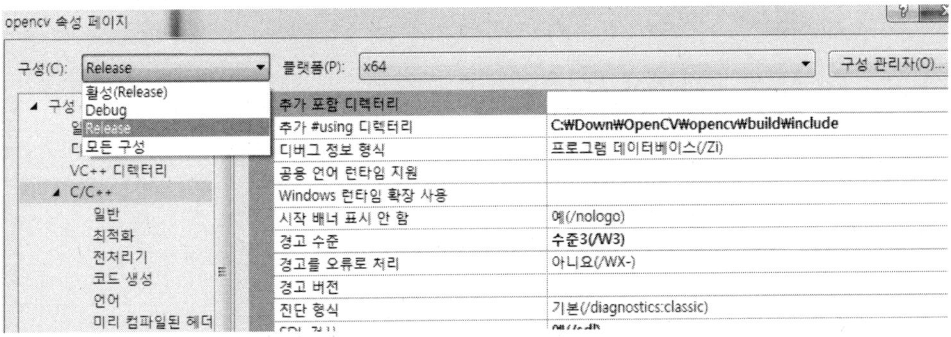

그림 0-19 OpenCV 프로젝트 설정(계속)

그 다음 링커 부분에 가서 추가 라이브러리 디렉토리에 아래와 같이 lib 디렉토리를 추가한다.

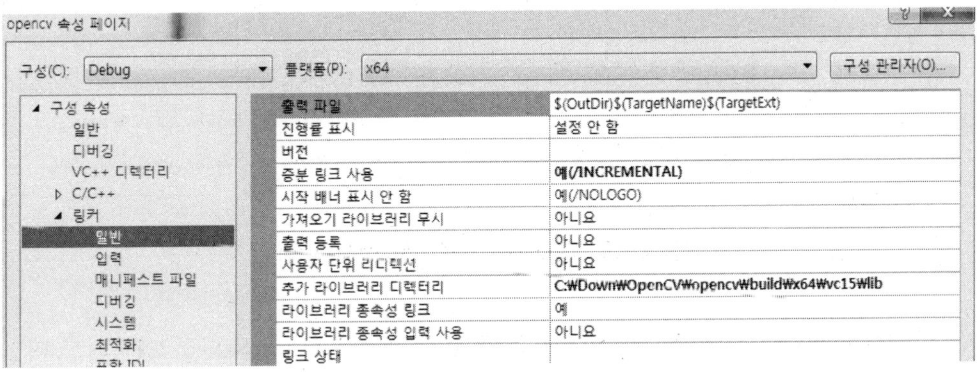

그림 0-20 OpenCV 프로젝트 설정(계속)

그 다음으로 링커의 입력 부분에 가서 추가종속성에 오른쪽 끝의 화살표 모양을 누르면 **편집(Edit)**이 뜨고 편집화면에 Debug인 경우는 opencv_world341d.lib를 입력하고 적용을 누르며 Release인 경우는 **편집(Edit)**을 눌러 opencv_world341.lib를 입력하고 적용을 눌러 환경 설정을 마친다. 아래 그림은 Debug인 경우만 보여준다. 반드시 Release인 경우도 동일한 작업이 수행되어야 한다.

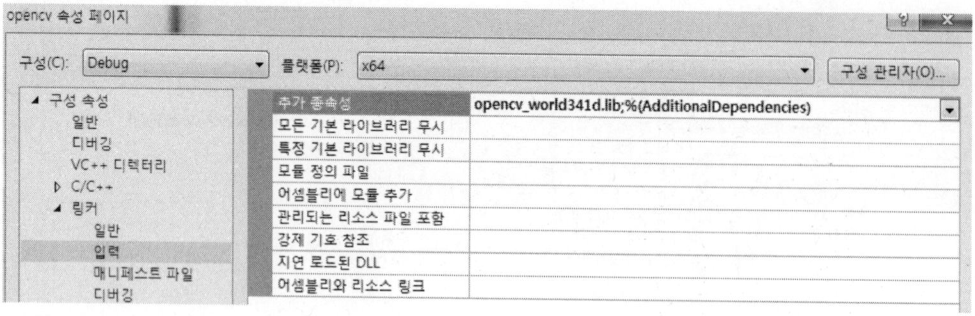

그림 0-21 OpenCV 프로젝트 설정(계속)

마지막으로 VC++ 디렉토리 오른쪽의 포함 디렉토리에 아래 그림과 같이 include 디렉토리와 라이브러리 디렉토리를 설정하여 준다.

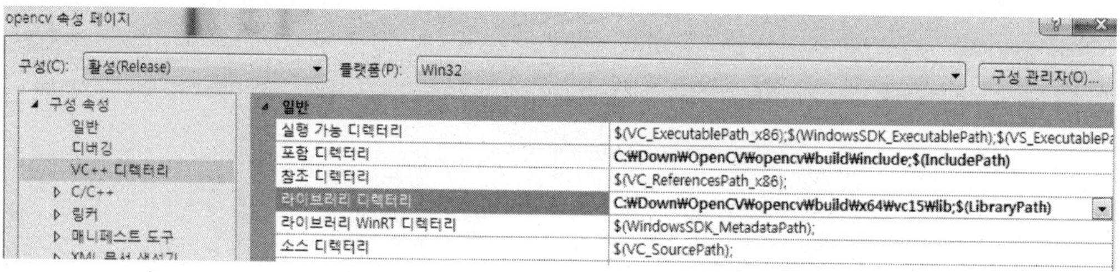

그림 0-22 OpenCV 프로젝트 설정(계속)

윈도우용 OpenCV 3.4.1은 Visual Studio 2015 용인 vc14와 Visual Studio 2017 이상 버전인 vc15 라이브러리를 함께 제공해 주기 때문에 본인이 사용하는 Visual Studio 버전에 맞추어서 설치하면 되며 윈도우 버전은 기본적으로 64비트 버전을 지원하기 때문에 사용하는 윈도우 시스템이 32비트 버전인 경우에는 OpenCV를 따로 만들어 설치하거나 64비트 윈도우에 설치하여 사용하여야 한다.

아래 프로그램은 C 언어로 작성하여 Raw Image를 화면에 띄우는 프로그램이다. OpenCV는 3.0대 이후로 C++를 주로 지원하나, C 언어에서는 영상처리를 RAW 이미지부터 다루는 것이 더 편안하고 아직까지는 임베디드 분야와 같은 IOT분야에서 많이 사용하기 때문에 C 언어를 이용한 프로그램을 예로 작성하였다. 이 프로그램은 영상처리를 수행한 후의 영상 결과를 확인하기 위하여 사용하면 된다.

```
// opencv.cpp: 콘솔 응용 프로그램의 진입점을 정의한다.

#include "stdafx.h"

#include 〈opencv₩cv.h〉
#include 〈opencv₩highgui.h〉
#include 〈opencv₩cxcore.h〉

#include 〈stdio.h〉

#define unsigned char uchar

uchar **uc_alloc(int size_x, int size_y)
{
        uchar **m;
        int i;

        if ((m = (uchar **)calloc(size_y, sizeof(uchar *))) == NULL)
        {
                printf("uc_alloc error 1₩7₩n");
                exit(0);
        }
        for (i = 0; i〈size_y; i++)
                if ((m[i] = (uchar *)calloc(size_x, sizeof(uchar))) == NULL)
                {
                        printf("uc_alloc error 2₩7₩n");
                        exit(0);
                }
        return m;
}

void read_ucmatrix(int size_x, int size_y, uchar **ucmatrix, char *filename)
{
```

```
	int i;
	FILE *f;

	if ((fopen_s(&f,filename, "rb")) != NULL)
	{
		printf("%s File open Error!₩n", filename);
		exit(0);
	}
	for (i = 0; i<size_y; i++)
		if (fread(ucmatrix[i], sizeof(uchar), size_x, f) != size_x)
		{
			printf("Data Read Error!₩n");
			exit(0);
		}
	fclose(f);
}


void write_ucmatrix(int size_x, int size_y, uchar **ucmatrix, char *filename)
{
	int i;
	FILE *f;

	if ((fopen_s(&f, filename, "wb")) != NULL)
	{
		printf("%s File open Error!₩n", filename);
		exit(0);
	}
	for (i = 0; i<size_y; i++)
		if (fwrite(ucmatrix[i], sizeof(uchar), size_x, f) != size_x)
		{
			printf("Data Write Error!₩n");
			exit(0);
```

```
		}
	fclose(f);
}
int main(int argc, char *argv[])
{
	int i, j;
	IplImage *cvImg;
	CvSize imgSize;
	uchar **img;

	if (argc != 4)
	{
		printf("Exe imgData x_size y_size ₩n");
		exit(0);
	}

	imgSize.width = atoi(argv[2]);
	imgSize.height = atoi(argv[3]);
	img = uc_alloc(imgSize.width, imgSize.height);
	read_ucmatrix(imgSize.width, imgSize.height, img, argv[1]);

	cvImg = cvCreateImage(imgSize, 8, 1);
	for (i = 0; i<imgSize.height; i++)
		for (j = 0; j<imgSize.width; j++)
		{
			((uchar*)(cvImg->imageData + cvImg->widthStep*i))[j] = img[i][j];
		}

	cvNamedWindow(argv[1], 1);
	cvShowImage(argv[1], cvImg);


	cvWaitKey(0);
```

```
        cvDestroyWindow("image");
        cvReleaseImage(&cvImg);

        getchar();
                getchar();
        return 0;
}
```

프로그램은 위에서 설정한 opencv.cpp에서 작성한 것이며 실행은 윈도우의 cmd를 아래와 같이 실행시켜야 한다. 실행하는 순서는 다음과 같다.

실행파일 이미지파일 영상의 세로축크기 영상의 가로축크기
c:₩Down₩OpenCV₩opencv₩opencv.exe lena.256 256 256

그림 0-23 Standard Image(Lena)

위의 실행명령은 lena.256 영상을 화면에 띄우기 위한 실행명령어를 보여준다. 이런 실행명령은 다음의 그림을 보여준다.

LENA 영상은 영상처리를 위해 가장 널리 사용되는 표준 영상이며 예에서 보여준 프로그램은 RAW 이미지를 보여주도록 프로그램을 작성하였으나 OpenCV에서 제공하는 함수를 이용하면 위의 프로그램보다 아주 간단하게 영상을 띄울 수 있다. 그러한 방법은 인터넷상에 많이 있기 때문에 쉽게 구하여 작성할 수 있을 것이다.

0.3_ Raspberry Pi에서의 영상처리

라즈베리파이는 IOT 분야의 기기와 마찬가지로 운영체제를 사용자가 라즈베리파이 홈페이지에 접속하여 다운받아 micro sd card에 설치하여 장비를 구동하도록 하고 있다. 이러한 과정은 일반인도 컴퓨터를 구성할 수 있다는 것을 알려주는 좋은 방법이다. 그러나 장비에 대한 지식이 부족하거나 운영체제에 대한 개념이 부족한 일반인들은 텔레비전을 켜고 끄는 것보다 어렵기 때문에 실제로 일반인이 라즈베리파이를 가지고 사용하는 것은 쉽지 않다. 따라서 어릴 때부터 기초 컴퓨터 교육의 일환으로 새로운 흐름에 대하여 교육하기 위한 틀로 생각하는 것이 옳을 것이다. 라즈베리파이는 ARM CPU를 탑재한 컴퓨터이다. 라즈베리파이와 같이 ARM CPU를 탑재한 많은 IOT 기기들이 나오고 있으며 그 크기는 점점 작아지는 추세다. IOT 기기로 작업을 가능하게 하려면 작을수록 유리하기 때문에, 일체형 반도체로 대량 생산을 하는 시스템이 아니리면 IOT기기의 다양한 응용분야를 제대로 구현하기 위해서는 작고 강력한 기능을 수행하는 기기가 필수적일 것이다. 이러한 모든 것은 기술의 발달로 당연히 이루어질 분야이다.

0.3.1 운영체제 설치

https://www.raspberrypi.org 홈페이지의 Download를 눌러보면 그곳에 라즈베리파이를 위한 운영체제가 여럿 있는 것을 볼 수 있다. 라즈베리파이 원 운영체제인 눕스와 라즈비안이 존재하며 Third Party 운영체제인 우분투 메이트와 마이크로소프트사의 윈도10까지 다양한 운영체제가 지원되고 있다. 먼저 이곳에 있는 운영체제 이미지를 다운받아 컴퓨터에서 마이크로 SD카드에 저장하여 라즈베리파이의 마이크로 SD카드에 꽂아서 전원을 입력하면 라즈베리 파이가 컴퓨터로 동작하게 된다.

윈도우 운영체제에서의 설치는 GUI 방식이라 홈페이지 설명만으로 쉽게 만들 수 있기 때문에 여기서는 매킨토시 운영체제에서의 설치 방법을 설명한다.

일반적으로 MacOS에서는 아래 명령어를 이용하여 마이크로 SD 카드에 이미지를 설치할 수 있다. 이때 마이크로 SD는 컴퓨터의 SD 포트나 USB 포트에 연결하여야 한다. 아래에서

path_of_your_image.img가 사용자가 다운받은 설치 이미지 파일이면 rdiskn에서 n은 마이크로 SD카드가 마운트되어 있는 디스크번호를 의미한다. 이것은 사용자마다 다른 값을 가지고 있을 것이다. 아래의 명령이 제대로 동작하지 않는 경우가 많은데 그것은 각 운영체제가 새롭게 꽂힌 USB나 마이크로 SD 포트의 SD 카드를 운영체제가 내장한 드라이버로 미리 인식하기 때문이다.

```
sudo dd bs=1m if=path_of_your_image.img of=/dev/rdiskn
```

위의 명령어로 작업이 완료되지 않을 경우 아래의 명령을 차례로 실행하여 작업을 수행할 수 있다.

```
diskutil list
diskutil unmountDisk /dev/disk〈disk# from diskutil〉
sudo dd bs=1m if=image.img of=/dev/rdisk〈disk# from diskutil〉
```

먼저 diskutil의 unmoutDisk 옵션을 사용하여 미리 인식된 SD 카드를 해제한 후 해제된 상태에서 설치이미지를 설치하면 된다. 이때 disk number는 diskutil을 통해 인식된 번호와 동일 번호를 지정해주면 된다. 일반적으로는 disk0부터 시작해서 숫자가 표시된다. 만약 설치해야 할 디스크가 disk2라면 숫자를 잘 맞추어 써주어야 한다. 잘못 쓰는 경우 하드디스크를 통째로 날리는 잘못을 하게 된다. 주의해야 하는 명령어이다.

이 설치는 라즈비안이나 서드파티 운영체제나 동일한 이미지 파일을 가지고 있기 때문에 차이가 없으나 운영체제에 따라 압축파일을 자동으로 풀어서 놓는 경우도 있으므로 운영체제별로 맞는 방법을 찾아서 설치해야 한다.

0.3.2 라즈베리파이에 OPENCV 설치

영상처리를 위하여 인텔에서 지원하는 OPENCV 소스를 가져와 컴파일하여 설치하여야 컴퓨터 비전을 위한 라이브러리를 이용할 수 있다. 마이크로소프트사의 윈도우는 이미 컴파일된 라이브러리 파일이 존재하기 때문에 설치하여 사용하였으나 라즈베리파이는 그런 라이브러리를 그대로 사용하는 것이 성능에 좋지 않기 때문에 스스로 설치하여 사용하는 것을 원칙으로 한다. 또한 임베디드 보드의 특성상 CPU의 성능을 가지고 영상처리를 수행하는 것이 아니라 보드가 지원하는 하드웨어 성능이나 전용칩의 성능을 이용하여 영상을 처리하여야 제대로 된 성능을 보여줄 수 있다. 따라서 기본적으로 영상은 성능이 좋은 CPU와 많은 메모리를 요구하므로 라즈베리파이에 최적화되도록 소스를 구하여 컴파일하여 사용하는 것이 좋다. 그러나 영상처리를 수행하는 OPENCV를 설치하기 위해서는 라즈베리파이에 기본적으로 컴파일을 지원할 수 있는 많은 라이브러리가 존재해야 하며 영상관련 분야는 라즈베리파이가 기본적으로 지원하지 않기 때문에 리눅스 계통에서 지원하던 오픈 소스를 라즈베리파이에서 사용하는 ARM 용으로 컴파일 된 라이브러리를 설치하여 OPENCV를 컴파일 할 수 있도록 해야 한다.

다음은 영상처리와 관련된 프로그램을 컴파일하고 설치하기 위하여 새롭게 설치한 프로그램들이다. 라즈베리파이는 데비안 계열의 리눅스 코어를 사용하여 만들어서 sudo apt-get 명령어를 사용하여 설치를 진행한다.

```
sudo apt-get install libglib2.0-dev bison flex libtool autoconf automake autopoint gtk-doc-tools libx264-dev liborc-0.4-dev nasm cmake libmicrohttpd-dev libjansson-dev libnice-dev librtmp-dev
```

```
sudo apt-get install libjpeg-dev libtiff5-dev libjasper-dev libpng12-dev
sudo apt-get install libgtk2.0-dev libgtk-3-dev libqt5-dev
sudo apt-get install libavcodec-dev libavformat-dev libswscale-dev libv4l-dev
sudo apt-get install libxvidcore-dev libx264-dev
sudo apt-get install libatlas-base-dev gfortran
sudo apt-get install python2.7-dev python3-dev
```

라즈베리파이는 설치가 진행되는 패키지와 연관된 패키지가 필요한 경우 자동으로 알아서 설치해 주기 때문에 무엇을 설치할지 설정하면 관련된 많은 라이브러리가 함께 설치된다. 위의 설치 목록들 중 일부는 라즈베리파이가 업데이트 되는 경우 이미 설치되는 경우도 있기 때문에 필요에 따라 추가하거나 뺄 수도 있다는 사실을 염두에 두기 바란다.

설치가 완료되면 OPENCV 소스를 다운받아 환경설정을 마친 후 컴파일을 수행한다.

```
wget -O opencv.zip https://github.com/Itseez/opencv/archive/3.4.1.zip
unzip opencv.zip
wget -O opencv_contrib.zip https://github.com/Itseez/opencv_contrib/archive/3.4.1.zip
unzip opencv_contrib.zip
```

```
cd opencv-3.4.1
```

```
mkdir build
cd build

cmake -D CMAKE_BUILD_TYPE=RELEASE -D CMAKE_INSTALL_PREFIX=/usr/local
-D INSTALL_C_EXAMPLES=ON -D INSTALL_PYTHON_EXAMPLES=ON
-D WITH_QT=ON -D WITH_FFMPEG=ON
-D OPENCV_EXTRA_MODULES_PATH=~/work/opencv_contrib-3.4.1/modules
-D WITH_V4L=ON -D ENABLE_NEON=ON -D WITH_XINE=ON
-D BUILD_EXAMPLES=ON -D BUILD_NEW_PYTHON_SUPPORT=ON
../
```

위의 명령어는 엔터키 없이 아래 그림과 같이 한 줄에 작성하여야 한다.

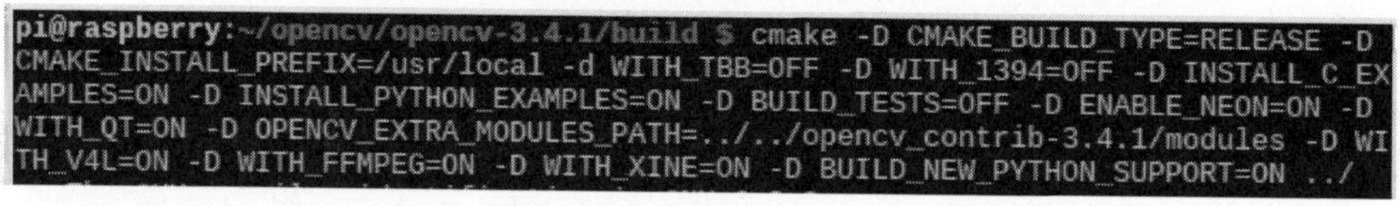

그림 0-24 Raspberry Pi에서의 OpenCV 설치과정

아래와 같은 화면이 나오면 환경설정이 모두 제대로 이루어져서 컴파일 준비가 끝난 것이다.

그림 0-25 Raspberry Pi에서의 OpenCV 설치과정(계속)

컴파일은 아래의 명령을 이용한다.

```
make -j4 or make
```

현재 최신버전의 OPENCV는 3.4.1이며 공식적인 OPENCV 2.0대 버전은 2.4.13을 제공하고 있다. 라즈베리파이에서 설치 명령어를 이용하여 설치하는 경우 2.4.9버전을 설치하고 있는데 현재까지는 이 버전이 라즈베리파이가 공식적으로 지원하는 최신 버전이다. 라즈베리파이가 지원하는 python 버전과의 호환성 문제 때문에 제한된 버전을 사용하는 것으로 보인다. cmake

를 이용한 make 파일이 만들어지면 make -j4 옵션이나 그냥 make 명령어를 이용하여 컴파일을 수행한다. 컴파일을 수행 중에 다양한 이유로 실패하는 경우가 발생할 수 있는데 실패하는 이유를 찾아 시스템에 맞도록 소스를 컴파일 하여야 한다.

컴파일에 성공한 OPENCV를 이용한 영상처리 프로그램은 python과 C 언어 그리고 C++ 언어 등 다양한 개발언어를 지원한다. 다음은 python에서 OPENCV 라이브러리를 이용한 이미지 보는 프로그램의 예이다.

```
import numpy as np
import cv2

def handle_image():
        imgfile = "images/mine.jpg"
        if imgfile != None:
                img = cv2.imread(imgfile, cv2.IMREAD_COLOR)

        cv2.imshow('mine', img)
        cv2.waitKey(0)
        cv2.destroyAllWindows()

if __name__ == '__main__':
        handle_image()
```

위의 프로그램 예제는 현재 파이썬을 실행한 디렉토리 위치에 있는 images 디렉토리 안에 mine.jpg 파일이 있는 경우 화면에 보여주는 프로그램이다.

import cv2는 OPENCV 라이브러리 함수를 사용할 수 있도록 하는 명령어이다. cv2. 로 시작하는 모든 함수는 OPENCV에서 제공하는 영상처리 관련 함수로 영상을 화면에 보낸 후 아무키나 누르면 종료하도록 프로그램을 구성한 것이다. 라즈베리파이가 주로 다루는 언어가 파이썬이기 때문에 보여준 예제이고, 앞으로 이 책에서 다루는 대부분의 언어는 파이썬이나 리눅스나 맥, 혹은 마이크로소프트사의 윈도우나 모두 다 C언어를 기반으로 프로그램을 처리한다. 라즈베리파이와 리눅스와 맥 운영체제는 기본적으로 유닉스를 기반으로 하는 운영체제이기 때문에 대부분의 명령어 기반 프로그래밍을 통하여 동일한 결과를 얻을 수 있다.

영상처리에서 처리하는 표준 영상은 일반적으로 헤더 파일이 없는 RAW 파일의 형식을 가지고 있기 때문에 영상의 row와 column을 지정해주어야 하는 경우가 발생한다. 또한 그러한 표준 영상을 읽어 화면에 보여주는 프로그램이 필요한데 파이썬을 이용한 이미지를 보여주는 프로그램은 아래와 같다.

```
#disp.py


import cv2
import numpy as np
import sys
from matplotlib import pyplot as plt
from __builtin__ import int

fd = open(sys.argv[1],'rb')
col = int(sys.argv[2])
row = int(sys.argv[3])

f = np.fromfile(fd, dtype=np.uint8, count=row*col)
img = f.reshape((row,col))
fd.close()



cv2.imshow(sys.argv[1],img)
cv2.waitKey(0)
cv2.destroyWindow(sys.argv[1])
```

matplotlib는 라즈베리파이에서 pip 명령어를 이용하여 설치하여야 한다. 라즈베리파이의 사용법은 이 책에서 다루지 않으니 라즈베리파이 책을 참조하기 바란다. 위의 프로그램은 아래와 같은 명령어를 사용한다.

```
python disp.py input_image column_size row_size
```

256x256 크기의 lena.256 영상이라고 가정하면 다음과 같다.

```
python disp.py lena.256 256 256
```

01
IOT에서의 디지털 영상 처리

1.1_ 역사 및 배경

인간의 역사에서 시각적인 특성에 관심을 보이지 않은 때는 없었을 것이다. 먼 고대시대부터 인간은 그림으로 자신들의 생각을 나타내기도 하고 자신들의 역사를 기록하기도 했다. 그러한 유적은 전 세계의 역사가 존재하는 곳이면 어디든 남아있다.

1.1.1 인간과 영상

우리나라 역사에서도 고구려시대와 신라시대의 벽화가 많은 왕의 무덤에서 발견된 것을 알고 있다. 이와 같이 영상이라는 정보는 소리와 더불어 인간에게 있어서 가장 중요한 정보원이자 정보 전달매체였던 것을 알 수 있다. 21세기는 정보통신 시대라는 말이 있지만 이것은 오늘날만의 이야기가 아니라 인간의 역사가 기록된 이래 항상 있었던 것이다.

그림 1-29 수메르왕 벽화

그림 1-30　고구려 무용총 고분 벽화

그렇다면 과거의 정보통신과 오늘날의 정보통신은 무슨 차이가 존재하여 이렇게 사람들이 열광하는 정보통신의 시대가 되었을까 생각할 것이다. 역사에 남아 있는 다양한 정보는 아날로그 정보이다. 오늘날의 정보는 디지털 정보라는 것이 다른 점이다. 또한 통신시스템이 사람이나 동물에 의존하던 시스템에서 전자기적인 통신 시스템으로 변화했다는 것이다. 먼 과거 인간의 정보는 전 세계를 한 바퀴 도는 것이 세월을 보장할 수 없는 일이었지만 오늘날 정보전송은 1초 안에 지구를 한 바퀴 돌고도 시간이 남는 세상이 되었다.

고대 이집트 시대 수메르왕 벽화나 고구려의 무용총 고분 벽화 모두 인간의 삶과 생각에 대한 정보를 영상으로 표현하여 알려주는 것이다. 이러한 아날로그 시대의 영상정보는 디지털 컴퓨터의 개발과 함께 서서히 디지털화되어 오늘날 아날로그 영상은 거의 존재하지 않는 세상이 되었다. 디지털 영상 역사는 오래되었지만 실질적으로 일반인들이 사용하게 된 것은 디지털 카메라가 개발되면서부터다. 그 이전의 디지털 카메라는 미국 항공우주국인 NASA나 특수한 분야의 정보통신 분야에서만 사용하고 있었으며 영상처리 분야의 학자들이 특허나 논문을 내는 정도에서 연구되고 있었다. 1977년 Kodak 이라는 회사에서 연구용으로 최초의 디지털 카메라를 개발하였다.

그림 1-31 최초의 디지털 카메라

그러나 이 당시 코닥은 전 세계 아날로그 필름 카메라 시장의 1인자였기 때문에 디지털 카메라로 인하여 자신들 회사의 아날로그 카메라가 영향을 받는 것을 꺼려 상품화시키지 않은 채 시간을 흘려보냈다. 그 결과로 20여년이 지난 후부터 시작된 디지털 카메라 세상에 적응하지 못하고 파산하는 아픔을 겪게 된다. 이와 같이 세계 최초가 자신들의 영역을 침범하는 것을 꺼려 소홀히 여기다가 더 이상 성장하지 못하고 운명을 달리한 많은 회사들이 존재한다는 것이 영상통신 분야에서도 교훈이 된다. 우리는 앞으로의 미래가 어찌될지 아무도 장담하지 못하며 알 수도 없다. 단지 세상은 계속해서 변하고 있다. 디지털 영상이라는 정보도 먼 미래에는 어떤 형태로 표현될지 모르나 인간의 시각시스템이 존재하는 한 여전히 영상이라는 매력적인 정보는 사람들에게 필요할 것이고 그 영상에 대한 처리가 필요한 분야가 존재할 것이라 확신한다.

1.2_ 디지털 영상

아날로그 영상과 디지털 영상은 어떻게 다른지를 먼저 알아보도록 한다. 아날로그는 정보가 무한대로 존재하는 시스템이다. 우리가 일반적으로 수학을 통하여 증명하고 보여주는 대부분의 정보는 아날로그에 기반을 둔다. 반면에 디지털은 아주 단순한 시스템이다. 있다와 없다만으로 구분하며 참과 거짓으로 구분하기도 하는데 수학적 표현으로는 0과 1로 표현하기도 한다. 다양한 표현과 용어가 존재하지만 우리는 디지털 컴퓨터를 이용한 디지털 정보를 다루기 때문에, 컴퓨터가 알 수 있는 0과 1을 가지고 정보를 표현하는 것을 디지털 정보라고 부른다. 수학에서 말하는 논리정보이다. 우리가 영상처리라고 하는 것이 가능한 것도 컴퓨터 시스템이 발달하면서 디지털 영상을 조작하고 다룰 수 있게 되었기 때문이다. 그러면 영상은 어떻게 아날로그 정보에서 디지털 정보로 표현될 수 있는 것인지 궁금할 것이다.

먼저 아날로그 영상이 생기는 과정에 대하여 생각해 보자. 인간의 시각체계는 빛이 존재하지 않는 어두운 곳에서는 어떤 영상도 볼 수 없다. 오직 빛이 존재해야만 사물을 인식하는 것이다. 이러한 인간 시각시스템을 기반으로 우리는 영상을 인식할 수가 있다. 따라서 인간의 시각체계는 어떻게 되어 있는가를 먼저 생각해야 한다.

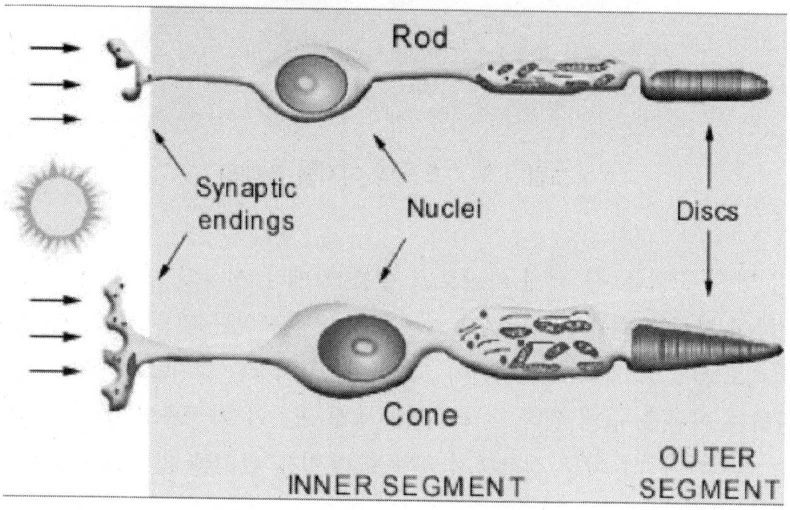

그림 1-32 Rod와 Cone 세포

인간의 눈은 바깥쪽에 나와 있는 뇌라는 이야기가 있을 정도로 인간의 눈 안쪽에는 뇌와 직접적으로 연결된 세포들이 존재한다. 인간의 눈 안쪽 끝에는 망막이라는 것이 존재하는데 망막에는 빛을 인지하는 두 종류의 시각세포가 존재한다. 하나는 Rods 세포라 하고 하나는 Cones 세포라 불리는 것이다. Cones 세포는 약 700만개의 세포를 가지고 있으며 빛을 통하여 색을 구분할 수 있도록 해주는 세포로 알려져 있고, Rods 세포는 약 1억 2500만개의 세포가 있으며 빛이 적은 영역에서 물체의 형태를 알려주는 역할을 하는 것으로 알려져 있다. 또한 cone 세포는 Red, Green, Blue를 인식하는 세 가지 종류의 세포로 나뉘어져 있다고 알려져 있는데 실제로는 Red가 가지는 파장과 정확히 일치하지는 않는 것으로 알려져 있다. 그림 1-5는 Cone 세포의 민감도를 그린 그림이다. 물론 두 세포는 인간의 뇌와 연결되어 있는 것으로 뇌가 영상을 어떻게 처리하는지는 아직까지 알 수 없지만 인간이 사물을 보고 어떻게 인지하는가에 대한 뇌의 활동은 알고 있다. 인간이 컬러 영상정보를 인지하는 방법은 세 가지 지각변수로 분류하는데 HSI모델이라고 부르는 컬러 인식 방법이다. 색상(Hue), 채도(Saturation), 명도(Intensity)로 나누어 분류하며 색상은 인간이 색이라고 이야기 하는 컬러 정보를 의미한다. 채도는 현재의 색이 얼마나 선명한지를 알려주는 정보로 채도가 높을수록 선명한 컬러로 눈에 보이게 되며 채도가 낮으면 색에 흰색이 섞인 듯 한 색이 된다. 빨간색의 경우 채도가 높다면 선명한 빨간색이 되지만 채도가 낮다면 분홍색 계통의 색이 되는 것이다. 명도는 영상의 밝고 어두움을 나타내 주는 정보로 검은색에서 하얀색까지 표현할 수 있다. 이 책에서 그레이 레벨이라고 말하는 영상의 값은 명도 정보를 알려주는 것이다. 일반적으로 인간이 인식하는 비전 정보는 약 430나노미터에서 790나노미터의 파장을 가지고 있는 전자기파에 대해서만 인식하는 것으로 알려져 있다.

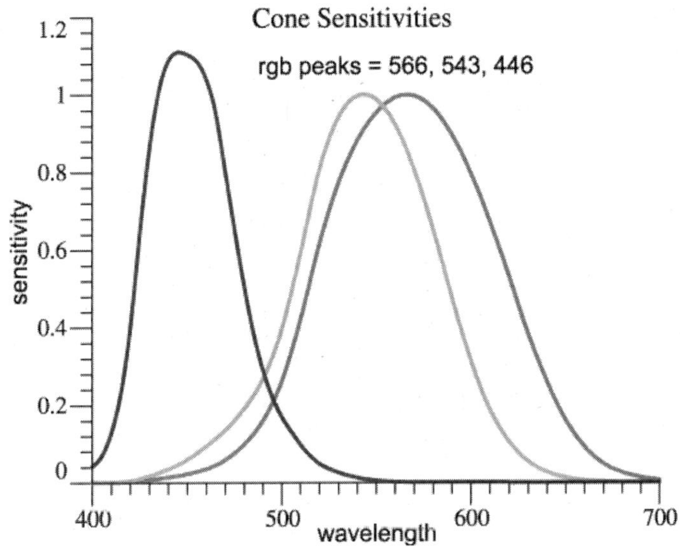

그림 1-5 Cone의 세포 종류

이러한 인간의 세포가 빛에 반응하는 연구를 통하여 디지털 카메라에서 빛을 인식하여 디지털 정보로 바꾸어 주는 이미지 센서를 만들었는데, Cone 세포가 망막의 중심에 존재하는 개수 약 30만개를 기반으로 초기 디지털 이미지 센서는 5mm×5mm에 30만 화소를 넣어 개발하였다. 물론 지금은 수천만화소를 넘어가는 디지털 카메라도 있지만 초기 디지털 카메라는 인간의 시각체계를 모방하여 만들었다.

오늘날 널리 쓰이는 이미지센서는 CMOS 이미지센서와 CCD 이미지 센서이다. CMOS 는 포토다이오드에 들어온 빛 신호를 스위칭방식으로 정보를 획득하는 방법으로 근본적으로 스위칭으로 인한 잡음이 있었으나 오늘날 많은 연구를 통하여 잡음이 거의 없는 이미지 센서가 만들어지고 있다. CCD 이미지 센서는 전하우물이라는 것을 사용하여 근본적으로 잡음이 생기지 않는 구조를 가지고 있으나 CMOS에 비하여 많은 전원이 필요하고 디지털 영상처리를 수행하기 위해서는 별도의 반도체 설계 등이 필요하여 지금은 대부분의 디지털 영상업체들이

CMOS 이미지 센서를 사용하고 있다. CMOS 이미지 센서는 반도체 기술을 사용하여 만들기 때문에 디지털영상을 처리하는 알고리즘을 반도체로 구현할 수 있어서 영상획득과 영상처리를 동시에 저 전력으로 구현할 수 있다는 장점을 가지고 있다. 오늘날 대부분의 디지털 카메라가 CMOS 방식의 이미지 센서를 사용하는 이유가 저 전력과 더불어 디지털영상처리라는 기법과 연관되어 있다고 할 수 있다.

그림 1-34 CMOS image sensor

이와 같은 디지털이미지 센서로부터 디지털 영상을 얻게 되는데 이렇게 얻은 디지털 영상은 0과 1로 이루어진 수로 표현할 수 있다. 실질적으로 디지털 컴퓨터는 모든 정보를 0과 1로 표현하기 때문에 영상도 그 중의 하나라고 보면 된다. 다음은 디지털 영상처리에서 가장 널리 사용하고 있는 표준영상으로 Lena라고 불리는 디지털 표준영상이다. 원 영상은 1972년 미국 플레이보이 잡지의 표지 모델 사진이었던 것을 영상처리를 연구하던 연구원들이 표준 영상으로 많이 사용하면서 전 세계적으로 디지털 영상처리 분야에서 가장 널리 사용하고 있는 표준 영상이 되었다. IEEE 창립 50주년 기념식에서 사진의 주인공에게 디지털 영상처리 발달에 공헌한 대가로 감사장을 수여하기도 하였다.

그림 1-35 디지털 표준영상 LENA

다음은 디지털 영상이 0과 1로 표현된다는 것이 무엇인지 알아보기로 한다. 그림 1-8에서 각 네모박스는 값을 표현할 수 있는 정보저장소라고 볼 수 있는데 그 이유는 네모 박스를 하얀색과 검은색으로 표현하면 그 자체로 정보가 되기 때문이다. 디지털로 표현한다면 하얀색은 1로 검은색은 0으로 표현할 수 있을 것이다. 이때 네모박스를 영상처리에서 화소라고 부른다. 영어로는 픽셀이라는 용어를 많이 쓰는데 이 책에서는 픽셀과 화소를 공유하면서 사용할 것이다. 픽셀은 Picture Element의 약어로 영어권에서는 펠(Pel)이라고도 부른다. 우리가 일반적으로 디지털 영상처리라고 부르는 것은 저수준에서 표현한다면 이 화소 한 개 한 개를 처리하여 새로운 화소 값으로 변화를 주는 과정을 의미한다고 할 수 있다. 영상처리에서는 입력된 영상 정보를 영상정보 결과물로 만들어 주는 과정을 저수준(Low Level) 영상처리라고 부르기도 한다. 고수준의 영상처리는 사과를 보고 영상이 아닌 사과라고 표현하는 단계를 의미한다. 본 책에서는 저수준의 영상처리만을 다룰 것이며 고수준의 영상처리는 다루지 않을 것이다. 그림 1-7의 LENA 영상은 컬러 영상인데 컬러 영상은 한 장의 디지털 영상으로 이루어지는 것이 아니라 일반적으로 Red, Green, Blue 세 가지의 영상 정보가 합쳐져서 하나의 영상을 이루는 것이다. 각각의 세 영상은 0과 1의 수로 표현된 디지털 정보이나 세 가지 컬러 정보가 합쳐져서 완전한 컬러 영상을 얻게 되는 것이다. 그림 1-9에 컬러영상으로 표현한 한 예를 보여주는 LENA 영상을 보여준다. 그러나 디지털 정보는 0과 1로 이루어져 있고 이와 같이 컬러 정보를 가지고 있는 것이 아닌 숫자 정보만을 가지고 있다는 것을 이해해야 한다. 본서는 컬러 정보가 아닌 디지털 정보에 대한 영상처리에 대해서만 다룰 것이다.

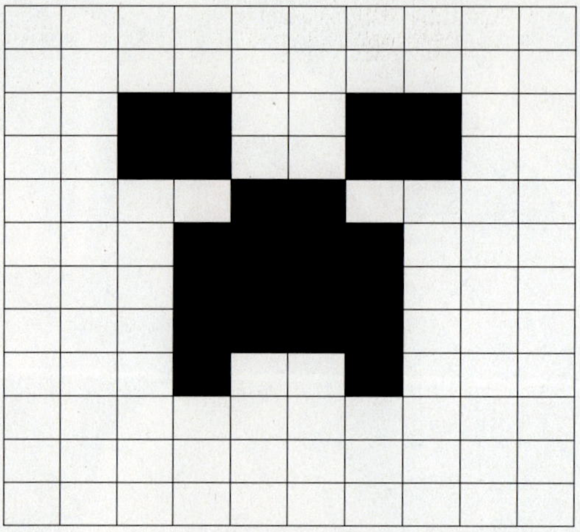

그림 1-8 디지털 영상 표현

그림 1-9 컬러영상 표현

그림 1-10 디지털 영상의 Red, Green, Blue 표현

실제 디지털 영상의 R, G, B는 그림 1-9에서 보여주는 것과 같이 표현될 것이다. 그림 1-10의 왼쪽부터 차례대로 Red, Green, Blue 값을 보여주고 있다. LENA 영상의 원본을 보면 알 수 있듯이 영상 내에서 붉은 성분이 가장 밝게 빛나고 있음을 알 수 있다. 컬러영상 원본에서 보여주듯이 Red 성분이 주 성분을 이루는 영상이라고 할 수 있다. 인간이 가장 편안하게 느끼는 것으로 알려진 녹색 성분이 일반적으로 디지털 영상처리에 사용되는 그레이(Gray) 영상과 가장 근접한 영상을 보여준다.

디지털 영상처리에서 인간의 시각시스템과 관련하여 중요한 요소가 콘트라스트(Contrast)다. 명암대비인 콘트라스트는 영상의 가장 어두운 영역부터 가장 밝은 영역의 범위를 나타내는 용어이다. 수식으로 표현하면 아래와 같이 표현할 수 있다.

$$Contrast = \frac{I_{\max} - I_{\min}}{I_{\max} + I_{\min}} \tag{1-1}$$

여기에서 I_{max}와 I_{min}은 디지털 영상이 가지고 있는 가장 큰 그레이 레벨과 가장 낮은 그레이 레벨 값을 나타낸다.

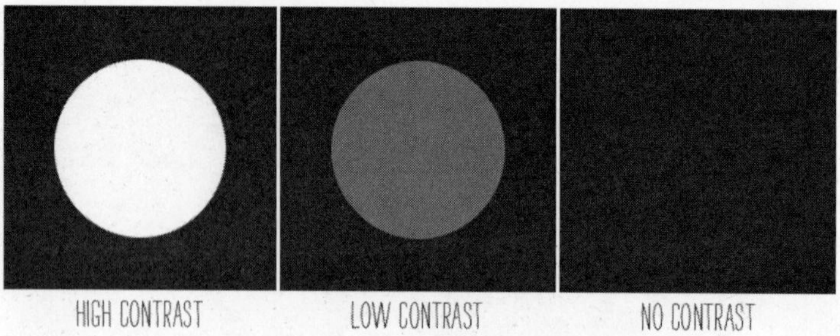

그림 1-11 Contrast Comparison

그림 1-11은 콘트라스트를 비교해서 보여주는 그림이다.

그림 1-12는 콘트라스트의 영향을 받는 영상으로 Mach Band Effect라 불리는 현상이다. 인간의 시각 시스템은 그레이 레벨이 변하는 그 순간 영역에서는 그레이 레벨 값이 작은 쪽은 더 작게 그레이 레벨이 높은 쪽은 더 크게 보인다는 이론으로 1865년 독일의 Ernst Mach가 발견하면서 알려진 이름이다. 이것은 인간의 시각에서 실제의 그레이 레벨 값과 인지하는 그레이 레벨 값이 동일하지 않을 수 있다는 것을 알려준다.

그림 1-12 Mach Band Effect

인간의 눈은 시각에서 인지하는 모든 것을 그대로 뇌로 받아들이는 것이 아니라 공간영역에서 필터링을 수행하는데, 예로 먼 곳에 떨어져 있는 어떤 작은 물건이나 작은 부분을 눈으로 본다면 상세한 부분을 세밀하게 관찰하는 것이 아니라 전체적으로 작은 영역과의 평균을 취하여 눈이 감지할 수 있는 영역에 대하여 평균값으로 인지한다고 알려져 있다. 이것을 인간의 눈은 고주파 성분을 제거하는 기능을 한다고 표현하기도 한다. 이 책의 필터링 부분에서는 인간의 시각 체계가 고주파 성분을 제거한다는 이야기를 자주하게 될 것이다. 모든 영상처리의 기본은 인간의 시각 시스템이 어떻게 작동하는가에 초점을 맞추어서 이루어지는 내용이 많이 존재한다.

인간의 시각 시스템은 그레이 레벨의 높고 낮음에도 영향을 받지만 전체 영상 내에 그레이 레벨이 얼마나 다양하게 분포되어 있는가에 더 많은 영향을 받는다. 영상의 선명도는 그레이 레벨의 분포도에 따라 달라진다고 생각하는 것이 옳다. 이러한 시각적 특징을 바탕으로 영상을 다루는 많은 분야에서 시각시스템의 특성과 일루젼을 연구하고 있다.

인간의 시각은 한 번에 인지할 수 있는 밝기의 정도가 주변에 비슷한 값들로 약 10여 단계 정도만을 인지할 수 있는 것으로 알려져 있다. 예로 밝은 곳을 달리던 자동차가 터널에 들어가는 경우 순간적으로 그레이 레벨의 큰 변화가 발생하고 인간은 순간적으로 큰 변화가 발생한 터널 안의 명도를 감지하지 못하는 상태가 된다. 물론 순간적인 일이기 때문에 곧 복구가 되지만 이것은 인간의 시각 시스템의 약점이라고 할 수 있다. 이러한 인간의 시각 특성을 반영한 영상처리 연구 또한 이루어지고 있다. 이것은 너무 커다란 변화에 대하여 많은 시간과 노력을 기울여 영상처리를 수행할 필요가 없을 수도 있다는 사실이다.

그림 1-13은 일반적인 디지털 영상처리에 사용하는 Gray Scale Image를 보여준다.

그림 1-13 LENA 표준 영상

앞으로의 모든 영상처리는 그레이 레벨 영상을 가지고 수행하며 결과 영상 또한 그레이 레벨 영상이 될 것이다. 사진에서 일반적으로 흑백사진이라고 부르는 영상을 그레이레벨 영상으로 생각하면 될 것이다. 각각의 영상 화소가 갖고 있는 디지털 정보의 값들을 그레이 레벨이라고 호칭한다. 이러한 호칭으로 인하여 그레이레벨 영상이라는 용어를 사용하는 것을 알 수 있다. 그레이레벨은 Intensity 라고도 부르며 혹은 휘도 값이라고도 부른다. 본 책에서는 그레이 레벨로 통일하여 사용할 것이다. 일반적으로 저수준의 영상처리 알고리즘은 크게 네 가지로 분류하는데 화소 값을 각각 처리하는 픽셀처리, 그리고 영역을 지정하여 처리하는 영역처리, 그 다음으로 모양의 변형을 결과로 얻을 수 있는 기하학적 처리와 전체 영상을 기반으로 처리하는 프레임처리 기법이 있다. 픽셀처리는 영상의 화소값 한 개 한 개를 변형하여 그레이 레벨에 변화를 주는 영상처리 기법이다. 영역처리는 화소값 한 개가 아닌 주변의 여러 값들을 기반으로 하여 특정한 영역을 이용하는 영상처리 기법이다. 기하학적 처리는 영상의 축소나 확대, 이동 그리고 회전등을 통하여 영상의 기하학적 모양이 변하도록 처리하는 기법이다. 프레임 처리는 한 개의 영상이 아닌 두 프레임 이상의 영상을 가지고 영상 내 잡음 제거와 같은 작업을 수행하는 처리 기법이다.

1.3_ 영상처리 응용분야

초창기 영상처리는 과학자들의 전유물이었다. 가장 많은 연구는 우주 개발과 관련된 분야와 국방관련 분야에서 이루어졌다. 우주 관련 프로그램은 수많은 디지털영상처리 기법의 발전을 가져왔는데, 아날로그 영상이 우주에서 지구까지 전송되는데 문제가 많았기 때문이기도 하다. 미국 NASA는 우주에서 찍은 지구 사진뿐 아니라 달 표면의 섬세한 사진까지 많은 사진을 확보하였으며 화성의 많은 부분에 대한 사진과 태양계에 존재하는 모든 행성들을 찍은 사진을 보유하고 있다. 이러한 사진은 우주에서 찍어 지구로 보내는 과정에서 우주 잡음과 지구의 대기권 진입 시 발생하는 잡음 등 다양한 잡음에 노출되는데, 여기에서 매우 효율적인 잡음 제거 알고리즘과 복원 알고리즘에 대한 연구 결과를 얻을 수 있게 되었다. 달 이외의 어떤 행성도 인간이 직접 가서 눈으로 확인한 곳은 없기 때문에 우주선이 외계행성 사진을 찍어 보낸 것의 원본을 인간이 확인할 수는 없지만 우주에서 보내온 사진을 실물과 동일하게 만드는 많은 연구가 진행되면서 영상 복원 분야의 연구가 활발해졌다.

그림 1-14는 NASA에서 화성에 보낸 pathfinder 로봇이 화성의 지표면을 찍어 지구로 전송한 사진이다. 이 사진이 화성에서 지구까지 이렇게 깨끗하고 선명하게 전송되는 것이 아니다. 이것은 영상복원을 거쳐 선명하게 만든 영상으로, 영상처리의 결과물이라고 할 수 있다.

그림 1-14 화성 지표면 영상

영상복원 분야는 오래된 흑백 영화나 손상된 아날로그 필름의 영화를 디지털화 하거나 복원하는데 많이 적용되어 오늘날 오래된 영화도 선명하게 복원할 수 있는 디지털 복원 기술이 존재하게 되었다. 순수한 영상처리 분야는 인간의 손이 아닌 컴퓨터 알고리즘만으로 영상을 복원하는 것이 목적이나 영화 산업의 경우 디지털 복원 이후에 인간이 직접 한장 한장 손으로 복구하는 수작업도 겸하는 것으로 알려져 있으며 이러한 복원 작업에 드는 비용은 할리우드 블록버스터 영화를 제작하는 것보다 더 많은 시간과 비용이 소요되는 것으로 알려져 있다. 따라서 아직은 순수한 영상처리 알고리즘만으로 쉽게 영상복원이 이루어지지는 않는다.

디지털 영상처리 분야와 컴퓨터 그래픽 분야는 전혀 상관이 없는 영역으로 서로의 관심밖에 있었으나 영화 산업에서 영상처리 알고리즘을 필요로 하면서 영상처리 분야와 컴퓨터 그래픽 분야가 오늘날은 크게 구분하기 어려운 복합 분야가 되었다. 그럼에도 영상처리라고 하면 순수한 자연영상에 대한 전 처리나 후처리를 주로 이야기하며, 컴퓨터 그래픽은 2차원 영상이나 3차원 영상과 같은 인위적으로 만들어진 영상에 대하여 이야기한다. 영화 산업 분야에서 컴퓨터 그래픽을 이용하여 자연영상과 잘 어울리도록 만드는 과정이 필요하게 되면서 컴퓨터를 이용한 영상처리 분야와 컴퓨터 그래픽 분야가 함께 사용되기 시작하였다. 1970년대 스타워즈는 컴퓨터 그래픽 기술이 부족하여 스타워즈 4부터 만들었다는 이야기가 있다. 스타워즈 1은 1980년대에 제작하였다. 스타워즈를 만든 조지 루카스 감독은 영화에서 컴퓨터 그래픽 관련 작업을 하는 컴퓨터 시스템을 개발하였는데 이 컴퓨터 그래픽 회사는 이후에 스티브 잡스에게 넘겨져서 오늘날 PIXAR로 발전하였다. 현재 픽사는 월트디즈니의 자회사로 합병되었다. 1970년대부터 순수한 3차원 영상을 만드는 컴퓨터 장치를 위하여 많은 연구가 이루어져 왔기 때문에 최초의 3D 만화영화인 Toy Story가 만들어진 것이다. 그 어떤 것도 하루아침에 만들어지지 않는다. 오늘날도 이러한 영화와 관련된 컴퓨터 그래픽 분야는 할리우드의 자본과 함께 굉장한 발전을 이루고 있다. 영화 터미네이터에서 T2의 복도 바닥에서 일어나는 장면은 모핑이라는 기법을 사용한 전형적인 컴퓨터 그래픽 분야의 작업이 적용된 것이다. 본 책에서 다루는 저수준의 영상처리 영역에서는 모핑을 다루지 않는다.

의료분야에서 디지털 영상처리 영역은 X선이 발견된 이후 많은 분야에서 발전을 거듭해왔다. 초음파 신호를 쏘면 몸의 특정 부분에서 반사하는 신호를 영상으로 변화하여 몸속의 상태를 영상으로 보여주는 초음파 영상 분야도 많은 발전을 이루었다. 원래 신호처리 분야의 한 분야였던 전자기파 신호를 이용했으나 현재는 영상처리 분야와 결합하여 땅속의 석유나 천연가스를 탐사하는 분야에서도 이용되고 있다. 초음파와 달리 X-Ray 나 감마선 분야의 영상은 인간의 몸속을 통과한 결과를 영상으로 변환하여 보여줌으로써 영상처리 분야에서 매우 중요해졌다. 오늘날은 X선을 360도로 촬영하여 3차원 몸속을 보여주는 CT(Computer-Aide Tomography)까지 발전하였다. 또한 MRI(Magnetic Resonance Imaging)는 CT가 보여주지 못하는 부분까지 섬세하게 보여주는 영상을 얻을 수 있도록 발전하였다. 이와 같은 의학 분야의 영상들은 모두 컴퓨터 기술로 영상을 처리하여 그 결과를 보여주는 것이다. X선 영상의 경우 방사선 피폭으로 인하여 방사선 양을 줄이면서도 좋은 결과를 보여주기 위한 끊임없는 연구가 이루어졌다. 디지털 영상은 아날로그 영상에 비하여 데이터양이 방대하므로, 텔레비전 분야에서와 같이 무선으로 방대한 양의 디지털 영상을 전송하기 위해서는 영상 압축 기법이 필요하다. 이러한 필요성에 따라 영상압축 관련 연구가 국제표준화 기구를 중심으로 이루어져 오늘날 디지털 카메라에서 널리 사용되는 JPEG 영상과 텔레비전 방송에서 표준으로 사용하는 MPEG2 표준화, 그리고 컴퓨터나 스마트폰 등에서 동영상을 촬영할 때 쓰이는 h.264/MPEG4 기법 등이 표준화를 통해 대중화되어 있다. 또한 계속적으로 압축관련 표준화가 진행되고 있으며 현재는 HEVC 표준화를 이용한 UHD 방송까지 준비가 끝난 상태이다.

그림 1-15는 UHD 방송용 표준으로 채택한 HEVC 부호화기를 보여준다. 그림 1-15의 과정을 통하여 방대한 디지털 영상을 압축하여 방송을 위한 데이터로 변환하여 전송하게 된다.

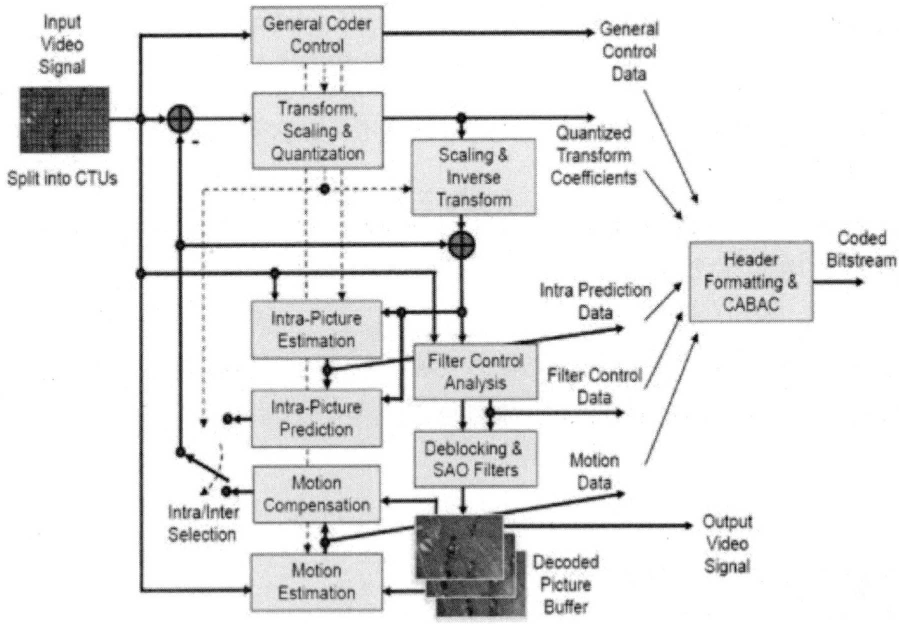

그림 1-15 HEVC codec

디지털 영상은 컴퓨터 시스템에서 사용하는 영상인 만큼 인공지능 분야에서 디지털 영상을 인식하는 연구가 많이 진행되었다. 음성 인식에 의한 대화가 가능해지면서 영상에 대한 연구가 이루어져 지문 인식이나 홍채 인식과 같은 보안 분야 이외에도 인간의 얼굴을 인식하여 알맞은 대화를 시도하는 로봇에 대한 연구까지 다양한 분야에서 영상처리에 대한 연구가 진행되고 있다.

Program 1-1은 라즈베리파이에서의 파이 카메라를 이용하여 영상을 처리하는 기본 프로그램을 보여준다. 본 책에서 보이는 모든 프로그램의 함수는 Image_Processing() 함수 안에 작성하는 것이라 생각하면 된다. 예제 프로그램은 Negative Image를 만드는 함수를 보여준다.

Program 1-1

```
/*
라즈베리파이의 카메라를 이용하여 실시간으로 영상처리를 수행할 수 있는 기본
프로그램이다.
컴파일 시 opencv를 /opt/local/lib에 설치한 경우에 사용한다. 만약 /usr/local/lib에
설치했다면 바꾸어야 한다.

컴파일 : gcc -o $1 $1.cpp -I/opt/local/include -L/opt/local/lib -lopencv_core
-lopencv_imgproc -lopencv_highgui –lopencv_videoio -lstdc++

*/

#include <opencv2/opencv.hpp>
#include <stdio.h>

using namespace cv;
#define unsigned char uchar
int Row=480, Col=640;

uchar **uc_alloc(int size_x, int size_y)
{
    uchar **m;
    int i;

    if ((m =(uchar **)calloc(size_y, sizeof(uchar *)))==NULL)
    {
        printf("d_alloc error 1₩7₩n");
        exit(0);
    }
    for (i=0; i<size_y; i++)
        if ((m[i] =(uchar *)calloc(size_x, sizeof(uchar)))==NULL)
        {
            printf("d_alloc error 2₩7₩n");
            exit(0);
        }
    return m;
}
```

```
void write_ucmatrix(int size_x, int size_y, uchar **ucmatrix, char *filename)
{
    int i;
    FILE *f;

    if ((f =fopen(filename, "wb")) == NULL)
    {
        printf("%s File open Error!₩n", filename);
        exit(0);
    }
    for (i=0; i<size_y; i++)
        if (fwrite(ucmatrix[i], sizeof(uchar), size_x, f) != size_x)
        {
            printf("Data Write Error!₩n");
            exit(0);
        }
    fclose(f);
}

void Image_Processing(IplImage *img, uchar **outImg)
{
        int i,j, tmp;

        for(i=0; i<Row; i++)
        for(j=0; j<Col; j++)
        {
                tmp = ((uchar*)(img->imageData+img->widthStep*i))[j];
                outImg[i][j] = 255 - tmp;
                ((uchar*)(img->imageData+img->widthStep*i))[j] = 255 - tmp;
        }
        cvShowImage("Result of Image Processing", img);
}
```

```
int main(int argc, char** argv)
{
	int i,j;
	uchar **inImg, **outImg;

	VideoCapture cap(0);
	if (!cap.isOpened())
	{
		printf("Cannot open camera ₩n");
		return -1;
	}
	cap.set(CV_CAP_PROP_FRAME_WIDTH, 640);
	cap.set(CV_CAP_PROP_FRAME_HEIGHT, 480);

	namedWindow("Output",CV_WINDOW_AUTOSIZE);

	inImg = uc_alloc(Col, Row);
	outImg = uc_alloc(Col, Row);

	while (1)
	{
		Mat frame;
		Mat grayframe;
		bool bSuccess = cap.read(frame);

		if (!bSuccess)
		{
			printf("Cannot read a frame from camera₩n");
			break;
		}
		cvtColor(frame, grayframe, COLOR_BGR2GRAY);
		IplImage *cvImg = new IplImage(grayframe);

		imshow("Output", frame);
```

```
        for(i=0; i〈Row; i++)
        for(j=0; j〈Col; j++)
        {
                outImg[i][j] = 255 - grayframe.at〈uchar〉(i,j);
                grayframe.at〈uchar〉(i,j) = outImg[i][j];
        }
        Image_Processing(cvImg,outImg);
        write_ucmatrix(Col,Row,outImg,"testImg.dat");
        imshow("OutputGray", grayframe);

//              Mat outframe = cvarrToMat(cvImg);
//              imshow("OutputGray", outframe);

                if (waitKey(30) == 27)
                {
                        printf("Exit₩n");
                        break;
                }
        }

        return 0;
}
```

02
기초 영상 변환

일반적인 IOT 수준에서 다루는 영상처리에서 고난이도의 인공지능과 같은 역할은 아직 쉽지 않은 일이지만, 앞으로 네트워크의 속도가 더 빨라지고 서버 컴퓨터를 사용하는 IOT 시스템이 늘어날수록 고난이도의 영상처리 기법이 대중화될 것으로 기대한다. 그러나 앞 장에서 나타낸 것처럼 이 책에서는 영상을 입력으로 받아 영상을 결과로 얻는 영상처리에 대한 내용을 학습한다.

표준 영상은 8bits 단위로 되어 있는 1byte 데이터를 한 픽셀의 정보로 다루고 있다. 최근 들어 시스템에 따라 12bits, 16bits 혹은 더 큰 데이터를 다루는 시스템들도 있으나 표준 영상의 기본 정보는 8bits로 이루어져 있다. 따라서 양수로만 표현하는 영상데이터가 표현할 수 있는 수의 범위는 0에서 255까지이며 이 값 안에서 영상정보를 표현하고 처리하게 된다. 영상처리는 1byte 데이터 처리 기법이라고 해도 틀린 말이 아니라고 할 수 있을 만큼 이 데이터 범위에서의 값을 어떻게 처리하는가를 학습해 보기로 한다.

2.1_ Negative Image

먼저 Negative 영상을 만드는 프로그램을 생각해보자. Negative 영상은 여고괴담과 같은 귀신이 나오는 영화에서 번개 치는 모양처럼 귀신이 하얗게 변한 모습을 나타낼 때 사용하는 기법이다. 현재 영상이 가지고 있는 모든 값들을 반전시키는 결과를 나타낸다. 그림 2-1은 LENA영상의 Negative 영상 결과를 보여준다.

그림 2-1 Negative Image

그림 2-1은 그림 2-2에서 보여주는 밝기 변환 함수 중에서 Negative 함수에 의하여 나타나는 결과 영상이다. 영상의 네거티브는 g(x,y) = L-1-f(x,y) 로 표현할 수 있는데 입력 영상의 값을 최대치 값에서 빼 줌으로써 결과를 얻을 수 있다.

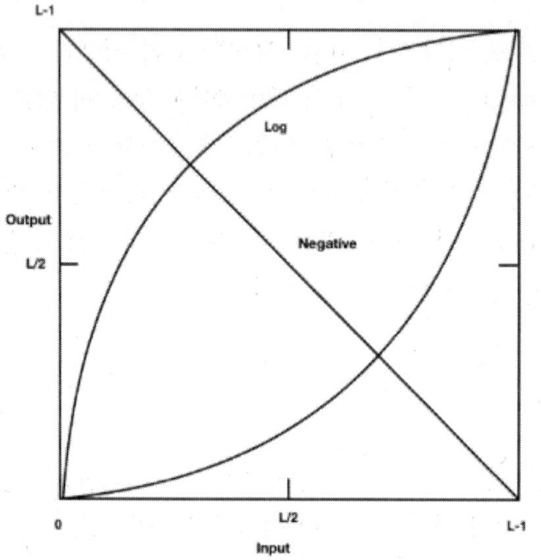

그림 2-2 Negative와 Log 함수

그림 2-3의 영상은 표준 영상으로 널리 알려진 카메라맨 영상의 원본과 네거티브 영상을 보여준다.

그림 2-3 Negative Image of Cameraman

Program 2-1 Negative Image

```
/* img는 원영상이고 Result는 결과 영상을 나타낸다 */

void Negative(uchar **img, uchar **Result)
{
    int i,j;

    for(i=0; i< Row; i++)
    for(j=0; j< Col; j++)
        Result[i][j] = 255 - img[i][j];
}
```

원본영상에서 흐릿하게 보였던 하얀색 계통의 영상들이 검은색으로 변하면서 눈에 더욱 잘 띄는 현상을 볼 수 있다. 혹은 검은색이어서 흐려 보였던 영역이 하얀색으로 변하면서 눈에 잘 띄는 현상 또한 확인할 수 있다. 네거티브 영상은 표준 영상 내에서 눈에 잘 보이지 않던 세밀한 부분을 보여주는 경우가 있어 다양한 분야에서 사용한다. 인간의 시각체계가 정상적인 영상에서 잘 인식하지 못하는 특정한 부분들이 존재할 수 있기 때문에 반대되는 영상에 대해서도 관찰하는 과정을 갖게 되면 보이지 않던 부분을 볼 수 있는 경우도 존재한다. 혹은 처음부터 네거티브 영상처럼 촬영되는 X-Ray 영상의 경우에는 원 영상에 네거티브 영상을 적용함으로써 더 정확하게 영상을 검사하는 것이 가능하다.

2.2_ Mosaic Image

그림 2-4는 LENA영상과 카메라맨 영상에 대한 mosaic 영상을 보여준다. 모자이크 영상은 일정한 윈도우 사이즈만큼의 영역을 평균값으로 처리하는 기술로 특정한 영역에 대하여 화면을 흐리게 하거나 보이지 않게 하는 목적으로 영상을 처리하는 기법이다. 윈도우 크기에 따라 영상을 완전히 가리거나 혹은 어느 정도 보이게 할 수도 있다. 그림 2-4 (a)영상의 윈도우 영역 크기를 달리함으로써 모자이크 영상의 결과를 원하는 모양으로 만들 수 있다. 이때 윈도우 크기 내 평균값을 구하여 그 평균으로 윈도우 크기를 모두 바꾸면 된다.

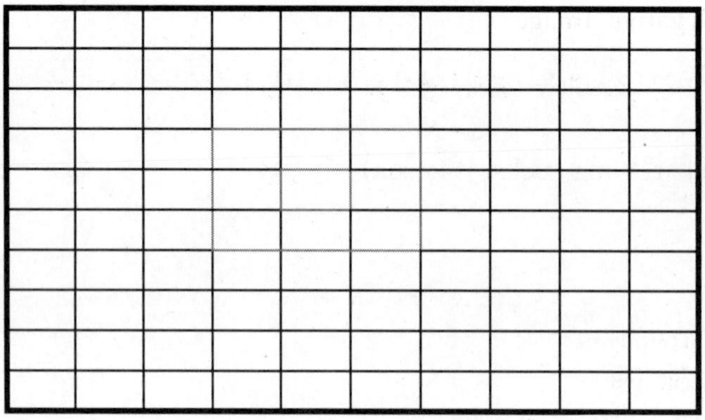

(a) 윈도우 영역

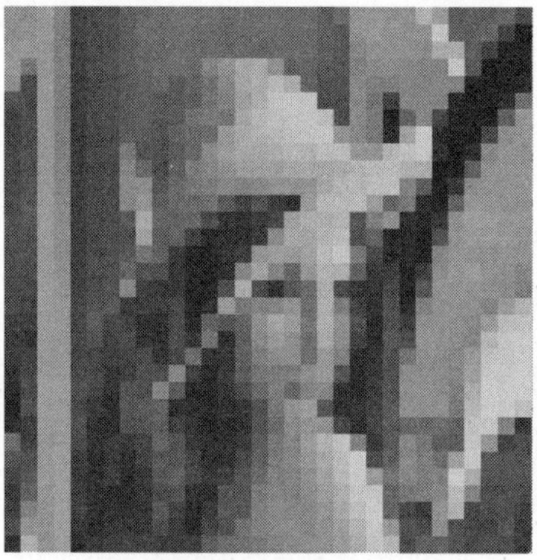

(b) window size 16

(c) window size 8

(d) window size 8

(e) window size 16

그림 2-4 Mosaic 영상

그림 2-4의 결과 영상에서 볼 수 있듯이 영상의 평균 블록(window) 크기가 클수록 영상 내 모자이크 효과가 크게 나타나는 것을 알 수 있다. 영상의 크기에 따라 블록을 달리하면서 모자이크 효과를 극대화할 수 있다. 모자이크한 영상은 복원할 수 없는 손실이 발생하여 원 영상으로 복구할 수 없게 된다.

$$m_{S_{xy}} = \sum_{(s,t) \in S_{xy}} r_{s,t} p(r_{s,t}) \tag{2-1}$$

$$\sigma^2_{S_{xy}} = \sum_{(s,t) \in S_{xy}} \leq f[r_{s,t} - m_{S_{xy}}]^2 p(r_{s,t}) \tag{2-2}$$

수식 (2-1)은 윈도우 사이즈 Sxy 내에서의 평균을 구하는 수식이고 (2-2)는 분산을 구하는 수식이다. 수식에서 보이는 평균을 구하여 영상 내 윈도우 값을 모두 평균으로 변환하여 주면 모자이크 영상이 완성된다. 수식은 확률을 근거로 하여 처리하는 것으로 하였으나 실제 디지털 영상 처리는 합의 평균을 구하여 처리한다. 확률적 계산결과와 합의 평균을 구한 처리 결과는 동일하게 나타난다.

그림 2-5의 (a)는 표준 영상 pepper를 보여주며 (b)는 블록크기를 8로 하여 모자이크 영상을 만든 결과를 보여준다. 블록 사이즈에 따라 모자이크 영상의 정도를 조절할 수 있기 때문에 언제든지 원하는 결과를 만들어낼 수 있다.

(a) Original Image (b) Mosaic image (block 8)

그림 2-5 pepper mosaic image

Program 2-2 Mosaic Image

```
/* img는 원영상이고 out은 결과 영상을 나타낸다.
   Row는 영상의 가로 줄 수를 Col은 영상의 세로 줄 수를 나타낸다.
   Block은 모자이크를 수행하는 블록 크기를 나타낸다.
 */

void mosaic(uchar **img, uchar **out, int Row, int Col, int Block)
{
      int i,j,x,y, tmp,count;
      for(i=0;i<Row;i+=Block)
      {
            for(j=0;j<Col;j+=Block)
            {
                  tmp=0;
                  count=0;
                  for(y=0;y<Block;y++)
                  {
                        for(x=0;x<Block;x++)
                        {
                              tmp+=img[i+y][j+x];
                              count++;
                        }
                  }//get average

                  tmp/=count;
                  for(y=0;y<Block;y++)
                  {
                        for(x=0;x<Block;x++)
                        {
                              out[i+y][j+x]=tmp;
                        }
                  }
            }
      }
}
```

2.3_ Interpolation

보간법이라고 불리는 Interpolation은 Decimation과 함께 영상처리에서 매우 중요한 기법 중의 하나이다. 영상을 확대하거나 축소해야 하는 경우가 발생하는데 이때 영상을 확대하는 기법을 보간법이라 한다. 기본적으로는 주파수상에서의 문제가 있지만 이 책에서는 단순한 확대와 관련된 내용만 다룬다. 초창기 디지털 영상의 국제 표준이 진행되던 시기에 미국 방식의 TV와 유럽 방식의 TV가 상호 호환이 되지 않는 문제를 해결하기 위하여 국제 표준화 위원회에서 CIF(Common Intermediate Format)라는 중간포맷을 제시하여 미국과 유럽 간 영상통화와 동영상의 자유로운 교환이 가능하도록 하는 표준을 제정하였다. 이때 영상표준을 이루기 위하여 적용한 다양한 기법들이 Interpolation과 Decimation기법이다. 영상 확대와 영상 축소를 다룰 수 있는 국제 표준포맷을 만든 것이다. 보간법 중에서 가장 간단한 방법은 바로 옆의 픽셀 값을 복사해서 사용하는 Nearest Neighbour 기법과 네 개의 주변 값에서 새로운 값을 만들어 영상을 확대해 나가는 bilinear 기법, 그리고 16개의 주변 값에서 새로운 값을 만들어 확대해 나가는 bicubic 기법 등이 있다. 다음은 bilinear interpolation을 설명한 것이다.

그림 2-6을 보면서 보간법을 설명하겠다. 영상을 X배로 확대한다고 가정해 보자. 위의 예는 X배만큼 확대한다는 가정 하에 한 예를 보여준다. 그림 상으로는 4배 확대의 그림이나 X배를 확대한다는 가정 하에 계산식을 수행해 보도록 한다. 5와 6 사이에 존재하는 x의 값을 계산하기 위해서는 5와 6사이의 거리를 계산하여 거리만큼의 영향을 구하는 작업이 필요하다. 또한 5와 8 사이의 영향 또한 적용하여야 한다. 먼저 5와 6 사이의 영향을 계산하면 x 는 5로부터 a 만큼의 영향을 가지고 있으며 6으로부터는 b 만큼의 영향을 받는 것을 알 수 있다. 이러한 수식 관계는 좌우와 함께 위아래의 관계에 대한 영향력 계산이 필요하다. 좌우 영향력의 크기를 Col_E 라 하고 위아래의 영향을 Row_E라 하여 계산해 보도록 한다.

영향력은 거리에 반비례하므로 아래와 같은 수식(2-3)과 수식 (2-4)를 얻을 수 있다.

$$Row\_E = 5*(b/(a+b)) + 6*(a/(a+b)) \tag{2-3}$$

$$Col\_E = 5*(d/(c+d)) + 8*(c/(c+d)) \tag{2-4}$$

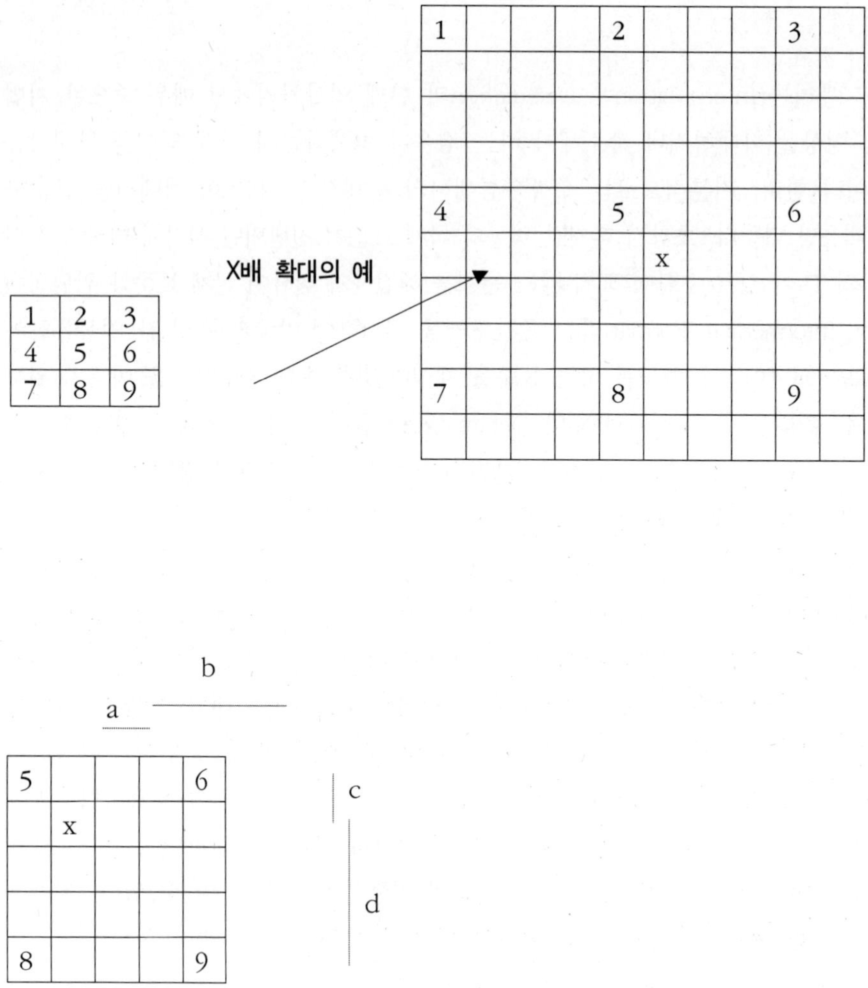

그림 2-6 Interpolation 과정

각 단계의 값이 1의 값을 가지고 있다고 가정한다면 위의 수식은 아래와 같이 계산될 것이다.

Row_E = 5*(3/4) + 6*(1/4) = 5.25

Col_E = 5*(3/4) + 8*(1/4) = 5.75

x = (Row_E + Col_E) / 2 = 5.5

위의 계산은 단순히 좌우 영향력만을 고려한 영상의 합이며 대각선 방향에 있는 9의 영향력도 함께 계산하여 처리하면 결과는 다음과 같이 달라질 것이다.

대각선 방향의 값은 Row_D 와 Col_D로 정의하여 계산한다.

$$Col\_D = 6*(d/(c+d)) + 9*(c/(c+d)) \quad (2\text{-}5)$$

$$Row\_D = 8*(b/(a+b)) + 9*(a/(a+b)) \quad (2\text{-}6)$$

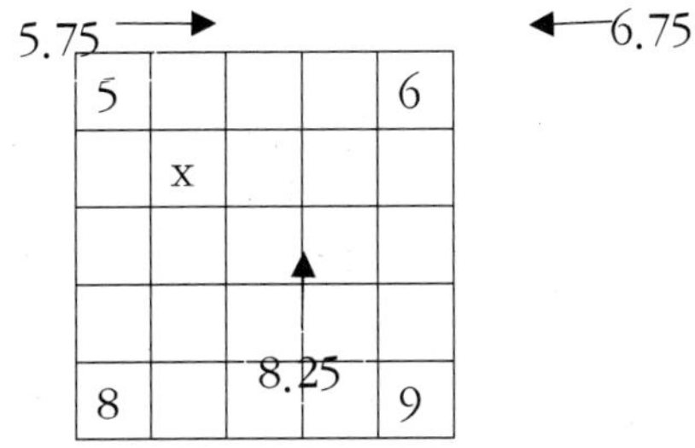

그림 2-7 1차 계산된 값

위의 수식 (2-5)와 수식 (2-6)에 맞추어 계산하면

Col_D = 6.75
Row_D = 8.25

계산된 각 위치의 값은 아래와 같이 계산되어 표시된다.
x는 다음과 같이 계산할 수 있다.

$$x = (5.25*(3/4) + 5.75*(3/4) + 6.75*(1/4) + 8.25*(1/4))/2 = 6$$

좌우의 영향만을 생각했을 때의 x는 5.5의 값으로 표현할 수 있었으나 대각선 방향의 값을 적용해 계산된 결과는 6이 나온 것을 볼 수 있다. 영향력을 미치는 범위를 어떻게 설정하느냐에 따라 결과가 다른 것을 알 수 있다.

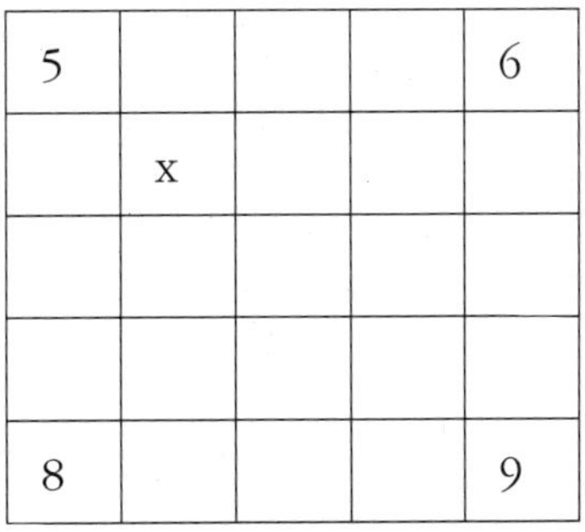

그림 2-8 4배 확대

위 그림에서 보이는 확대 비율은 4배의 확대영상을 구하는 작업이다. 확대 작업을 위와 같이 하지 않고 정수배의 확대작업이므로 각각의 행렬에 따라 처리하는 경우는 다음과 같이 구할 수도 있다.

5		5.5		6
	x			
6.5		D		7.5
8		8.5		9

그림 2-9 4배 확대 처리의 다른 예

D = (5+6+8+9)/4 = (5.5+6.5+7.5+8.5)/4 = 7

5.5는 5와 6의 평균, 6.5는 5와 8의 평균, 7.5는 6과 9의 평균이고 8.5는 8과 9의 평균이다. 이러한 평균값이 보간법에서 구해지는 확대영상의 결과 값이 된다.

x = 6 의 값을 갖는다. 영상은 각 영역에서의 값에 대한 비율을 통일하면 어떻게 처리하든지 같은 결과로 나타나는 것을 확인할 수 있다. 위와 같은 방법으로 모든 빈 공간의 값을 구함으로써 영상을 확대하는 것이 가능하다. 그림 2-10은 보간법의 결과이며 2배 영상이나 3배 영상의 차이가 눈으로는 거의 구별하기 어려운 것을 알 수 있다. 그럼에도 불구하고 디지털영상의 확대는 카메라가 갖는 물리적인 망원렌즈 기능에는 아직 미치지 못한다. 존재하지 않는 데이터를 주변의 값으로부터 만들어 내는 것이기 때문에 온전히 존재하는 자연의 값을 정확하게 표현한다고 볼 수는 없으며 비슷하게 만들어 낸 결과물이라고 생각하면 된다. 스마트폰 카메라에 기능에 있는 확대 기능은 디지털 확대 기능이 대부분이며 이러한 기능은 현재 최대 5배나 6배 정도까지 지원해 주고 있다. 또한 스마트폰에서 지원하는 확대 기능은 cubic interpolation 기법을 지원하는 것으로 하드웨어적으로 지원하는 것으로 알려져 있다.

보간법은 기하학적 변환에서 좀 더 깊게 다루도록 한다.

(a) 2배 확대영상

(b) 3배 확대영상

그림 2-10 interpolation 결과

2.4_ Binary Image

영상정보는 0에서 255까지의 값을 가지고 있어서 필요에 따라 영상의 값들을 조작하거나 변경하는 영상처리를 수행한다. 그러나 컴퓨터 시스템의 특성과 영상처리의 단순화를 위하여 이진화하는 작업이 필요한 경우가 많이 존재한다. 영상 이진화는 0에서 255의 값을 0과 1의 값으로 변환하는 작업이다. 실제 영상의 0과 1은 검은 값으로 표현되기 때문에 1은 255로 변환하여 화면에 표시해 주어야 한다. 그림 2-11은 영상 이진화 결과를 보여준다. 그림 2-11은 영상전체의 평균값을 구하여 평균값 이하는 0으로 평균값 이상은 1로 변환하여 보여주는 영상이며 1은 화면에 보여주기 위하여 255로 변환하였다. 수식 (2-7)은 디지털 영상의 확률을 계산하여 평균을 구하는 수식이다. ri는 i번째 픽셀 값을 나타내며 각 픽셀 값의 확률을 계산하여 기대치 값을 구하는 공식이다. 수식 (2-8)은 분산을 구하는 수식을 보여준다.

$$m = \sum_{i=0}^{L-1} r_i p(r_i) \tag{2-7}$$

$$\sigma^2(r) = \mu_2(r) = \sum_{i=0}^{L-1} (r_i - m)^2 p(r_i) \tag{2-8}$$

그림 2-11 Binary Image

이진화 영상은 평균값 이외에도 특정한 threshold 값을 지정함으로써 원하는 형태의 이진화 영상을 구할 수 있다. 각각의 영상처리 역할과 분야에 따라 이진화 영상은 다양한 방법으로 사용될 수 있다.

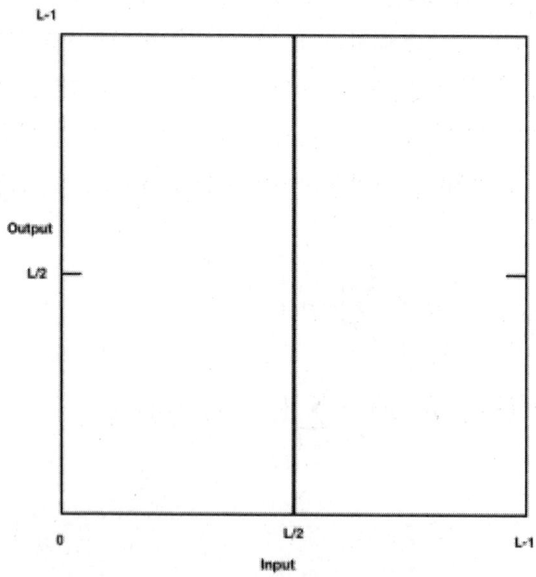

그림 2-12 Threshold Function

그림 2-12는 문턱치를 이용하여 이진 영상을 만드는 함수를 보여준다. 그림에서 문턱치는 L/2이며 이것은 일반적으로 평균을 구하는 경우 비슷한 값을 나타낸다. 평균을 구하는 과정은 영상의 통계적 특성을 반영하기 위한 것이며 영상에 따라 문턱치는 다양한 방법으로 만들어 사용할 수 있다.

(a) Pepper (b) Camera Man

그림 2-13 Binary Image by Threshold

그림 2-13은 평균을 문턱치로 계산하여 이진 영상을 만든 표준영상 Pepper와 Camera Man을 보여준다. 영상은 평균보다 큰 경우 하얀 색으로, 작은 경우 검은색으로 설정하였다. 보여주는 색은 다양하게 조절할 수 있으나 일반적인 이진 영상의 경우 검은색과 하얀 색으로 나타낸다.

Program 2-3 Binary Image

```
double average(uchar **img, int Row, int Col)
{
    double sum = 0, avg ;
    int i,j;

    for(i=0;i〈Row;i++) {
        for(j=0;j〈Col;j++) {
            sum += img[i][j];
        }
    }
    avg = sum/((double)Row*Col);
    printf("Average of Image %lf ₩n", avg);
    return avg;

}

void makeBinary(uchar **img, uchar **out, int Row, int Col, double avg)
{
    int i,j;

    for(i=0;i〈Row;i++) {
        for(j=0;j〈Col;j++) {
            if(img[i][j] 〉 avg) out[i][j] = 255; // Change value for book with
avg-30
            else out[i][j] = 0;
        }
    }
}
```

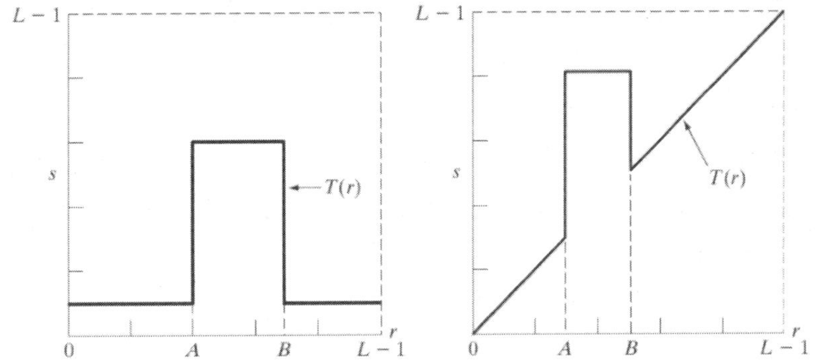

(a) (b)

그림 2-14 밝기변환 함수

그림 2-14는 밝기 변환을 수행하는 함수의 한 예로 왼쪽 그림은 입력 레벨 값 A와 B 사이의 값은 특별한 값으로 정해주고 나머지는 0에 가까운 값을 주어 값을 배제하는 것이다. 오른쪽 그림의 함수는 특정한 값 A와 B사이에 대해서는 눈에 띄는 밝은 값으로 처리하고 나머지는 영상과 동일한 것으로 대체하는 함수이다. 이것은 특정한 목적을 가지고 영상을 변환하고자 할 때 적용할 수 있는 영상처리 방법이다. 이것은 A와 B라는 특정한 값이 목적에 맞는 어떤 값이어야 하며 이 값이 의미가 있으려면 그 결과를 목적으로 하는 특별한 작업이 필요할 때뿐이다. 따라서 일반적인 표준 영상을 처리하는데 적합한 기법은 아니라는 것을 알아두어야 한다.

그림 2-15 특별한 변환을 가한 결과 영상

그림 2-15는 위에서 설명한 특별한 변환의 결과 영상을 보여준다. 영상은 표준 영상인 jet 영상에 적용하였으며 이러한 결과가 자연스럽지는 않지만 실험을 위한 결과 영상이라는 것을 이해하기 바란다. 영상에서 A는 50으로 B는 150으로 설정하여 그림 2-14의 (a)를 적용한 것으로, 결과값은 200으로 설정하여 얻은 영상이다. 비행기 주변의 구름과 하얀 부분들이 모두 제거된 것을 알 수 있다. 이렇게 특정한 목적이 있는 경우 그 목적에 맞는 변수를 설정하여 결과를 얻는 것이 일반적이다.

Program 2-4 Adaptive Binary Image

```
void AdaptiveBinary2(uchar **img, uchar **out, int Row, int Col)
{
    int i,j;

    for(i=0;i<Row;i++) {
        for(j=0;j<Col;j++) {
            if(img[i][j] > 50 && img[i][j] < 120 ) out[i][j] = img[i][j];
            else out[i][j] = 0;
        }
    }
}

void AdaptiveBinary1(uchar **img, uchar **out, int Row, int Col)
{
    int i,j;

    for(i=0;i<Row;i++) {
        for(j=0;j<Col;j++) {
            if(img[i][j] > 50 && img[i][j] < 120 ) out[i][j] = 200;
            else out[i][j] = img[i][j];
        }
    }
}

void AdaptiveBinary0(uchar **img, uchar **out, int Row, int Col)
{
    int i,j;

    for(i=0;i<Row;i++) {
        for(j=0;j<Col;j++) {
            if(img[i][j] > 50 && img[i][j] < 120 ) out[i][j] = 200;
            else out[i][j] = 0;
        }
    }
}
```

2.5_ Gamma Correction

Gamma Correction은 음극선관을 사용하는 CRT(cathode ray tube) 모니터나 텔레비전에서 영상을 제대로 보여줄 때 하드웨어적인 문제점을 보완하기 위하여 도입된 기법으로 영상의 전체적인 밝기를 조정하는 방법이다. 오늘날 컴퓨터 그래픽 카드에는 메뉴에 Gamma 값을 조정하는 것이 가능하도록 지원하는 경우도 있다. Gamma 값을 사용자가 지정함으로써 자신이 보는 화면의 밝기를 전체적으로 어둡게 혹은 밝게 만든 화면을 볼 수 있다.

g(x,y) = f(x,y)1/γ 에서 gamma값의 변화에 따라 영상의 결과 값이 달라지는 방식이다.

(a) gamma = 0.45 (b) gamma = 2.45

그림 2-16 The result of Gamma Correction

그림 2-16의 (a)는 1/γ 에서 γ 값이 0.45인 경우의 결과를 보여준다. 영상을 전체적으로 어둡게 만들었으며 이것은 너무 밝은 영상을 조금 더 보기 좋게 만드는 과정이 필요할 때 사용한다. 그림 2-16의 (b)는 (a)와 반대의 경우로 영상에 큰 감마값을 적용함으로써 밝은 영상을 얻을 수 있도록 해준다.

영상을 밝게 혹은 어둡게 해야 더 많은 정보를 획득할 수 있는 경우 중요한 기법으로 사용할 수 있다.

(a) gamma = 0.45　　　　(b) gamma = 2.45

그림 2-17 The result of Gamma Correction

그림 2-17은 카메라맨 영상에 적용한 Gamma Correction 결과 영상이다. 화면에서 보이듯이 밝은 영상에서 카메라맨이 더욱 선명한 결과를 보여준다. Lena 영상의 경우 큰 감마값이 영상을 너무 밝게 만들어 너무 하얀 모양이었으나 카메라맨은 기본적으로 영상의 그레이레벨이 낮아 큰 감마값에서 보기에 좋은 결과 영상을 나타내고 있는 것을 알 수 있다. 이것은 Gamma Correction을 통하여 얻을 수 있는 가장 큰 수확이라고 할 수 있다. 영상에 따라 적절한 감마값을 배정함으로써 좀 더 선명하고 좋은 결과 영상을 얻을 수 있다.

(a) gamma = 0.45　　　(b) gamma = 2.45

그림 2-18 The result of Gamma Correction

그림 2-18의 결과 영상은 그림 2-17과는 상반된 결과를 나타내는 영상이다. 맨 위에 있는 원 영상이 워낙 밝게 나온 영상으로 동일하게 감마값을 적용한 경우 그림 2-18의 (a) 번 그림 결과가 더 선명한 결과의 느낌을 주는 것을 알 수 있다. 사람의 시각 체계에서 보면 꼭 이렇다고 말할 수는 없지만 전체적으로 보기 좋아졌다. 영상의 특성에 맞게 감마값을 변화시킴으로써 더 좋은 결과를 얻을 수 있다.

Program 2-5 Gamma Correction Image

```
void PowImg(uchar **img, uchar **Result, int Row, int Col, double gamma)
{
    int i,j;
    double tmp;

    for(i=0; i< Row; i++)
    for(j=0; j< Col; j++)
    {
        tmp = pow(img[i][j]/255.,1/gamma);

        if(tmp*255 > 255) tmp = 1;
        else if(tmp*255 < 0) tmp = 0;

        Result[i][j] = tmp*255;
    }
}
```

2.6_ Bit plane

표준 디지털 영상은 8bits로 구성되어 0부터 255까지의 값을 가지고 있는 구조이다. 256레벨의 그레이 스케일 값이라고 표현하기도 하는데 이진영상을 위에서 구성한 것과 같이 각 bit 위치에서의 영상을 독립된 영상으로 표현하는 방법을 알아본다. 영상은 8개의 bit plane으로 구성되어 있으며 최상위 비트가 1인 경우 128보다 큰 값을 가지게 되고 바로 하위 비트가 1인 경우는 64보다 큰 값을 갖는 구조를 가지고 있다. 각 위치에서의 비트가 1인 경우 영상값이 존재하는 표시인 255로 표시하여 화면에 보여주고 0인 경우 0으로 표현하여 이진 영상으로 각 bit plane을 표현한다.

그림 2-19는 Bit Plane 8장에 대한 영상결과를 보여준다. 각각의 비트가 1인 경우 255로 표현하여 이진화된 영상을 보여준다.

(a) bit8 (b) bit7 (c) bit6 (d) bit5

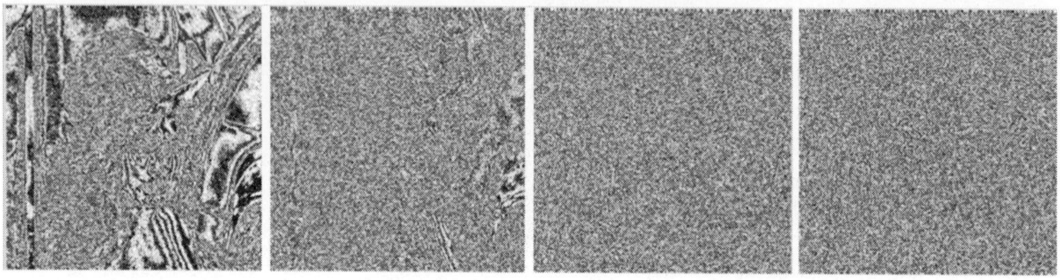

(d) bit4 (e) bit3 (f) bit2 (g) bit1

그림 2-19 Bit Plane Image

이진화된 비트 영상은 비트의 정보만으로 영상이 얼마나 많은 정보를 가지고 있는지를 알 수 있다. 이러한 비트 정보를 몇 개를 모아야 사람이 보기에 지장이 없는지 확인하기 위하여 비트 영상을 몇 가지 더한 결과 영상을 그림 2-20에 보여준다.

(a) 8, 7, 6, 5bit 합성영상

(b) 8, 7, 6bit 합성영상

그림 2-20 bit의 합성에 의한 결과 영상

그림 2-20의 결과 영상에서 보면 비트를 많이 합성할수록 원 영상과 비슷한 결과를 보여주는 것을 알 수 있다. 비트 합성을 통하여 디지털 영상데이터의 정보량을 줄이면서 사용자에게 좋은 결과 영상을 보여줄 수 있는 한계를 알 수 있다.

(a) bit1 (b) bit2 (c) bit3 (d) bit4

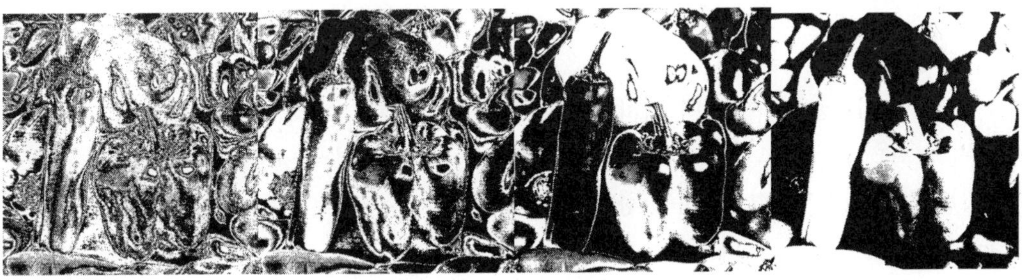

(e) bit5 (f) bit6 (g) bit7 (h) bit8

그림 2-21 Bit Plane Image of pepper

그림 2-21은 pepper 표준 영상에 적용한 비트 슬라이싱 결과를 보여준다. Lena 영상과는 달리 하위 비트 상에서 다양한 모양의 pepper를 확인할 수도 있다. 이것은 영상이 단순한 어떤 특성을 갖는 것으로 확인할 수 있다. bit8의 영상은 128을 기준으로 나눈 이진 영상과 동일한 결과를 갖는다. pepper의 경우 합성 영상의 모양을 그림 2-22에 보여주었다.

(a) 8, 7, 6, 5bit 합성영상　　　　(b) 8, 7, 6bit 합성영상

그림 2-22　bit의 합성에 의한 결과 영상

그림 2-22는 Lena영상처럼 네 개의 비트를 합성한 영상이 3개의 비트를 합성한 영상보다 눈에 띄게 좋은 결과를 보이지는 않지만 비트 한 개를 추가한 결과 영상이 확실히 좋은 결과를 나타내는 것을 알 수 있다. 이것은 정보량이 늘어나는 것을 의미하며 정보량은 화질에 많은 영향을 주는 것을 알 수 있다. 또한 그림 2-21에서 보듯이 영상의 특성에 따라 비트에 포함된 영상의 정보가 다양하게 존재할 수 있다는 것을 확인할 수 있다.

Program 2-6 BitPlane Image

```
void BitSlicing(uchar **img, uchar **Result, int Row, int Col, int position)
{
    int i,j;
    uchar mask = 0x01;
    mask <<= position;

    for(i=0; i< Row; i++)
    for(j=0; j< Col; j++)
    {
        if((mask&img[i][j]) == pow(2,position))
        {
            Result[i][j] = 255;
        }
        else
        {
            Result[i][j] = 0;
        }

    }
}
```

2.7_ 영상 연산

디지털 영상은 영상에 상수 값을 더하면 더해진 상수 값으로 인하여 영상에 영향을 미치게 된다. 단순하게 영상에 특정한 값을 더해주는 산술연산과 특정한 값을 빼주는 산술연산을 구현하여 영상의 밝기를 감마값을 이용한 보정처럼 만들 수 있다.

(a) Camera Man (b) Lena

그림 2-23 덧셈연산에 의한 결과 영상

그림 2-23은 덧셈 연산을 이용하여 카메라맨과 레나 영상의 그레이 레벨을 일률적으로 50씩 증가시킨 결과 영상이다. 감마 보정을 통한 연산결과와 시각적으로 비교하는 것이 쉽지는 않으나 감마 보정을 통한 연산은 로그연산과 유사하게 자신의 값을 기준으로 한 부드러운 변화가 있다. 다만 가산연산은 너무 큰 값을 더하는 경우 직접적으로 255를 넘어가는 값이 많아져 clipping 시켜야 하는 값이 과도해지면서 영상 결과에 문제가 발생할 수가 있다. 이러한 문제 때문에 단순 가산 연산을 자주 사용하지는 않는다.

(a) Camera Man (b) Lena

그림 2-24 뺄셈연산에 의한 결과 영상

그림 2-24는 뺄셈 연산을 수행하여 얻은 결과로 원 영상에서 동일하게 50씩의 값을 빼서 결과 영상을 얻었다. 전체적으로 어두워진 것을 볼 수 있으며 가산 연산과 마찬가지로 과도한 뺄셈은 원 영상의 훼손을 가져오기도 하고, 표준 영상이 아닌 경우 특정한 연산에 의하여 원 영상에 검은 색을 과도하게 유발할 수도 있는 문제점이 있음을 명심하기 바란다.

그림 2-25 Noisy Image

그림 2-25는 가우시안 랜덤 잡음에 Lena 영상에 더하여 얻은 잡음가산 영상을 보여준다. 영상의 원 값에 화소별로 랜덤 잡음을 더하여 그 결과 값을 얻은 것으로 잡음이 심한 가우시안 잡음은 제거하는 것이 매우 어렵다. 영상에 더해진 잡음이 원 영상과 uncorrelated 되어 있고 평균이 0인 값이라면 잡음 영상을 계속적으로 더하여 좋은 결과 영상을 얻을 수 있으나, 원 영상과 결합한 잡음 성분을 분리해 내는 것이 근본적으로 불가능하기 때문에 완벽한 잡음 제거는 어려운 문제로 남아있다.

(a) 20개를 더한 결과 영상　　　(b) 70개를 더한 결과 영상

그림 2-26　덧셈을 통한 잡음 제거 영상

그림 2-26은 독립적인 잡음 영상 20개를 더한 결과 영상과 70개를 더한 결과 영상을 보여주고 있다. 그림 2-25의 잡음 영상의 PSNR은 18.72였으나 20개를 더한 결과 영상은 23.45의 PSNR을, 70개를 더한 결과 영상의 PSNR은 23.46의 결과를 보여 수치상으로는 거의 차이를 보이지 않으나 그림 2-26의 (b) 영상이 좀 더 밝아진 결과로 보이는 것을 알 수 있다. 잡음 영상을 단순한 가산연산으로 처리하는 방식이 좋은 결과를 나타내는 경우가 많이 있는데 그것은 잡음이 원 영상과 상관관계가 없는 경우의 가산 잡음인 경우에 해당한다.

Program 2-7 AddNoise Image

```
/* DSP Processing Program을 가져온 것임
*/

double uniform()
{
    return((double)(rand() & RAND_MAX) / RAND_MAX - 0.5);
}



double gaussian()
{
    static int ready = 0;          /* flag to indicated stored value */
    static double gstore;           /* place to store other value */
    double v1,v2,r,fac,gaus;
    double uniform();

    /* make two numbers if none stored */
    if(ready == 0) {
    do {
        v1 = 2.*uniform();
        v2 = 2.*uniform();
        r = v1*v1 + v2*v2;
    } while(r 〉 1.0);          /* make radius less than 1 */
    /* remap v1 and v2 to two Gaussian numbers */
    fac = sqrt(-2.*log(r)/r);
    gstore = v1*fac;           /* store one */
    gaus = v2*fac;              /* return one */
    ready = 1;                   /* set ready flag */
    }
    else {
        ready = 0;          /* reset ready flag for next pair */
        gaus = gstore;   /* return the stored one */
    }
    return(gaus);
}
```

영상을 처리하기 위하여 단순하게 수를 더하거나 빼는 연산만을 수행하는 것이 아니라 영상에 대하여 논리적인 연산을 수행하여 원하는 결과를 얻을 수 있다.

그림 2-27 circle image

Program 2-8 Circle Image

```
void Circle(uchar **Result, int Row, int Col, double diameter)
{
	int i,j;
	double tmp, xSqure, ySqure;

	for(i=0; i< Row; i++)
	for(j=0; j< Col; j++)
	{

		ySqure = (abs(Row/2 - i))*(abs(Row/2 - i));
		xSqure = (abs(Col/2 - j))*(abs(Col/2 - j));

		tmp = sqrt(ySqure + xSqure);

		if(tmp < diameter) Result[i][j] = 255;
		else Result[i][j] = 0;
	}
}
```

그림 2-27은 Circle Image로 가운데 부분에 원 모양의 하얀 값을 가지고 있는 영상이다.

이 영상을 이용하여 LENA 영상의 얼굴 부분을 구할 수 있는데 이러한 연산은 논리연산으로 구현한다.

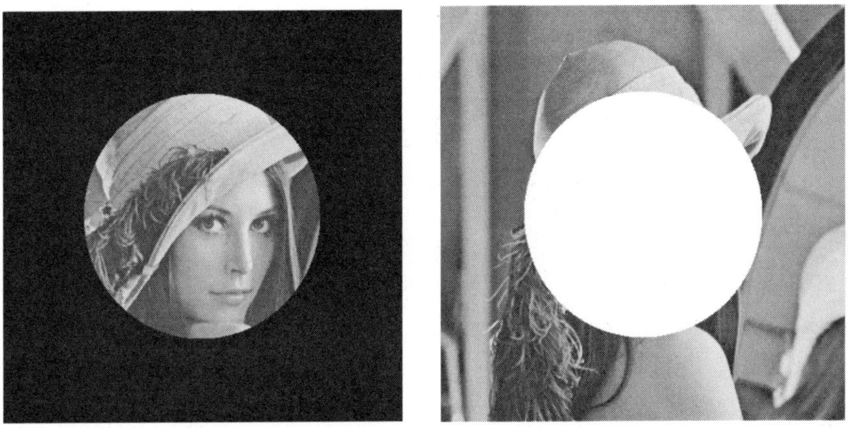

(a) AND 연산 (b) OR 연산

그림 2-28 논리연산 결과 영상

그림 2-28의 (a) 영상은 LENA영상과 그림 2-27의 영상을 가지고 AND 논리 연산을 통하여 얻어진 결과를 보여준다. 그림 2-28의 (b) 번 결과는 그림 2-27의 영상과 논리 OR 연산을 수행한 결과를 보여준다. 영상처리에서 논리 연산은 원하는 영상의 모양을 얻거나 제거하기 위한 기법으로 사용하며 얼굴에서 치아나 눈 등 특별히 보고 싶은 부분이 있나면 특징한 영상을 이용하여 원하는 결과 영상을 얻을 수 있다.

(a) Mandril (b) OR 연산 (c) AND 연산

그림 2-29 논리연산 결과 영상

그림 2-29는 바분이라고 알려져 있는 표준영상 Mandrill 영상에 그림 2-27의 Circle 영상을

이용하여 논리연산을 적용한 결과이다. 원하는 작업이 맨드릴의 코 부분을 얻는 것이거나 코 부분을 없애는 작업이라면 그림 2-29의 작업은 좋은 결과를 얻은 것으로 간주할 수 있을 것이다. 이와 같이 영상을 향상시키는 작업은 단순히 눈으로 보기에 좋은 영상만을 얻는 것이 아니라 원하는 목적에 적합한 결과를 얻는 모든 과정을 영상향상이라고 정의한다.

Program 2-9 Logical Image

```
void    MaskAnd(uchar **in1Img,uchar **in2Img,uchar **outImg,int ROW,int COL)
{
    int i,j;

    for(i = 0; i < ROW; i++)
    for(j = 0; j < COL; j++)
    {
        outImg[i][j] = in1Img[i][j]&in2Img[i][j];
    }
}
void    MaskOr(uchar **in1Img,uchar **in2Img,uchar **outImg,int ROW,int COL)
{
    int i,j;

    for(i = 0; i < ROW; i++)
    for(j = 0; j < COL; j++)
    {
        outImg[i][j] = in1Img[i][j]|in2Img[i][j];
    }
}
```

03
Image Enhancement
(영상 향상)

2장에서 다루었던 영상의 Gamma 값 조정 결과 영상과 같이 영상의 밝기에 변화를 주어 영상의 화질을 향상시키는 기법은 매우 다양하다. 단순히 영상에 상수를 더하거나 곱하는 것만으로도 원하는 좋은 결과를 얻기도 한다. 그러나 디지털 영상처리에서 영상을 향상시킨다는 의미는 사람이 보기 좋게 만든다는 의미만을 가지고 있지 않다. 현재 영상에 대하여 특정한 처리를 한 결과가 목적에 맞게 변환되는 것을 영상 향상이라고 부른다. 즉, 사용자가 원하는 목표에 근접한 결과 영상을 얻는 특정한(specific) 작업을 말한다. 이번 장에서는 영상을 보기 좋게 만드는 Histogram Equalization(히스토그램 평활화)과 다양한 필터링을 통한 결과 영상에 대하여 논의해보기로 한다.

3.1_ 히스토그램

영상에서의 히스토그램은 그레이레벨 값 k개의 개수가 영상 전체 안에서 몇 개가 존재하는지를 알려주는 값이다. 즉, 그레이레벨 값 0부터 255까지가 영상 전체에서 몇 개씩 존재하는가를 알려주는 지표 값이다. 히스토그램은 영상의 그레이레벨의 프로파일(profile)을 보여주는 기능을 한다고 생각하면 된다. 그러나 영상의 크기가 다양하기 때문에 개수만으로 표현하는 경우 그 개수의 정확성에 문제가 발생할 수 있으므로 영상전체 화소수로 나누어 확률적인 표현으로 나타낸다. 즉, k번째 개수가 Nk개인 경우 Nk/(Row*Col)와 같이 전체 화소수로 나누어 k 의 그레이 레벨이 갖는 개수를 표현한 것을 히스토그램이라 한다. 히스토그램을 이용한 영상 향상 기법은 공간 영역에서 영상을 향상시키기 위하여 사용되며 좋은 성능을 나타내는 기법 중의 하나이다. 히스토그램을 조작함으로써 영상의 콘트라스트를 확장시켜 인간의 시각체계에 보기 좋은 결과를 줄 수 있다. 또한 히스토그램은 소프트웨어로 처리하는 것도 쉽게 구현이 가능하여 실시간 처리가 가능하다는 장점이 있다. 인간의 시각이 히스토그램의 모양에 따라 어떻게 영상을 인식하는지를 확인하려면 영상의 밝기에 따른 히스토그램을 확인해 보면 알 수 있다.

(a) Original Image

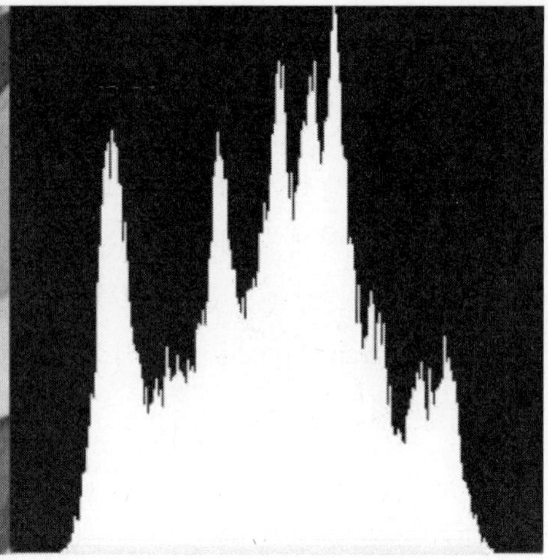

(b) Histogram

(c) Bright Image

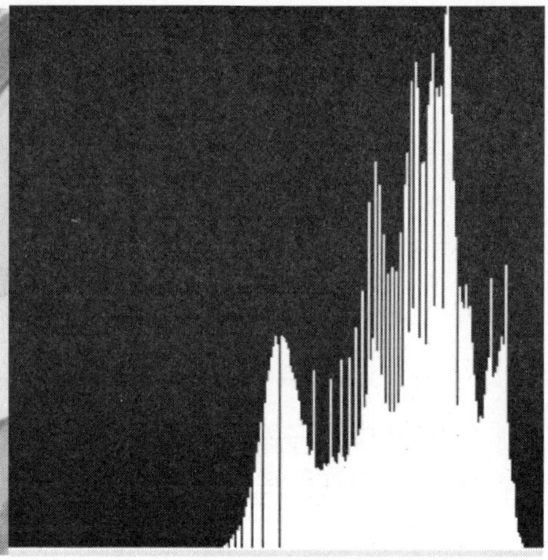

(d) Histogram

(e) Dark Image

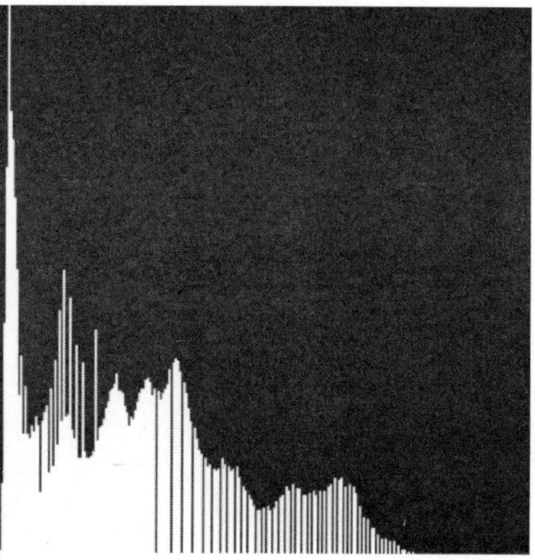

(f) Histogram

그림 3-1 Histogram of Original LENA

그림 3-1은 LENA 원본에서 구한 히스토그램 값을 그림으로 표현한 것이다. (b)번 그림의 원본 영상 히스토그램을 보면 0부터 255까지 사이에 값이 존재하나 0 근처와 255 근처에는 값이 거의 없는 것을 알 수 있다. 표준 영상으로서의 LENA는 단순한 영역과 중간 복잡도 영역 그리고 매우 복잡한 영역의 값을 골고루 가지고 있으면서 전체적으로는 히스토그램이 잘 분포되어 있는 것을 확인할 수 있다. 그림 3-1의 (c)번 그림은 레나 영상에 대하여 감마 보정을 통해 밝은 영상으로 변환한 영상을 보여준다. 이 영상의 히스토그램은 밝은 영역(오른쪽)으로 치우쳐 있는 것을 볼 수 있다. 히스토그램이 한 쪽으로 치우쳐 있는 모양으로 나타나는 경우 인간의 시각 시스템은 전체적인 영상의 콘트라스트가 나쁘다고 인식한다. 콘트라스트가 높을수록 선명하게 느끼는 인간의 시각시스템에서 보면 한쪽으로 히스토그램이 치우쳐진 영상은 선명함이 떨어진다고 느끼게 되거나 어딘가 문제가 있는 영상으로 인지한다. 반대로 그림 3-1의 (e) 번 그림은 어두운 영상을 보여준다. 예상대로 히스토그램은 왼쪽으로 치우쳐 있으며 전체적으로 어두운 영상을 보여주는 히스토그램을 쉽게 예측할 수 있다. 이 영상 역시 선명함을 주기보다는 어딘가 개선을 해야 할 것 같은 느낌을 주는 것을 볼 수 있다. 히스토그램은 단순하게 영상 내 존재하는 값들의 분포도이기는 하지만 인간의 시각체계가 선명하게 느끼는 영상을 제공할 수 있는 기초가 된다.

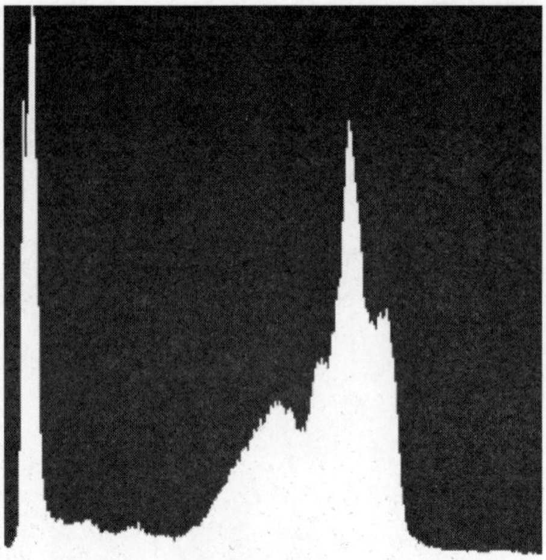

(a) Camera Man (b) Histogram

그림 3-2 Histogram of Camera Man Image

그림 3-2는 그레이레벨이 매우 작은 값을 많이 가지고 있는 경우의 히스토그램을 보여준다. 일반적으로 어두운 영상은 그레이 레벨 값이 작은 값을 가지고 있는 것을 알 수 있다. 카메라맨의 경우 옷 색깔이 검은색인 관계로 매우 독특한 히스토그램을 보여주고 있다. 이런 영상의 경우 전체적인 콘트라스트를 개선하는데 어려움이 존재한다.

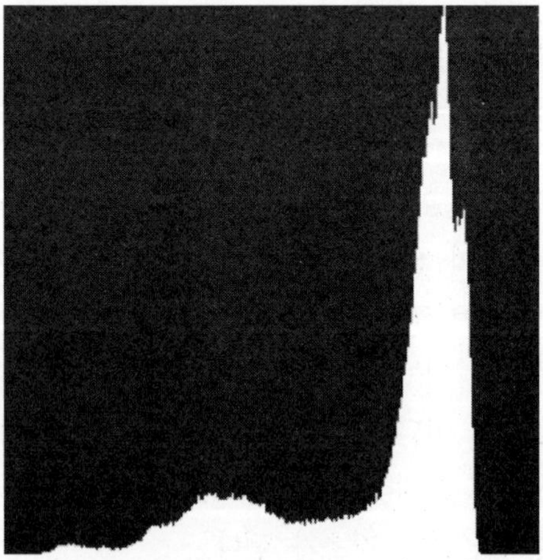

(a) Jet (b) Histogram

그림 3-3 Histogram of Jet Image

그림 3-3은 밝은 영상의 히스토그램을 보여주는 영상으로 전체적인 히스토그램이 평균 이상의 부분에 많이 몰려 있는 것을 알 수 있다. 인간이 인식하는 영상은 히스토그램이 한 부분으로 몰려있는 것에 대하여 선명한 영상이라 인식하지 않으며 시각체계상에서 볼 때도 좋은 영상으로 인식하지 않는 경향이 있다. 그러나 Jet 영상의 경우는 카메라맨과는 달리 이중적인 피크가 존재하는 모양이 아니라 오른쪽 끝 부분으로 밝은 영상이 존재하기 때문에 오른쪽 끝 부분의 밝은 영상이 전체 콘트라스트에 심각한 영향을 미치는 것을 알 수 있다. 이러한 히스토그램의 문제점을 해결하는 방안으로 콘트라스트를 확장하는 방식인 히스토그램 평활화를 사용하여 영상의 선명도를 높이는 방법을 사용할 수 있다.

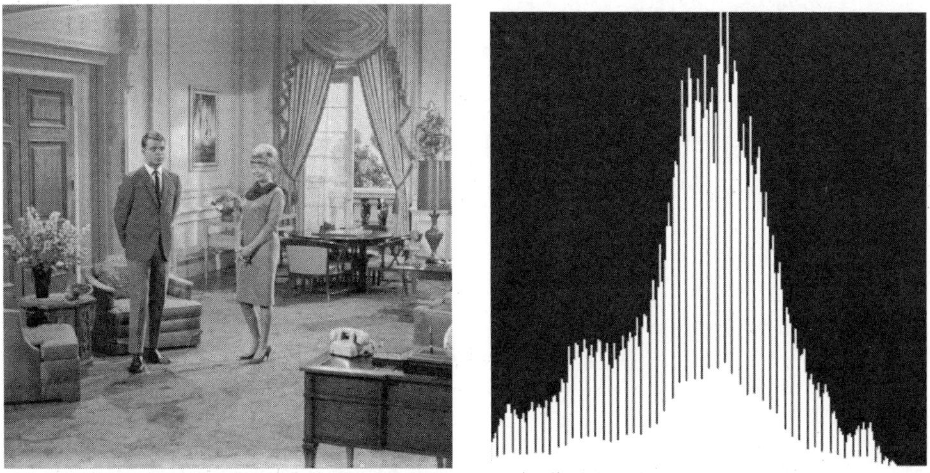

(a) Livingroom (b) Histogram

그림 3-4 Histogram of Livingroom Image

그림 3-4는 Lena 영상과 비슷한 형태의 히스토그램을 보여주는 거실 영상이다. 그러나 Lena 표준 영상은 중간 부분 곳곳에 피크가 올라오는 값의 변화가 있었는데 거실 영상은 종모양의 히스토그램으로 중간 값이 가장 큰 히스토그램 분포를 보여주고 있는 것을 볼 수 있다. 이 영상의 평균은 120.9의 값을 나타낸다. 이 영상은 단순한 부분과 중간 복잡도 부분 그리고 매우 복잡해 보이는 부분을 골고루 가지고 있는 전형적인 표준 영상이라고 생각할 수 있는 영상이다. 영상은 자신만의 독특한 히스토그램을 가지고 있는 경우가 많은데 영상이라는 것이 자연 속에서 보이는 것을 그대로 화면에 옮겨왔기 때문에 어느 것도 동일한 것이 없기 때문이다. 따라서 기본적인 영상 처리 기법을 영상의 특성에 맞게 다양하게 적용할 수 있는 기술이 필요하다.

3.2_ Histogram Equalization(히스토그램 평활화)

히스토그램 평활화는 단조증가함수의 특성을 이용하여 그 역변환을 통하여 변환된 결과영상을 구하는 작업이다. 즉, 히스토그램 평활화는 입력 영상의 특성과는 상관없이 영상 히스토그램을 확률밀도함수(Probability Density Function)로 보고 그 PDF 함수의 CDF(Cumulative Density Function)를 구함으로써 CDF의 역변환을 구하는 작업이다. 영상정보의 히스토그램의 CDF는 항상 단조증가함수의 특성을 가지며 그 역변환 역시 그레이레벨 값 범위 내에 존재한다. 이러한 특성을 만족하는 함수로서의 히스토그램을 이용하여 히스토그램 평활화를 수행한다. 히스토그램 평활화는 히스토그램이 그레이레벨이 일정한 값을 가지도록 만드는 개념으로 히스토그램을 평탄하게 만든다기보다는 히스토그램의 분포를 재분배하여 인간의 시각체계에 더욱 더 선명한 결과를 줄 수 있도록 변환하는 것이다. 히스토그램이 0부터 255까지 고르게 분포되어 있는 경우 인간의 시각체계가 밝고 선명한 영상으로 인지하는 것을 감안하여 히스토그램을 평탄하게 만드는 작업을 히스토그램 평활화라고 부른다. 히스토그램 평활화는 화소 값의 변화를 일으키는 것이 아니라 기존의 원 영상에 있는 화소 값들을 재분배함으로써 선명한 영상을 제공한다.

$$s = T(r) = (L-1)\int_0^r p_r(w)dw \qquad (3\text{-}1)$$

수식 (3-1)은 히스토그램 평활화를 수행하기 위한 히스토그램 누적함수를 나타내는 수식이다. 입력 값 r에 대한 확률밀도함수(pdf) pr은 입력 영상의 히스토그램을 의미하며 영상 내에서 구한 히스토그램 pdf를 누적하여 구한 결과 값 s 는 누적분포함수(cdf)를 나타낸다. 이렇게 구한 누적분포함수의 역변환에 의한 r값을 구하면 히스토그램 평활화 결과를 얻을 수 있다. 좀 더 구체적으로 본다면 다음의 세 단계에 걸쳐서 히스토그램 평활화가 이루어진다.

1. 원 영상의 히스토그램을 구한다.
2. 히스토그램의 정규화된 합을 계산하여 누적분포함수(CDF)를 구한다.
3. 누적분포함수의 역함수를 구한다.
4. 원 영상을 히스토그램 누적분포함수의 역함수에 적용하여 결과 값을 구한다.
5. 필요한 경우, clipping을 통하여 원하는 결과 영상을 얻는다.

그림 3-5는 어두운 영상이었던 그림 3-1의 (e)번 그림에 대하여 히스토그램 평활화를 적용한 결과를 보여준다. 오른쪽의 히스토그램을 보면 그레이레벨 0부터 255까지 펼쳐져있는 결과를

보여준다. 인간의 시각은 이와 같이 그레이 레벨이 넓게 분포한 영상에서 선명함을 느끼는 특징이 있다.

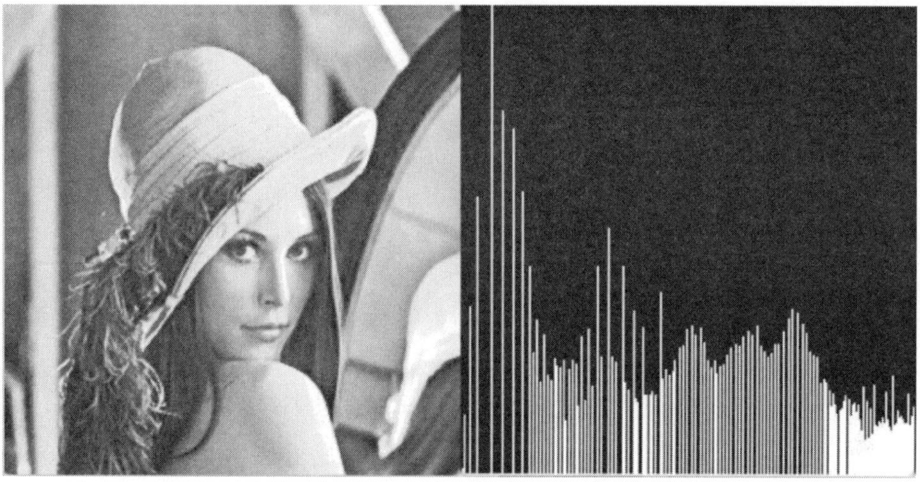

(a) 평활화 결과 영상 (b) Histogram

그림 3-5 어두운 영상의 히스토그램 평활화 결과

그림 3-6은 밝은 영상이었던 그림 3-1의 (c) 영상에 대하여 히스토그램 평활화를 수행한 결과 영상을 보여준다. 히스토그램을 보면 그림 3-5와 마찬가지로 그레이레벨 0부터 255까지 골고루 퍼져있는 것을 알 수 있다. 그러나 (a) 영상처럼 영상만을 볼 때는 히스토그램의 모양과 상관없이 선명한 영상을 보여주고 있는 것을 볼 수 있다. 히스토그램의 모양과는 상관없이 히스토그램이 그레이 레벨 0부터 255까지 골고루 분포되어 있는 경우 인간의 시각은 선명한 영상으로 인식하고 있다는 것을 보여준다. 그러나 히스토그램은 다양한 형태의 모양을 하고 있는 것을 확인할 수 있다. 즉, 인간의 시각체계가 느끼는 선명함과 히스토그램의 크기와는 무관함을 알 수 있다. 그러나 히스토그램 평활화의 결과는 히스토그램이 넓게 골고루 퍼진다는 특성에 있으며 이것은 인간에게 콘트라스트가 선명한 결과를 느끼게 해주는 것을 알 수 있다.

(a) 평활화 결과 영상 (b) Histogram

그림 3-6 밝은 영상의 히스토그램 평활화 결과

그림 3-7은 LENA 영상의 원본에 대해 히스토그램 평활화를 수행한 후의 결과 영상과 히스토그램 결과를 보여준다. 그림 3-1의 (b)에서 보여준 히스토그램은 0 근처와 255 근처의 값이 거의 존재하지 않았으나 그림 3-7은 0과 255 근처에 골고루 히스토그램이 분포되어 있는 것을 알 수 있다. 그리고 그 결과는 선명한 영상 결과를 보여주는 것을 알 수 있다. 그러나 이 선명함으로 인하여 부드러운 원본의 느낌이 없어진 것 또한 알 수 있다. 그림 3-5, 그림 3-6 그리고 3-7에서 보여주는 (a) 영상은 시각적으로 볼 때 거의 차이를 느낄 수 없는 정도의 선명한 영상을 그대로 보여준다. 히스토그램 평활화의 이론이 입력 영상과는 무관한 히스토그램이 균일한 결과를 보여준다는 것인데 결과 영상만을 보면 그 이론이 인간의 시각체계에 그래도 적용된다고 볼 수 있을 것이다. 그러나 세 영상의 히스토그램 모양은 모두 다른 것을 알 수 있는데 영상의 선명도는 히스토그램의 모양보다 히스토그램이 그레이레벨 상에서 얼마나 잘 분포되어 있는가에 영향을 많이 받는다는 것을 알 수 있다. 이것은 콘트라스트 스트레칭에서 결과를 보면 알 수 있다. 히스토그램 평활화는 영상의 원본이 밝은 영상이나 어두운 영상이나 히스토그램이 좁은 영역에만 존재하는 영상이나 상관없이 영상의 히스토그램을 넓게 펴주어 인간이 느끼는 결과 영상은 거의 차이를 느낄 수 없도록 해준다. 이러한 특성 때문에 히스토그램 평활화는 영상의 선명함이 필요한 영상처리 분야에서 자주 사용하게 된다.

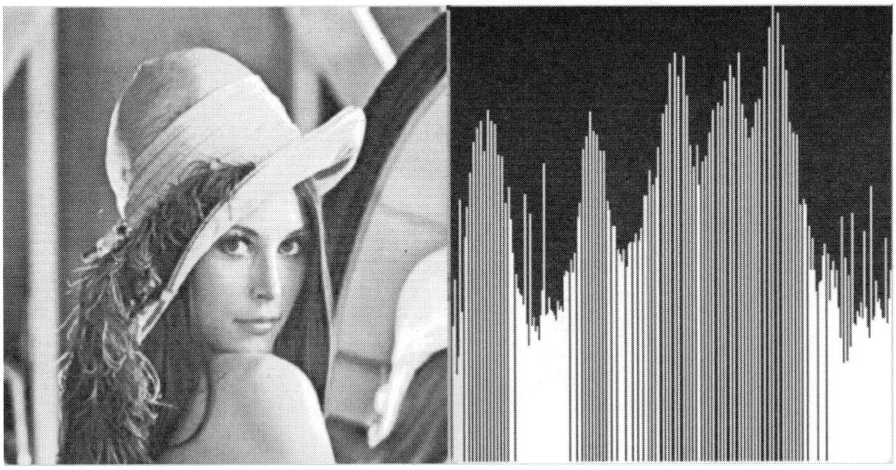

(a) 평활화 결과 영상　　(b) Histogram

그림 3-7　LENA 히스토그램 평활화 결과

그림 3-8은 카메라 맨 영상에 히스토그램 평활화를 수행한 결과 영상이다. 영상의 결과가 원본 영상보다 선명해졌다고 느끼기보다는 어딘가 너무 밝아진 것 같은 느낌을 받는다. 이것은 히스토그램에서도 나타나는데 어두운 영역의 값이 오른쪽으로 이동하면서 중간 영역의 많은 히스토그램이 가장 밝은 근처로 많이 이동해 있는 모양을 볼 수 있다. 이런 특성을 가지고 있는 영상에 히스토그램 평활화를 수행하는 것은 반드시 좋은 결과를 얻을 수 있는 것이 아니라는 사실을 알게 된다. 영상은 근본적인 속성에 맞는 다양한 방법의 선명화가 필요하다.

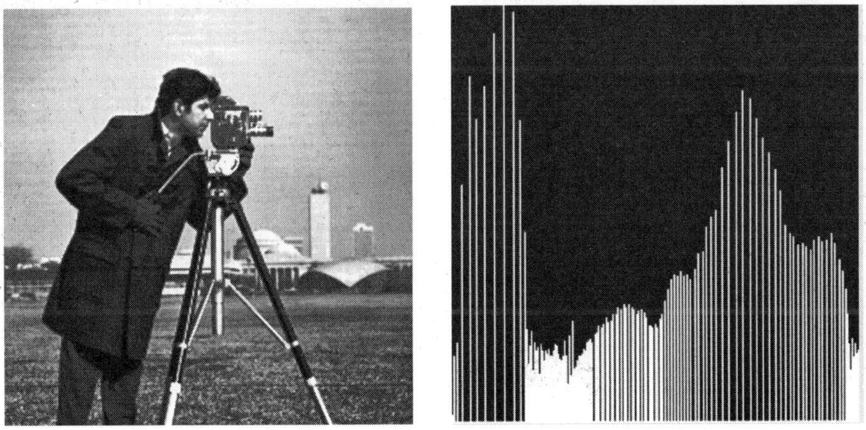

(a) 평활화 결과 영상　　(b) Histogram

그림 3-8　Camera Man 히스토그램 평활화 결과

(a) 평활화 결과 영상

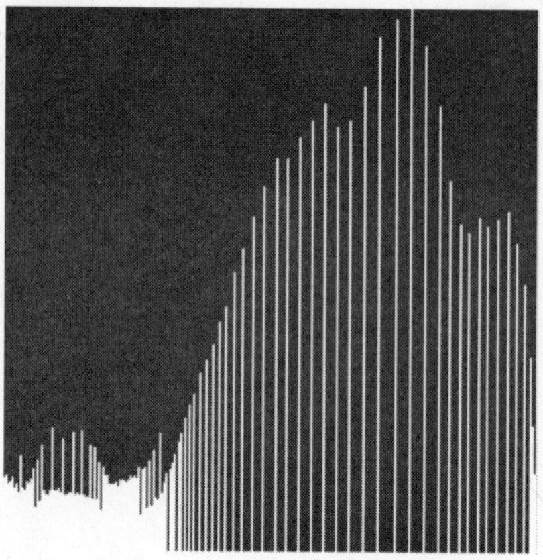

(b) Histogram

그림 3-9 Jet 히스토그램 평활화 결과

그림 3-9는 제트 영상에 히스토그램 평활화를 적용한 결과를 보여주는 그림이다. 카메라맨과 비슷하게 영상이 더 선명해졌다고 느껴지지 않는 것을 알 수 있다. 영상의 히스토그램을 보면 오른쪽에 쏠려 있던 히스토그램이 왼쪽으로 이동하면서 왼쪽 끝 부분(어두운 영역)에 굉장히 많은 히스토그램이 이동한 것을 알 수 있다. 이것은 원본 영상에서 인간이 느끼기에 적당히 좋은 느낌의 영상 값들(그레이 레벨 100근처의 값들)을 거의 0과 같은 값으로 대체했다는 것을 의미한다. 이러한 결과로 영상의 상당 부분이 검은 색을 띠고 있다.

(a) 평활화 결과 영상

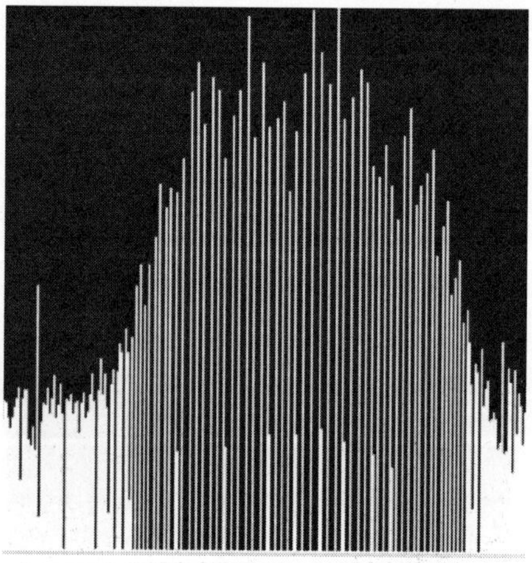

(b) Histogram

그림 3-10 Livingroom 히스토그램 평활화 결과

그림 3-10은 거실 영상에 히스토그램 평활화를 적용한 결과 영상을 보여준다. 거실 영상은 히스토그램 분포가 가운데 부분에 집중되어 있었으나 평활화를 수행한 후의 영상은 전체적으로 골고루 퍼져서 분포된 것을 볼 수 있다. 어두운 부분은 더욱 어두워 졌으며 밝은 영역의 값들은 더 밝은 값들로 대체되면서 선명도가 뛰어난 결과를 보여준다. 그러나 이 영상은 원본 영상자체가 잘 만들어진 영상이었기 때문에 히스토그램 평활화를 수행하지 않아도 좋은 영상이었다는 것을 우리는 알고 있다. 그렇다면 히스토그램 평활화를 수행한 결과 영상이 좋아 보이지 않는 그림 3-8과 그림 3-9와 같은 영상들은 그대로 히스토그램 평활화를 수행해서는 사용하기가 곤란한 상황이라는 것을 알 수 있다. 이러한 문제를 해결하기 위하여 히스토그램을 지정하여 원하는 히스토그램으로 만들어 가는 기법이 존재한다.

Program 3-1의 히스토그램 평활화 프로그램은 화면에 영상의 히스토그램을 그려주는 작업을 위하여 OpenCV를 사용하여 프로그램을 작성하였다. 편의상 함수만이 아니라 독립적인 프로그램 전체를 보여준다.

Program 3-1 Histogram Image

```
/*
Compile : g++ -o $1 $1.c -I/usr/local/include -L/usr/local/lib -lopencv_core
-lopencv_highgui -lopencv_imgproc -lopencv_imgcodecs

opencv 라이브러리가 /usr/local/lib에 설치되어 있는 경우에 수행하는 컴파일이다.
*/

#include <opencv/cv.h>
#include <opencv/highgui.h>
#include <stdio.h>
#include <math.h>
#include <stdlib.h>

#define unsigned char uchar

int histogram[256], cdfOfHisto[256], histogramEqual[256];
```

```
uchar **uc_alloc(int size_x, int size_y)
{
    uchar **m;
    int i;

    if ((m =(uchar **)calloc(size_y, sizeof(uchar *)))==NULL)
    {
        printf("d_alloc error 1₩7₩n");
        exit(0);
    }
    for (i=0; i<size_y; i++)
        if ((m[i] =(uchar *)calloc(size_x, sizeof(uchar)))==NULL)
        {
            printf("d_alloc error 2₩7₩n");
            exit(0);
        }
    return m;
}
void read_ucmatrix(int size_x, int size_y, uchar **ucmatrix, char *filename)
{
    int i;
    FILE *f;

    if ((f =fopen(filename, "rb")) == NULL)
    {
        printf("%s File open Error!₩n", filename);
        exit(0);
    }
    for (i=0; i<size_y; i++)
        if (fread(ucmatrix[i], sizeof(uchar), size_x, f) != size_x)
        {
            printf("Data Read Error!₩n");
            exit(0);
        }
    fclose(f);
}
```

```
void write_ucmatrix(int size_x, int size_y, uchar **ucmatrix, char *filename)
{
    int i;
    FILE *f;

    if ((f =fopen(filename, "wb")) == NULL)
    {
        printf("%s File open Error!₩n", filename);
        exit(0);
    }
    for (i=0; i<size_y; i++)
        if (fwrite(ucmatrix[i], sizeof(uchar), size_x, f) != size_x)
        {
            printf("Data Write Error!₩n");
            exit(0);
        }
    fclose(f);
}
void get_hist1(uchar **img, int X_Size, int Y_Size)
{
    int i,j, tmp;
    double tmp1;
    int t, tp, range, hrange;
    CvSize histoSize,cdfSize;
    IplImage *imgHisto, *cdfImgHisto;

    histoSize.width = 256;
    histoSize.height = 256;

    cdfSize.width = 256;
    cdfSize.height = 256;

    imgHisto = cvCreateImage(histoSize,8,1);
    cdfImgHisto = cvCreateImage(cdfSize,8,1);

    /* 아래쪽으로 계속 */
```

```
for(i=0;i<histoSize.height;i++)
     for(j=0;j<histoSize.width;j++)
     {
          ((uchar*)(imgHisto->imageData+imgHisto->widthStep*i))[j]= 0;
     }
     for(i=0;i<cdfSize.height;i++)
     for(j=0;j<cdfSize.width;j++)
     {
          ((uchar*)(cdfImgHisto->imageData+cdfImgHisto->widthStep*i))[j]= 0;
     }

     tp = X_Size*Y_Size;

     for (i = 0; i < 256; i++)
               histogram[i] = 0;

     for (i = 0; i < Y_Size; i++)
          for (j = 0; j < X_Size; j++)
               histogram[img[i][j]]++;

     // Find the maximum histogram value
     tmp1 =0;
     for (i = 0; i < 256; ++i)
     {
          tmp1 = tmp1 > histogram[i] ? tmp1 : histogram[i];
     }

     for (i = 0; i < 256; ++i)
     {
          tmp = (int)255*(histogram[i]/tmp1);

cvLine(imgHisto,cvPoint(i,255),cvPoint(i,255-tmp),CV_RGB(255,255,255),1,8,0);
     }



     /* 아래쪽으로 계속 */
```

```
    cvShowImage("Histo Equal ",imgHisto);

    cdfOfHisto[0] = histogram[0];
    for (i = 1; i < 256; i++)
    {
            cdfOfHisto[i] = cdfOfHisto[i-1] + histogram[i];
    }
    // Draw the CDF of Histogram
    tmp1 = (double)cdfOfHisto[255];
    for (i = 0; i < 256; ++i)
    {
        tmp = (int)255*(cdfOfHisto[i]/tmp1);

cvLine(cdfImgHisto,cvPoint(i,255),cvPoint(i,256-tmp),CV_RGB(255,255,255),1,8,0)
;
    }
    cvShowImage("CDF of Histogram ",cdfImgHisto);

    range = cdfOfHisto[255] - cdfOfHisto[0];
//      printf("%d %d₩n",tp, range);
    histogramEqual[0] = 0;
    for (i = 1; i < 256; ++i) {
            t = (int)ceil(((cdfOfHisto[i] - cdfOfHisto[0]) * 255.0) / range);
            histogramEqual[i] = (t < 0) ? 0 : (t > 255) ? 255 : t;
    }

    cvReleaseImage(&imgHisto);
    cvReleaseImage(&cdfImgHisto);
    for (i = 0; i < Y_Size; ++i)
        for (j = 0; j < X_Size; ++j)
            img[i][j] = histogramEqual[img[i][j]];
}
    /* 아래쪽으로 계속 */
```

```
void get_hist(uchar **img, int X_Size, int Y_Size)
{
    int i,j, tmp;
    double tmp1;
    int t, tp, range, hrange;
    CvSize histoSize,cdfSize;
    IplImage *imgHisto, *cdfImgHisto;

    histoSize.width = 256;
    histoSize.height = 256;

    cdfSize.width = 256;
    cdfSize.height = 256;

    imgHisto = cvCreateImage(histoSize,8,1);
    cdfImgHisto = cvCreateImage(cdfSize,8,1);

    for(i=0;i<histoSize.height;i++)
    for(j=0;j<histoSize.width;j++)
    {
        ((uchar*)(imgHisto->imageData+imgHisto->widthStep*i))[j]= 0;
    }
    for(i=0;i<cdfSize.height;i++)
    for(j=0;j<cdfSize.width;j++)
    {
        ((uchar*)(cdfImgHisto->imageData+cdfImgHisto->widthStep*i))[j]= 0;
    }

    tp = X_Size*Y_Size;

    for (i = 0; i < 256; i++)
            histogram[i] = 0;

    for (i = 0; i < Y_Size; i++)
        for (j = 0; j < X_Size; j++)
            histogram[img[i][j]]++;
    /* 아래쪽으로 계속 */
```

```
    tmp1 =0;
    for (i = 0; i < 256; ++i)
    {
        tmp1 = tmp1 > histogram[i] ? tmp1 : histogram[i];
    }
    for (i = 0; i < 256; ++i)
    {
        tmp = (int)255*(histogram[i]/tmp1);

cvLine(imgHisto,cvPoint(i,255),cvPoint(i,255-tmp),CV_RGB(255,255,255),1,8,0);
    }
    cvShowImage("Histo Line ",imgHisto);
    cdfOfHisto[0] = histogram[0];
    for (i = 1; i < 256; i++)
            cdfOfHisto[i] = cdfOfHisto[i-1] + histogram[i];

    // Draw the CDF of Histogram
    tmp1 = (double)cdfOfHisto[255];
    for (i = 0; i < 256; ++i)
    {
        tmp = (int)255*(cdfOfHisto[i]/tmp1);
cvLine(cdfImgHisto,cvPoint(i,255),cvPoint(i,256-tmp),CV_RGB(255,255,255),1,8,0);
    }
    cvShowImage("Original CDF of Histogram ",cdfImgHisto);

    range = cdfOfHisto[255] - cdfOfHisto[0];
    histogramEqual[0] = 0;
    for (i = 1; i < 256; ++i) {
        t = (int)ceil(((cdfOfHisto[i] - cdfOfHisto[0]) * 255.0) / range);
        histogramEqual[i] = (t < 0) ? 0 : (t > 255) ? 255 : t;
    }
    cvReleaseImage(&imgHisto);
    for (i = 0; i < Y_Size; ++i)
        for (j = 0; j < X_Size; ++j)
            img[i][j] = histogramEqual[img[i][j]];
}
    /* 아래쪽으로 계속 */
```

```
int main(int argc, char *argv[])
{
      int i,j;
      IplImage *cvImg;
      CvSize imgSize;
      uchar **img;
      if(argc !=4)
      {
            printf("Exe imgData x_size y_size ₩n");
            exit(0);
      }
      imgSize.width = atoi(argv[2]);
      imgSize.height = atoi(argv[3]);
      img = uc_alloc(imgSize.width,imgSize.height);
      read_ucmatrix(imgSize.width,imgSize.height,img,argv[1]);
      cvImg = cvCreateImage(imgSize,8,1);
      for(i=0;i<imgSize.height;i++)
      for(j=0;j<imgSize.width;j++)
      {
            ((uchar*)(cvImg->imageData+cvImg->widthStep*i))[j]= img[i][j];
      }
      cvNamedWindow(argv[1],1);
      cvShowImage(argv[1],cvImg);
      get_hist(img,imgSize.width, imgSize.height);
      for(i=0;i<imgSize.height;i++)
      for(j=0;j<imgSize.width;j++)
      {
            ((uchar*)(cvImg->imageData+cvImg->widthStep*i))[j]= img[i][j];
      }
      cvShowImage("HistoGram Equalizer...",cvImg);
      get_hist1(img, imgSize.width, imgSize.height);
      cvWaitKey(0);
      cvDestroyWindow(argv[1]);
      cvReleaseImage(&cvImg);
      return 0;
}
```

3.3_ Histogram Specification(Matching)

히스토그램 평활화를 수행한 모든 영상이 대비가 좋아지고 보기에 선명한 영상을 나타내준다면 좋으나 영상의 히스토그램 특성에 따라 좋은 결과를 나타내지 못하는 경우도 발생하곤 한다. 이러한 경우 원하는 히스토그램을 지정하여 지정한 히스토그램 특성에 맞게 원영상의 히스토그램을 변화시킴으로 원하는 결과 영상을 얻는 기법을 히스토그램 지정이라고 한다. 히스토그램 지정은 히스토그램 평활화를 수행하는 과정과 그 역변환 과정을 거침으로써 결과를 얻는다. 히스토그램 지정은 아래의 수식으로 그 과정을 표현할 수 있다.

$$G(z) = (L-1)\int_0^z p_z(t)dt = s \tag{3-2}$$

$$z = G^{-1}[T(r)] = G^{-1}(s) \tag{3-3}$$

수식 (3-2)은 히스토그램 평활화에 사용하는 수식으로 원하는 영상의 확률밀도함수(pdf) pz를 누적한 누적 분포함수를 나타낸다. 이렇게 구한 누적분포함수 G(z)와 수식 (3-1)에서 구한 히스토그램 평활화 결과 s가 같은 값이 나타나도록 처리하여 우리가 지정한 특정한 히스토그램 결과를 얻을 수 있도록 하는 것이다. 히스토그램 지정의 결과는 z로 구해진다.

히스토그램 지정을 수행하는 과정은 아래와 같다.

1. 입력영상으로부터 히스토그램을 구한다.
2. 구해진 히스토그램을 사용하여 누적분포함수(CDF)를 구한다.
3. 지정된 영상의 히스토그램을 구하거나 지정된 히스토그램을 구한다.
4. 지정된 히스토그램의 누적분포함수(CDF)를 구한다.
5. 지정된 히스토그램의 누적분포함수(CDF)에 대한 역변환을 구한다.
6. 입력 영상의 누적분포함수에 대한 히스토그램 평활화 영상을 구한다.
7. 평활화된 입력 영상을 지정된 히스토그램의 누적분포함수(CDF)의 역변환에 대응하여 결과를 구한다.
8. 필요한 경우 clipping을 수행하여 결과를 구한다.

히스토그램 지정은 매우 특별한 경우에 수행하는 방법이기 때문에 일상적인 영상에서 그 결과를 얻는 과정은 쉽지 않을 뿐 아니라 귀찮은 작업이 될 수 있다. 아래 그림은 히스토그램을 임의로 만든 영상이 아니라 히스토그램 특성이 다른 영상의 히스토그램을 기준으로 히스토그램 지정이 동작하는 과정을 설명한다.

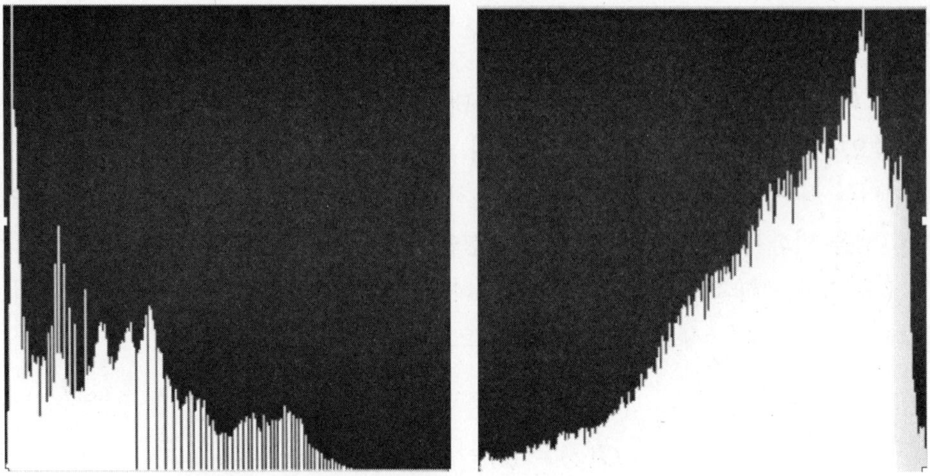

(a) Original Histogram　　　　　　(b) Expected Histogram

그림 3-11 히스토그램 지정

그림 3-11은 히스토그램 지정을 위한 과정에서 구한 원본 영상의 히스토그램과 특별히 지정해서 바꾸고 싶은 영상의 히스토그램을 구한 그림이다. 이러한 히스토그램은 각각의 그레이레벨에 대한 확률분포함수의 특성을 가지고 있기 때문에 그림 3-12와 같은 누적분포함수를 구하여 누적분포함수의 역변환을 통해 지정된 히스토그램을 구하는 것이 수학적으로 옳다. 하지만 실질적으로 역변환을 수행할 수식이 존재하는 것이 아닌 데이터의 존재이므로 누적분포함수의 값을 서로 비교하여 같은 값을 가지고 있는 위치나 같은 값이 존재하지 않는 경우 그 값에서 가장 가까운 곳에 위치한 히스토그램 값을 구함으로써 원하는 히스토그램을 얻을 수 있다.

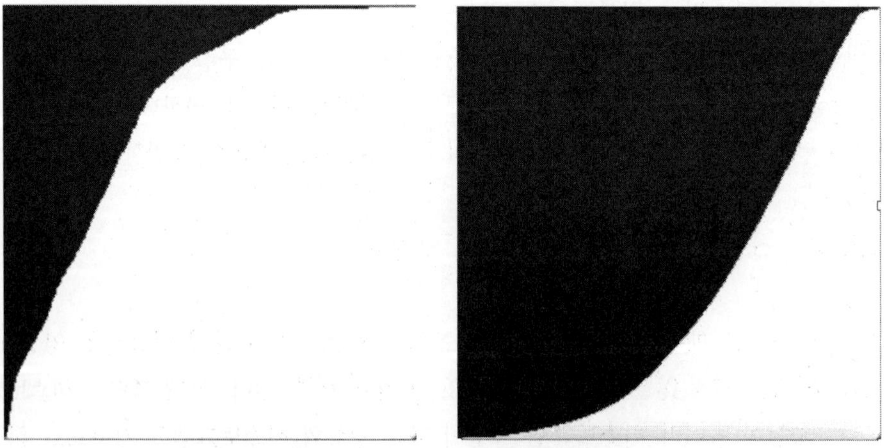

(a) CDF of Original Image　　　　　　(a) CDF of Expected Image

그림 3-12 CDF for Histogram Sepcification

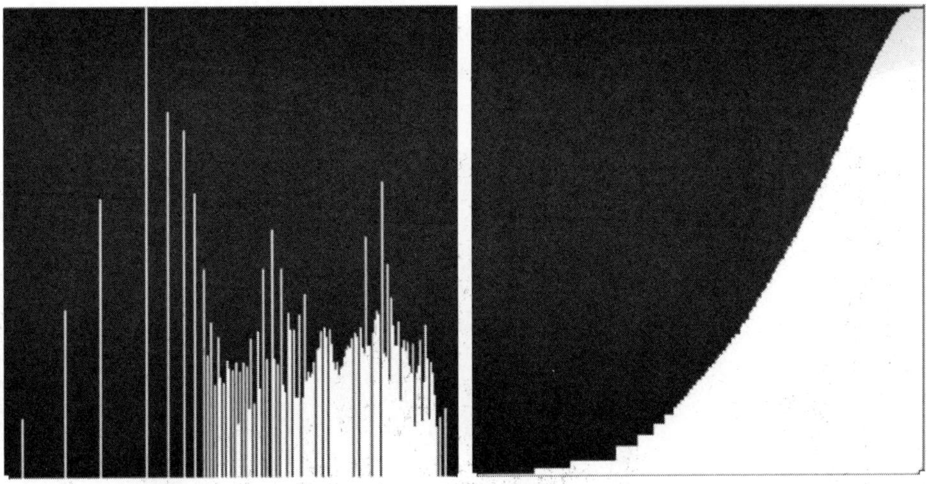

(a) Matched Histogram (b) Matched CDF

그림 3-13 The Result of Histogram Specification

그림 3-13에서 보이듯이 히스토그램 지정의 결과 히스토그램이 오른쪽으로 많이 이동한 것이 보이나 모양이 동일하게 나타나지는 않는다. 그러나 CDF 함수의 그림은 비슷한 모양을 하고 있는데 이것은 히스토그램 지정이 CDF 함수의 역변환에 의한 히스토그램 값을 구하는 과정을 겪기 때문이다. 이러한 결과 영상을 그림 3-14에서 볼 수 있다.

(a) Original Image (b) Expected Image (c) Result Image

그림 3-14 Result of Histogram Specification of Images

이러한 과정은 역으로도 구할 수 있으며 그 구한 결과 영상을 그림 3-15에 보여준다. 영상 결과에서 볼 수 있듯이 히스토그램 지정은 원하는 히스토그램을 설정하여 줌으로써 화면의 밝기와 선명도를 원하는 형태로 맞출 수 있다. 단순하게 어둡거나 밝은 영상만이 아니라 영상의 히스토그램 특성이 이상한 모양으로 인하여 선명도에 문제가 생기거나 대비에 문제가 생기는 경우 특별한 히스토그램 지정을 통하여 결과 영상을 보기 좋게 개선할 수 있다.

(a) Original Image (b) Expected Image (c) Result Image

그림 3-15 Result of Histogram Specification of Images

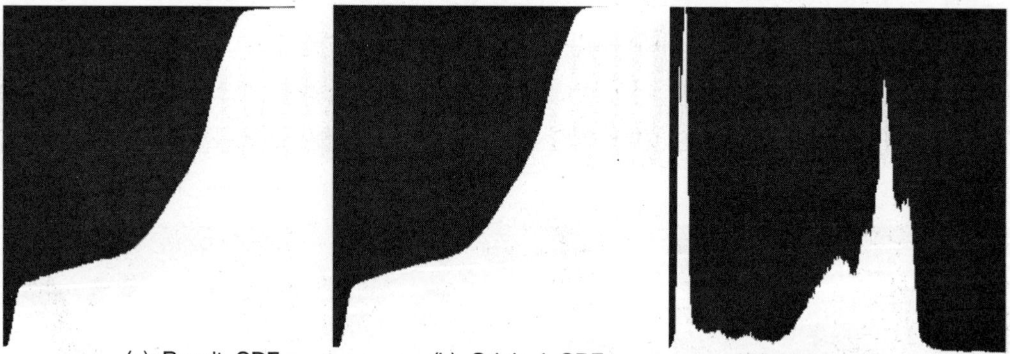

(a) Result CDF (b) Original CDF (c) Histogram

그림 3-16 CDF of Histogram Specification

그림 3-16은 카메라맨 영상을 카메라맨 영상으로 지정하여 히스토그램 평활화를 수행한 결과 CDF 그림이다. 결과 CDF와 원 영상의 CDF가 거의 동일한 모양이다. 히스토그램 각각의 값들을 처리하는 것이 불가능하기 때문에 히스토그램의 누적분포함수를 이용하여 히스토그램 지정을 수행하기 때문에 CDF의 모양만을 중심으로 영상처리가 이루어진다는 것을 이해해야 한다.

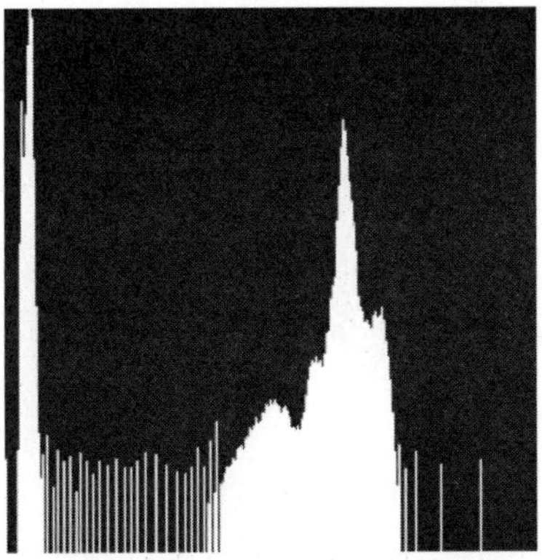

그림 3-17 Result Histogram

그림 3-17은 카메라맨을 카메라맨으로 지정한 경우의 결과 영상 히스토그램을 보여준다. 그림 3-16의 (c)번과 유사한 틀을 가지고 있으나 히스토그램의 양이 작은 부분은 듬성듬성 빈 공간을 남기며 값들이 이동한 것을 볼 수 있다. 이것은 히스토그램 지정이 히스토그램 평활화를 수행한 후 이루어지는 과정으로 인하여 발생한 문제점이라고 할 수 있다.

(a) Livingroom CDF (b) Matched CDF (c) Matched Histogram

그림 3-18 Camera Man to Livingroom Specification

그림 3-18은 카메라맨을 거실 영상을 목표로 지정하여 히스토그램 지정을 수행한 결과 히스토그램 누적분포함수와 결과 히스토그램을 보여준다. 그림 3-18의 (a)는 Livingroom의 CDF를 보여준다. 이것이 우리가 카메라맨을 변화시키기 위한 목표 CDF가 되며 그림 (b)는 히스토그램 지정을 통해서 얻은 결과 히스토그램 CDF이다. 그림 (c)는 거실 영상의 히스토그램을 목표로 설정해서 얻은 결과 히스토그램이다. 그림 (c)는 카메라 맨 고유의 히스토그램을 거실 영상의 히스토그램으로 이동시키면서 얻은 결과 히스토그램이다. 전체적인 히스토그램 형태가 원하는 목표 히스토그램으로 조금씩 변화한 것을 알 수 있다.

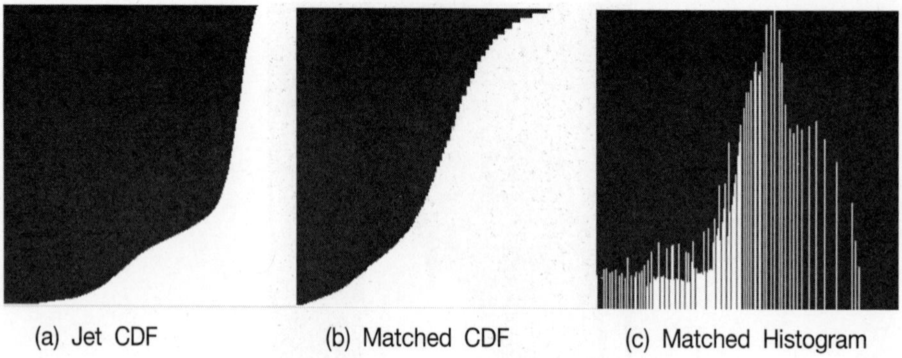

그림 3-19 Jet to Livingroom Specification

그림 3-19은 제트기 영상을 거실 영상으로 히스토그램을 지정하여 변환시킨 결과 영상을 보여준다. 그림 (a)는 제트 영상의 누적분포함수를 보여주며 (b)번 그림은 히스토그램 지정을 통하여 얻은 결과 누적분포함수를 보여준다. 결과 누적분포함수는 거실 영상의 누적분포함수와 유사한 것을 알 수 있다. 또한 그림 (c)는 거실 영상의 히스토그램을 유사하게 닮아 있는 것을 알 수 있는데 제트 영상은 카메라맨처럼 이중 피크 값이 아닌 단일 값을 가지고 있어서 종모양의 거실 영상 히스토그램에 많이 근접해 있는 것을 볼 수 있다.

그림 3-20 히스토그램 매칭(지정) 결과 영상

그림 3-20은 히스토그램 지정을 통하여 얻은 결과 영상을 보여준다. 두 영상 모두 지정한 히스토그램은 거실 영상의 히스토그램을 지정해 주었다. 결과 영상을 보면 히스토그램 평활화 영상과 큰 차이를 보이지 않는 것을 알 수 있는데 인간의 시각체계에 느껴지는 영상의 결과와 상관없이 그림 3-16부터 그림 3-19까지 보여준 것처럼 히스토그램의 형태는 지정한 형태로 변화했다는 사실이다. 히스토그램의 모양을 맞추는 것이 인간의 눈에 정확하게 일치하는 것은 아니라는 사실도 인식하기 바란다.

Program 3-2 Histogram Specification

```
void get_Match(uchar **img, int X_Size, int Y_Size, int histogram[256], int
histogramSpec[256], int histogramMatch[256])
{
    int i,j, tmp, matchz=0;
    float diff;
    printf("Start HistoGram Specification ₩n");
    for(i=0; i < 256; i++)
    {
        histogramMatch[i] = 0;
        for(j=0; j < 256; j++)
        {
            if((i - histogramSpec[j]) > 0)
            {
                histogramMatch[i] = j;
            }
        }


    }
/*
// Inverse Processing of expected Histogram
    for (i = 0; i < 256; ++i) {
        diff = abs(i-histogramSpec[0]);
        matchz = 0;
        for (j = 0; j < 256; ++j) {
            if(abs(i-histogramSpec[j]) < diff)
            {
                diff = abs(i - histogramSpec[j]);
                matchz = j;
            }
        }
        histogramMatch[i] = (uchar)matchz;
    }
*/
    for (i = 0; i < Y_Size; ++i)
        for (j = 0; j < X_Size; ++j)
            img[i][j] = histogramMatch[img[i][j]];
}
```

3.4_ 콘트라스트 스트레칭(Contrast Stretching)

콘트라스트 스트레칭은 히스토그램의 분포가 얼마나 넓게 퍼져 있는가에 따라 인간의 시각체계가 선명하게 영상을 인식하는 과정에 대한 작업이다. 밝은 화소와 어두운 화소들의 분포가 고르게 퍼져 있어야 인간은 영상을 선명하게 인식하므로 영상의 화소 분포가 좀 더 넓은 영역에 걸쳐서 퍼지도록 스트레칭 시키는 작업이 콘트라스트 스트레칭이다. 히스토그램 평활화는 히스토그램의 전체적인 분포를 중심으로 동작하나 콘트라스트 스트레칭은 콘트라스트가 너무 높거나 너무 낮은 영상에 대하여 콘트라스트를 넓게 펴주는 작업을 수행하는 히스토그램 평활화의 일종이라고 생각하면 된다. 콘트라스트가 높을수록 인간의 시각체계가 선명도가 높은 것으로 느끼는 것은 맞으나 너무 콘트라스트가 높으면 영상 내에 어두운 히스토그램과 밝은 히스토그램이 과도하게 많은 경우가 되므로 실질적인 선명도는 문제가 발생하게 된다. 이러한 문제점을 해결하기 위하여 좀 더 볼만한 콘트라스트로 조정하는 작업이 콘트라스트 스트레칭이다.

콘트라스트 스트레칭을 수행하는 수식은 아래와 같이 정의한다.

$$\mathrm{newPixel} = \frac{\mathrm{oldpixel} - \mathrm{low}}{\mathrm{high} - \mathrm{low}} * \max Value \tag{3-4}$$

새로운 화소 값은 영상내의 히스토그램을 구한 결과 값에서 가장 큰 값과 가장 작은 값을 구한 후, 기존의 화소 값에서 가장 작은 값을 뺀 결과에 최댓값을 곱해서 구한다. 수식 (3-4)는 이러한 과정에 대한 수식을 보여준다. 이때 최댓값과 최솟값의 범위가 좁을수록 콘트라스트 스트레칭이 잘 일어난다. 콘트라스트 스트레칭은 일반 영상에 적용하는 경우, 즉 최솟값이 0이고 최댓값이 255인 경우 효과를 보기 어려운 기법이다.

(a) original (b) Result

그림 3-21 Contrast Stretching

그림 3-21은 어두운 영상에 대한 콘트라스트 스트레칭 실험 결과 영상을 보여준다. 원본의 low값은 0이며 high 값은 227을 나타내는 영상이다. 시각적으로는 어두워 보이나 히스토그램이 편중되어 있지 않아 콘트라스트 스트레칭의 결과가 조금은 환해졌으나 만족스럽게 변화하지 않았다.

(a) original (b) Result

그림 3-22 Contrast Stretching

그림 3-22은 최솟값이 81을 가지고 있고 최댓값은 249를 가지고 있는 영상에 대하여 콘트라스트 스트레칭을 수행한 결과 영상을 보여준다. 최솟값이 큰 값을 가지고 있어 히스토그램이

밝은 영역으로 치우친 영상의 모양으로 콘트라스트 스트레칭 결과 영상이 보기에도 선명하고 좋은 결과를 보여주는 것을 알 수 있다. 이와 같이 콘트라스트 스트레칭은 특정한 조건에 맞는 영상에 대하여 인간의 시각체계에 부합한 시각적으로 좋은 결과의 영상을 얻을 수 있다. 그림 3-21과 그림 3-22의 어두운 영상과 밝은 영상은 히스토그램 평활화에 사용한 영상과 동일한 영상을 사용하였으며 그 결과는 히스토그램 평활화와는 다른 결과를 보여 주는 것을 알 수 있다. 히스토그램 평활화는 입력 영상과는 무관한 결과를 주는 수학적 증명이 되어 있는 기법이나 콘트라스트 스트레칭은 입력 영상의 형태에 따라 그 결과가 달라지는 것을 확인할 수 있다. 영상 향상을 위하여 영상처리에 사용하는 다양한 기법들은 필요한 목적에 맞게 찾아서 사용해야 원하는 결과를 얻을 수 있다. 또한 한 가지 방법만으로 만족스러운 결과를 얻는 것이 아니라 다양한 방법의 조합과 연산으로 원하는 결과를 찾아가는 과정이 필요하다.

(a) Camera Man (b) Jet

그림 3-23 Contrast Stretching

그림 3-23은 카메라맨과 제트기 영상에 대하여 각각 콘트라스트 스트레칭을 수행한 결과 영상이다. 카메라 맨 영상은 0부터 255까지의 값을 모두 가지고 있어 그 결과가 거의 변화가 없으나 제트기 영상은 15부터 231의 값을 가지고 있어 원본 영상에 비하여 선명한 결과를 제공한다. 이것은 콘트라스트 스트레칭을 통하여 그레이 레벨의 값이 0부터 255로 변화되었기 때문이다. 콘트라스트 스트레칭 기법은 영상이 가지는 그레이 레벨 값을 모두 펼쳐주는 역할을 하기 때문에 영상의 그레이 레벨이 부족한 경우에 히스토그램 평활화와 더불어 영상을 선명하게 만들어 주는 좋은 기법이다. 카메라맨을 보면 히스토그램 평활화를 수행한 경우 영상의

모양이 선명함을 주기는 하지만 어딘가 어색한 영상의 결과를 보여주는데 콘트라스트 스트레칭의 결과는 원 영상의 좋은 장점들을 그대로 간직하고 있는 것을 볼 수 있다. 그러나 어느 특정한 기법이 항상 좋은 것이 아니기 때문에 영상의 특성이나 원하는 결과에 따라 다양한 기법을 적용하여 향상된 영상을 얻는 것을 목표로 해야 할 것이다.

Program 3-3 Contrast Stretching

```
void contrastStreching(uchar **img, uchar **outImg, int X_Size, int Y_Size)
{
    int i, j, histogram[256];
    int min = 255, max = 0;
    uchar LUT[256];
    double scaleFactor, tmp;
    for (i = 0; i < 256; i++)
        histogram[i] = 0;

    for (i = 0; i < Y_Size; i++)
    for (j = 0; j < X_Size; j++)
    {
        histogram[img[i][j]]++;
    }
    for (i = 0; i < 256; i++)
        if(histogram[i])
        {
            min = i;
            break;
        }
    for (i = 255; i >= 0; i--)
        if(histogram[i])
        {
            max = i;
            break;
        }

    printf(" Low Threshold is %d High Threshold is %d ₩n", min, max);
    for (i = 0; i < min; i++)
        LUT[i] = 0;
    for (i = 255; i >= max; i--)
        LUT[i] = 255;

    scaleFactor = 255.0/(double)(max-min);

/* 아래쪽에 계속 */
```

```
    for (i = min; i < max; i++)
    {
        tmp = (i-min)*scaleFactor;

        if(tmp < 0) tmp = 0;
        if(tmp > 255) tmp = 255;
        LUT[i] = (uchar)tmp;
    }



    for (i = 0; i < Y_Size; i++)
        for (j = 0; j < X_Size; j++)
            outImg[i][j] = LUT[img[i][j]];
}
```

마지막으로 그림 3-24는 라즈베리파이의 카메라를 이용하여 라즈베리파이에서 책장을 촬영한 영상과 히스토그램을 보여준다. 또한 히스토그램 CDF를 보면 영상이 전체적으로 어두운 영상이라는 사실을 알 수 있다. 이 영상은 실내에서 촬영되었기 때문에 어두운 화면이 주를 이루고 있으며 라즈베리 카메라의 성능이 아주 좋은 것이 아니기 때문에 실내의 어두운 화면을 밝게 찍어주지 못한 문제점을 가지고 있다.

(a) Bookshelf Image

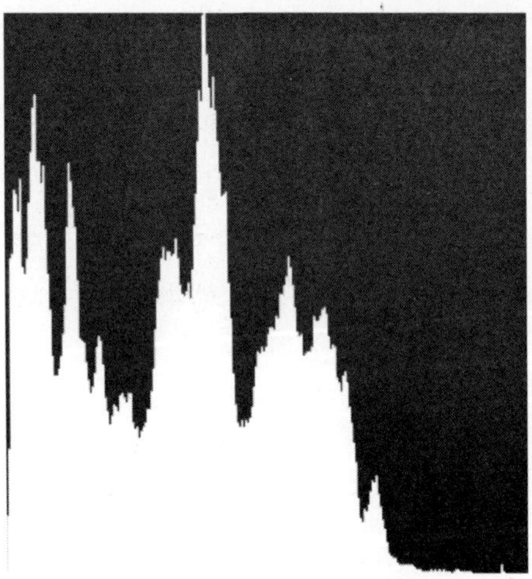

(b) Histogram of (a) (b) CDF of Histogram

그림 3-24 어두운 실내 책장 영상

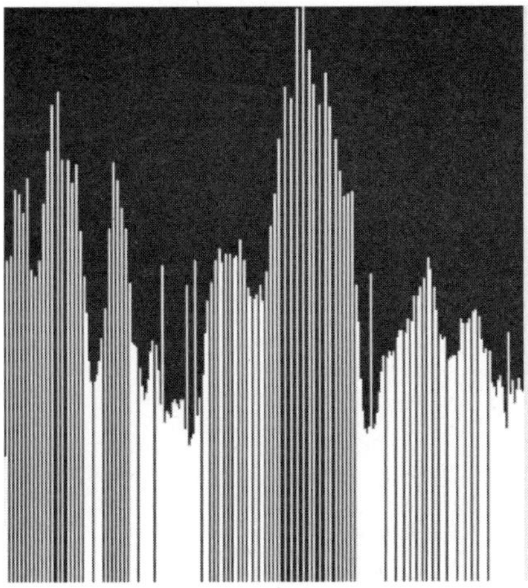

(a) Equalized Histogram

(b) Equalized CDF

(c) The Result of Histogram Equalization

그림 3-25 히스토그램 평활화 결과

그림 3-25는 그림 3-24의 라즈베리파이에서 촬영한 영상에 대하여 히스토그램 평활화를 수행한 결과를 보여준다. 그림 (a)는 히스토그램 평활화를 수행한 후의 히스토그램을 보여준다. 전체적으로 넓게 퍼진 히스토그램의 분포를 볼 수 있다. 그림 (b)는 결과 영상 히스토그램의 CDF로, 입력 영상과 무관하게 일관된 모양을 하고 있는 것을 볼 수 있다. 그림 (c)는 어둔 영상 부분과 밝은 영상 부분으로 영상이 잘 표현되고 있는 것을 볼 수 있으며 더 선명하고 밝은 결과 영상을 보여준다. 영상처리에서 히스토그램을 잘 다루는 것은 좀 더 좋은 영상을 만드는 목표에 접근하기 좋은 능력을 보유한 것과 같다. 시간과 노력을 기울여 히스토그램의 특징이나 다양한 기법들을 연구해 보기 바란다.

04
Spatial Filtering

영상처리에서의 필터링은 영상 내에서 특별히 원하는 성분을 추출해내는 과정에 대한 용어이다. 본 책에서 다루는 내용은 입력이 영상이고 출력이 영상이라고 설명했었는데 우리가 특별히 원하는 결과 또한 영상의 형태를 띤다고 보면 된다. 필터링은 크게 두 가지로 나뉘는데 하나는 저주파 필터링이고 하나는 고주파 필터링이다. 필터링의 용어는 모두 주파수 영역에서 다루는 용어를 그대로 사용하는데 따른 용어로 저주파와 고주파라는 주파수 용어를 사용한다. 공간필터링이라는 용어는 영상을 입력으로 하여 출력을 영상으로 내어주는 공간상에서의 결과를 보여주는데 따른 용어이다. 일반적으로 공간해상도라고 부르는 영상의 크기를 나타내는 용어도 있으며 영상을 화면 그대로 사용하는 용어로 공간이라는 용어를 일반적으로 사용한다.

4.1_ Spatial Smoothing Filtering

공간필터링의 처음은 저주파 필터링의 특징을 보여주는 Smoothing Filtering이라고도 한다. 일반적으로 평균을 취하는 형태로 그 결과를 얻을 수 있으며 주파수 상에서의 처리가 아닌 경우 지정된 필터를 사용하여 영상처리를 수행한다.

영상의 평균은 모든 픽셀 값들을 더한 후 총 픽셀 수로 나누어서 계산을 할 수도 있으며 확률적인 평균을 구하여 처리할 수도 있다. 확률적인 처리는 수식 (2-1)에서 보여주었다.

(a) LENA (b) Smoothed LENA

그림 4-1 The Result of Gaussian Smoothing Filter

그림 4-1은 가우시안 스무딩 필터를 적용하여 얻은 결과를 보여준다. 스무딩 필터의 특징은 영상 내 잡음제거가 주요한 목적이며 고주파 성분을 제거하여 화면을 부드럽게 만들어주는

것이 특징이다. 일반적으로 화장품 광고의 안개와 같은 뽀얀 효과를 나타내기 위해 사용하기도 한다. 일반적으로 뽀샵 처리라고 말하는 부분이 이러한 스무딩 필터의 주요한 특징이기도 하다.

2차원 Gaussian equation은 아래의 수식과 같이 표현하며 이 수식을 기반으로 표 4-1과 같은 스무딩 필터를 만들 수 있다.

$$G(x,y) = \frac{1}{2\pi\sigma^2} e^{-\frac{x^2+y^2}{2\sigma^2}} \tag{4-1}$$

다음은 Smoothing Filter로 사용하는 일반적인 필터를 보여준다. 표 4-1은 가우시안 필터로 윈도우 가운데 부분의 값을 좀 더 큰 값으로 할당하여 중심 값을 보존하면서 주변의 값에 대한 평균을 취하는 형태로, 원본 형태가 살아있는 부드러운 결과 영상을 보여준다.

표 4-1 Gaussian Smoothing Filter

1/16	2/16	1/16
2/16	4/16	2/16
1/16	2/16	1/16

표 4-2 Smoothing Filter

1/9	1/9	1/9
1/9	1/9	1/9
1/9	1/9	1/9

표 4-2는 평균필터로 영상 내 윈도우 면에 대하여 평균을 결과로 만들어서 화면 전체를 부드럽게 만드는 효과를 준다.

(a) LENA (b) Smoothed LENA

그림 4-2 The Result of Average Smoothing Filter

그림 4-2는 표 4-2의 3×3 평균필터를 사용한 결과 영상을 보여준다. 3×3 윈도우 내의 평균값에 대한 영상 결과의 부드러움이 아주 약하게 나타나는 것을 알 수 있다. 윈도우 크기에 따라 스무딩 효과의 차이가 크게 나타나며 이러한 결과는 어떤 필터를 사용하는가에 따라 그 결과가 확연히 달라진다. 이러한 스무딩 필터는 잡음을 제거하는 목적으로 많이 사용하기 때문에 잡음이 존재하는 영상에서는 반드시 필수적인 기법이라고 할 수 있다. 평균필터 작업은 랜덤 잡음의 평균 속성이 0인 경우에 매우 필요한 작업으로 랜덤 잡음을 제거하는 기법에도 평균필터 작업을 수행하여 잡음을 제거할 수 있다.

영상 필터링을 위한 처리에서 중요한 요소 중의 하나가 외곽 부분에 대한 처리이다. 일반적으로 영상의 외곽 부분에 대한 처리는 크게 3가지로 구분할 수 있다. 첫 번째로 0을 주변에 채워 넣어 영상 외곽 부분의 값을 0이라 가정하고 필터링을 수행하는 방법이다. 두 번째는 대칭 기법으로, 대칭되는 영상이 계속적으로 존재한다는 가정 하에 영상의 외곽 부분을 처리하는 기법이다. 마지막으로 영상이 회선의 특징을 가지고 반복된다는 가정 하에 영상의 외곽부분을 처리하는 방법이다. 어떤 방법을 사용하던지 영상의 외곽 경계선 영역 몇 칸에 대한 처리이기 때문에 전체 영상의 선명도에는 커다란 영향을 미치지 않는다. 그렇지만 최종적으로 원하는 결과를 위해서는 어떤 방법을 사용할지에 대하여 고민해야 할 것이다.

그림 4-3 Symmetric Image

그림 4-3은 위에서 설명한 3가지 기법 중에서 대칭기법에 의하여 영상을 처리하는 경우의 영상 결과를 보여준다. 실제 프로그래밍 작업에서 이와 같이 만든 후 작업을 하지는 않지만 영상의 속성이 대칭으로 존재한다고 가정하는 경우 위와 같은 영상에 처리하여 외곽선 부분에 대한 결과를 도출할 수 있다. 일반적으로 가장 널리 사용하는 방법이 그림 4-3이 보여주는 대칭기법이라고 볼 수 있다.

(a) Gaussian Filter (b) Average Filter

그림 4-4 The Result of Smoothing Filter

그림 4-4는 카메라 맨 영상에 대하여 가우시안 스무딩 필터를 적용한 결과와 평균 필터를 적용한 결과를 비교하며 보여주고 있다. 전체적으로 보이는 시각적인 체계는 큰 차이가 없으나 평균 필터를 적용한 결과 영상이 가우시안 스무딩을 수행한 영상보다 조금 더 밝은 영상을 보여주는데 이것은 중심부의 값을 강조하는 가우시안 스무딩 필터의 값이 주변의 다양한 형태의 값으로부터 영향을 받기 때문이다. 좀 더 원 영상의 정보를 많이 가지고 있다고 보아야 한다.

(a) Gaussian Filter (b) Average Filter

그림 4-5 The Result of Smoothing Filter

그림 4-5는 제트기 영상에 대하여 가우시안 스무딩 필터링과 평균 스무딩 필터링을 적용한 결과 영상이다. 카메라맨과 마찬가지로 가우시안 스무딩 필터링의 결과가 조금은 더 어두운 값들을 많이 가지고 있는 것을 느낄 수 있다. 가우시안 필터링과 스무딩 필터링의 차이는 필터 계수의 값에 의한 원본 영상의 영향이라고 생각하면 된다. 기본적으로 스무딩 필터는 원 영상을 뭉개는 효과가 나타나기 때문에 전체적인 모양은 흐릿한 결과를 보여주게 되는데 이러한 특성 때문에 잡음 제거를 위하여 많이 사용한다.

Program 4-1 Average and Gaussian Filtering

```
#include <stdio.h>
#include <stdlib.h>
#include "util.h"

double **gaussMask, **aveMask;
int block_size = 3;

int main(int argc, char *argv[])
{

    int ROW, COL, flag;
    uchar **inImg, **outImg;
    char *filename;

    if(argc != 6)
    {
        printf("₩n Usage : %s inImage COL ROW outImage flag(0:gaussian
1:average ₩n", argv[0]);
        exit(1);
    }
    ROW = atoi(argv[3]);
    COL = atoi(argv[2]);
    flag = atoi(argv[5]);

    gaussMask = d_alloc(block_size, block_size);
    aveMask = d_alloc(block_size, block_size);

    gaussMask[0][0] = 1/16.;
    gaussMask[0][1] = 2/16.;
    gaussMask[0][2] = 1/16.;
    gaussMask[1][0] = 1/16.;
    gaussMask[1][1] = 2/16.;
    gaussMask[1][2] = 4/16.;
    gaussMask[2][0] = 2/16.;
    gaussMask[2][1] = 2/16.;
    gaussMask[2][2] = 1/16.;

/* 아래쪽에 계속 */
```

```
    aveMask[0][0] = 1/9.;
    aveMask[0][1] = 1/9.;
    aveMask[0][2] = 1/9.;
    aveMask[1][0] = 1/9.;
    aveMask[1][1] = 1/9.;
    aveMask[1][2] = 1/9.;
    aveMask[2][0] = 1/9.;
    aveMask[2][1] = 1/9.;
    aveMask[2][2] = 1/9.;

    inImg = uc_alloc(COL, ROW);
    outImg = uc_alloc(COL, ROW);

    read_ucmatrix(COL, ROW, inImg, argv[1]);

    printf("Start Simple Filtering ₩n");

    if(flag == 0)
        convolution(gaussMask, block_size, COL, ROW, inImg, outImg);
    else if(flag == 1)
        convolution(aveMask, block_size, COL, ROW, inImg, outImg);
    else
    {
        printf("flag must be 0 or 1 ₩n");
        exit(1);
    }

    printf("Finished Simple Filtering ₩n");

    write_ucmatrix(COL, ROW, outImg, argv[4]);

    uc_free(COL, ROW, inImg);
    uc_free(COL, ROW, outImg);


    return 0;
}
/* 아래쪽에 계속 */
```

```
void convolution(double **h, int F_length, int size_x, int size_y, uchar **image1, uchar **image2)
{
    int i, j, x, y;
    int margin, indexX, indexY;
    double sum, coeff;

    margin =(int)(F_length/2);

    for (i=0; i<size_y; i++) {
        for (j=0; j<size_x; j++) {
            sum = 0;
            for (y=0; y<F_length; y++) {
                indexY = i - margin +y;
                if (indexY<0) indexY = -indexY;
                else if (indexY >= size_y) indexY =(2*size_y -indexY -1);

                for (x=0; x<F_length; x++) {
                    indexX = j -margin +x;
                    if (indexX<0) indexX = -indexX;
                    else if (indexX >=size_x) indexX =(2*size_x -indexX -1);

                    sum += h[y][x] * (double)image1[indexY][indexX];
                }
            }
//          sum += 128;
            if (sum<0) sum= 0.;
            else if (sum>255) sum=255.;
            image2[i][j] = (uchar)sum;

        }
    }
}
```

4.2_ Median Filter

미디언 필터링은 비선형 필터로 수학적인 증명이 가능한 필터가 아니다. 수학적으로 증명이 어렵다는 이야기는 그 결과를 예측할 수 없는 이상한 방향으로 갈 수 있다는 뜻이기도 하다. 미디언 필터링이라는 용어는 영상의 중간 값을 결과로 취하기 때문에 붙여진 이름이다. 미디언 필터는 Max Filter, Min Filter 와 더불어 영상 내에 존재하는 값을 이용하여 결과를 얻는 대표적인 비선형 필터이다. 영상 내에서 3×3, 혹은 5×5와 같은 윈도우 크기를 정하여 그 크기 안에 있는 영상의 순서를 가장 작은 수부터 큰 수까지 정렬을 수행하여 그 결과의 중간 값을 원하는 결과 값으로 대체하는 필터링 기법이다. 미디언 필터링의 값의 결과는 그 특성상 윈도우 영상 내에 존재하는 원 영상의 결과 값이기 때문에 영상의 평균을 구하는 스무딩 필터와는 조금 다르게 경계선 부분의 선명도를 보존할 수 있는 특징을 가지고 있다. Max Filter 는 정렬을 수행한 결과에서 가장 큰 값을 얻는 것이며 Min Filter는 정렬 후 가장 작은 값을 결과로 얻는 필터이다.

미디언 필터링은 salt-and-pepper 잡음에 강한 특성을 가지고 있어서 영상 내 잡음 성분이 salt-and-pepper 잡음 성분인 경우 다른 어떤 필터링 결과보다 우수한 결과를 보여준다. 그림 4-6은 salt-and-pepper 잡음이 있는 LENA 영상에 대해 미디언 필터링을 수행한 결과를 보여준다. 존재하던 잡음이 거의 사라진 것을 볼 수 있다.

(a) salt and pepper noise image

(b) The result of Median Filtering

그림 4-6 Median Filtering

그럼에도 곳곳에 하얀 점과 검은 점이 존재하는 것을 볼 수 있는데 이것은 3×3 의 영상 내에 너무 많은 잡음이 존재하여 그 중간 값이 검은 값이거나 하얀 값을 가진 경우에 나타나는 것이다.

그림 4-7 The Result of 5x5 Median Filtering

그림 4-7은 5×5의 윈도우 내에서 미디언 필터링을 수행한 결과로, 하얀 점이나 검은 점은 보이지 않으나 전체적으로 영상에 더 많은 스무딩이 발생한 것을 알 수 있다. 미디언 필터링을 원 영상에 계속해서 적용한 경우 더 이상 중간 값이 변하지 않는 영상이 되는 상태가 존재하는데 이러한 결과 영상을 Median Root라고 부르며 이러한 결과는 모폴로지컬 필터링의 결과로 나타나기도 한다.

(a) Average Filtering (b) Gaussian Filtering

그림 4-8 Noise Reduction

그림 4-8의 (a) 는 표 4-2의 평균 필터를 salt-and-pepper 잡음 영상에 적용하여 얻은 잡음 제거 결과 영상이며 그림 4-8 (b)의 영상은 표 4-1의 Gaussian Filter를 적용하여 얻은 결과 영상이다. 결과에서 보듯이 일반적인 스무딩 필터로는 salt-and- pepper 잡음을 제거하는 것이 거의 불가능한 것을 알 수 있다. 그러나 미디언 필터로는 거의 잡음을 남기지 않는 깨끗한 결과를 얻을 수 있는 것을 알 수 있다.

(a) Median (b) Gaussian (c) Average

그림 4-9 Noise Filtering

그림 4-9는 가우시안 잡음이 있는 Lena 영상에 대하여 각각의 필터링을 적용한 결과 영상을 보여준다. 미디언 필터링은 영상이 전체적으로 뭉개진 형태로 나타나나 나머지 필터링은 잡음 제거가 완벽하지는 않으나 영상의 선명도가 살아있는 것을 볼 수 있다. salt-and-pepper와 같은 특수한 잡음이 아닌 경우의 잡음들은 완벽한 제거가 힘들기 때문에 전체적으로 스무딩 시키는 방법을 많이 사용한다.

(a) Salt-and-Pepper (b) Median (c) Gaussian

그림 4-10 Noise Filtering

그림 4-10은 카메라맨 영상에 salt-and-pepper 잡음을 전체 영상 크기의 10% 영역에 무작위로 뿌린 영상이다. 이 잡음 영상에 미디언 필터링을 수행한 결과가 (b)번 그림이다. 결과 그림에서 보면 잡음이 모두 없어진 것을 알 수 있는데 이것은 미디언 필터의 특성에 기인한다. 그림 (c)는 가우시안 스무딩 필터를 이용하여 카메라 맨 잡음 영상을 처리한 결과인데 salt-and-pepper 잡음이 제거되지 않는 것을 볼 수 있다.

(a) Average (b) Max (c) Min

그림 4-11 Noise Filtering

그림 4-11은 그림 4-10의 salt-and-pepepr 잡음이 섞인 카메라맨 영상에 대하여 평균 필터를 적용한 결과와 Max 필터 그리고 Min 필터를 적용한 결과를 보여주고 있다. Max-Min 필터는 미디언 필터와 같이 순서에 기반한 필터로 미디언 필터가 중간 값을 취하는 필터인데 반해 최댓값과 최솟값을 결과로 취하는 필터이다. 필터링의 결과를 보면 알 수 있듯이 잘못 사용한 필터는 그 결과를 도저히 수용할 수 없는 상태로 만들 경우도 존재한다는 것을 알게 해준다. Max-Min 필터가 성능이 나쁜 것이 아니라 현재의 잡음 상태에 적절하지 않은 것뿐이다. 모든 필터링은 그 특성에 맞는 작업을 수행하기에 가장 적합한 필터를 찾는 것이 중요하다.

디지털 영상처리에서 잡음을 제거하는 작업은 매우 중요한 작업이며 또한 산업 현장이나 실무 작업에서 영상처리에서 잡음제거가 필요하지 않은 영역이 거의 없을 정도로 중요하다. 이러한 중요한 작업이 한두 가지 필터링 결과만으로 구해지는 것이 아니기 때문에 다양한 영상처리 기법이 연구되었으며 현재도 계속적으로 많은 연구가 이루어지고 있다.

Program 4-2는 Median Filtering을 수행하는 프로그램이다. 이 프로그램에서 MAX 필터와 MIN 필터를 함께 구현하고 있다. 미디언 필터링은 비선형 필터링으로 잘못 사용하면 그 결과를 예측할 수 없는 문제가 발생할 수 있다는 것을 알아야 한다.

Program 4-2 Median Filtering

```
void median(uchar **inImg,uchar **outImg, int ROW,int COL, int Mode, int filterSize)
{
    int i,j, x, y, z, count=0;
    uchar   median_value,Sort[filterSize*filterSize];
    for(i=0;i<ROW;i++)
    for(j=0;j<COL;j++)
        outImg[i][j] = inImg[i][j];
    for(i=0;i<ROW-filterSize;i++)
    for(j=0;j<COL-filterSize;j++){
        for(x=0; x < filterSize; x++)
        for(y=0; y < filterSize; y++)
            Sort[filterSize*x + y] = inImg[i+x][j+y];
        Bubble_sort(Sort,&median_value, Mode, filterSize);
        outImg[i+1][j+1] = median_value;
    }
}
void    Bubble_sort(uchar *Sort, uchar *median_value, int Mode, int filterSize)
{
    int i, x;
    uchar  temp, swap;
    for(x=0; x<filterSize*filterSize; x++){
        temp = Sort[x];
        for(i = x; i < filterSize*filterSize - 1; i++)  {
            if(temp >= Sort[i+1])   {
                swap = temp;
                temp = Sort[i+1];
                Sort[i+1] = swap;
            }
        }
        Sort[x] = temp;
    }
    if(Mode == -1)
        *median_value = (uchar)Sort[0];
    else if(Mode == 0 )
        *median_value = (uchar)Sort[filterSize*filterSize/2];
    else if(Mode == 1 )
        *median_value = (uchar)Sort[filterSize*filterSize - 1];
}
```

4.3_ Sharpening Filter

디지털 영상에서 샤프닝 필터는 영상의 경계선을 구할 때 주로 사용한다. 영상을 더 선명하게 만들기 위해서도 사용하지만 그 작업 또한 경계선을 구한 후에 선명함을 유지시키는 방법이다. 샤프닝 필터는 주파수 영역에서의 고주파 성분을 필터링 하는 기법으로 이러한 고주파 필터링 작업을 공간상에서 적용하는 방식이라 보면 된다.

아날로그에서의 미분을 디지털에서는 차로 표현할 수 있는데 샤프닝필터는 1차 미분과 2차 미분을 통하여 구해진다. 1차 미분은 기울기 정보를 포함하는 샤프닝 필터로 사용할 수 있으며 2차 미분은 방향에 무관한 샤프닝 필터를 구현할 때 사용할 수 있다. 영상을 처리하기 위한 1차 미분 식은 아래 수식과 같이 정의한다.

$$\nabla \boldsymbol{f} = \begin{bmatrix} G_x \\ G_y \end{bmatrix} = \begin{bmatrix} \dfrac{\partial f}{\partial x} \\ \dfrac{\partial f}{\partial y} \end{bmatrix} \tag{4-2}$$

$$\nabla \boldsymbol{f} = mag(\nabla \boldsymbol{f}) = \left[G_x^2 + G_y^2 \right]^{1/2} \approx |G_x| + |G_y| \tag{4-3}$$

$$\theta = \tan^{-1}\frac{G_y}{G_x} \tag{4-4}$$

f는 필터링을 수행할 원 영상을 의미하며 G는 원 영상에 대하여 1차 편미분을 수행한 결과 영상을 의미한다. x와 y는 각 방향성으로 수평축과 수직축을 의미한다. 1차 미분은 결과로 크기와 기울기 각도를 얻을 수 있는데 이것을 표현한 수식인 수식 (4-3)과 수식 (4-4)이다. 수식에서의 크기 값이 일반적으로 눈으로 보는 필터링 결과 값이 된다. 그러나 경계선 성분을 알려주는 샤프닝 필터는 그 결과 값이 너무 작은 값이어서 눈으로는 안 보이는 경우도 있어 일반적인 값으로 가중치를 더해주는 경우도 있다. 표 4-3은 1차 미분을 적용한 다양한 연산자를 보여주는 표이다.

표 4-3 1차 미분을 적용한 Operator

G_x

-1	-2	-1
0	0	0
1	2	1

G_y

-1	0	1
-2	0	2
-1	0	1

(a) Sobel Operator

G_x

-1	-1	-1
0	0	0
1	1	1

G_y

-1	0	1
-1	0	1
-1	0	1

(b) Prewitt Operator

G_x

-1	0	0
0	1	0
0	0	0

G_y

0	0	-1
0	1	0
0	0	0

(c) Roberts Operator

표 4-3의 (a)는 소벨 연산자를 보여준다. 소벨 연산자는 1차 미분의 결과를 얻기 때문에 수평축 기울기를 구하는 연산자와 수직축 기울기를 구하는 연산자 2개로 이루어진다. 소벨 연산자의 결과는 수평축과 수직축 경계선 정보를 구해 합한 결과로 보여준다.

그림 4-12는 소벨 연산자의 결과를 보여준다. 전체적으로 두꺼운 경계선 정보들을 보여주며

이러한 특성은 1차 미분의 특성에 의한 결과이다. 왼쪽은 수직 경계선 성분을 추출한 결과이고 가운데는 수평 경계선 성분을 추출한 결과, 그리고 오른쪽은 두 결과를 합한 크기 값이다. 이것은 수식 (4-2)와 수식 (4-3)에서 나온 결과이다.

G_y G_x ∇f

그림 4-12 The Result of Sobel Operator

그림 4-13은 바분 영상이라 불리는 mandrill 원숭이의 영상에 소벨 연산자를 적용한 결과를 보여준다. 표 4-3 (a) 의 G_y 와 G_x 각각에 필터링을 적용하고 그 두 합을 구하여 ∇f 에 보여주고 있다. 수평 성분과 수직 성분이 명확하게 구분되어 보이는 것을 그림에서 확인할 수 있다.

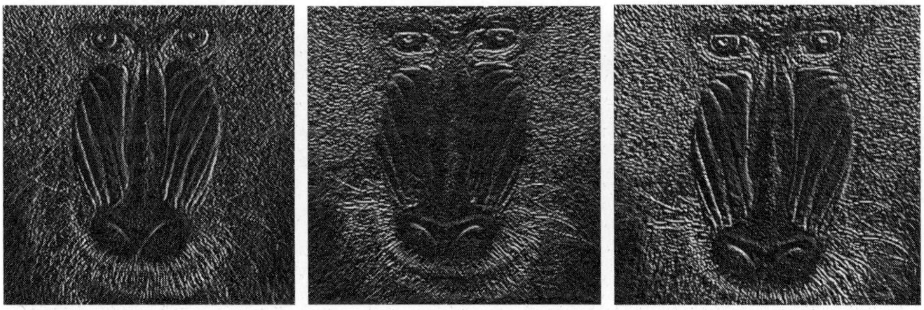

G_y G_x ∇f

그림 4-13 The Result of Sobel Operator

G_y G_x ∇f

그림 4-14 The Result of Sobel Operator

그림 4-14는 Pepper 영상에 소벨 연산자를 적용한 결과를 보여준다. 표 4-3 (a) 의 G_y 와 G_x 각각에 필터링을 적용하고 그 두 합을 구하여 $\nabla \boldsymbol{f}$ 에 보여주고 있다. 다른 표준 영상들과 마찬가지로 수평 성분과 수직 성분이 명확하게 구분되어 보이는 것을 그림에서 확인할 수 있다.

그림 4-15는 표 4-3에 있는 Prewitt 연산자를 적용하여 수직 경계선과 수평 경계선을 구하고 그 두개의 결과를 합한 결과 영상을 보여준다. Sobel 연산자에 비하여 경계선 영역의 값이 작은 것을 알 수 있는데 Sobel 연산자는 센터 값을 강조하기 위하여 2의 가중치를 사용한 반면 Prewitt 연산자는 모두 동일하게 1의 가중치를 이용하여 필터링을 수행하기 때문이다. 샤프닝 필터의 특성상 필터 계수의 총합은 항상 0을 유지한다.

G_y G_x ∇f

그림 4-15 The Result of Prewitt Operator

그림 4-16은 거실 영상에 표 4-3의 (b)에 있는 Prewitt 연산자를 적용하여 그 결과를 얻은 영상이다. 수평 성분과 수직 성분에 대한 명확한 경계선 영역을 보여주고 있는 것을 볼 수 있다.

G_y G_x ∇f

그림 4-16 The Result of Prewitt Operator

그림 4-17은 표 4-3의 마지막에 보여준 Roberts 연산자를 이용하여 필터링을 수행한 결과 영상이다. 다른 두 연산자에 비하여 경계선 성분이 가장 약하게 나타나는데 이것은 필터가 구하는 결과가 대각선 결과만을 얻도록 구성되어 있기 때문이다. 왼쪽 사선의 경계선 정보와 오른쪽 사선의 경계선 정보만을 획득하여 그 결과 합을 보여주는 그림이 그림 4-17이다. 이와 같이 1차 미분연산으로 영상 내 경계선 정보를 획득하여 다양한 영상처리 응용분야에 적용할 수 있게 된다.

G_y G_x ∇f

그림 4-17 The Result of Roberts Operator

그림 4-18은 제트기 영상에 대하여 Roberts 연산자를 적용하여 그 결과를 보여주는 그림이다. 연산자의 특성이 대각선 방향에 대한 결과를 보여주는 속성을 가지고 있는데 제트기 영상은 가로축과 세로축으로 많은 정보를 가지고 있기 때문에 결과 영상을 보면 희미한 결과를 보여주는 것을 알 수 있다. 이것은 결과가 나쁜 것이 아니라 제대로 된 결과를 보여주는 것을 의미한다. 영상의 필터링은 원하는 정보를 결과로 제대로 보여줄 때에 좋은 필터라고 할 수 있다.

G_y G_x ∇f

그림 4-18 The Result of Roberts Operator

표 4-4는 2차 미분식인 수식 (4-5)를 근거로 만들어진 Laplace 연산자이다. 2차 미분은 영교차 점을 찾아 경계선으로 알려주는 연산자로 1차 미분 연산자에 비하여 세밀한 결과 영상을 얻을 수 있는 장점을 가지고 있다.

$$\nabla^2 \boldsymbol{f} = \frac{\partial^2 f}{\partial x^2} + \frac{\partial^2 f}{\partial y^2} \tag{4-5}$$

표 4-4 Laplace Operator

0	-1	0
-1	4	-1
0	-1	0

(a)

-1	-1	-1
-1	8	-1
-1	-1	-1

(b)

0	-1	0
-1	5	-1
0	-1	0

(c)

-1	-1	-1
-1	9	-1
-1	-1	-1

(d)

그림 4-19의 (a)는 표 4-4 (a)의 라플라스 연산자를 적용하여 얻은 경계선 결과이며 (b)는 표 4-4의 (c) 연산자를 적용하여 그 결과를 얻은 영상이다. 이 영상의 결과는 그림 4-19 (a) 결과를 원본 영상에 더하여 그 결과를 얻어도 동일한 결과를 얻는다.

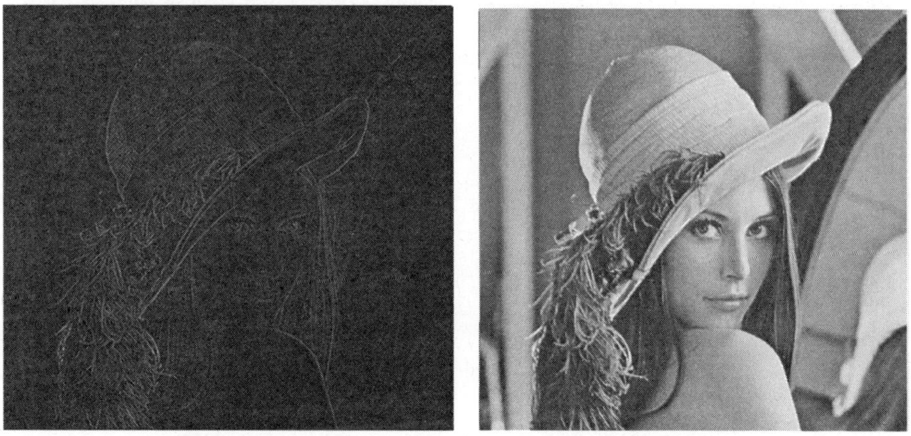

(a) (b)

그림 4-19 The Result of Laplace Operator with 4

그림 4-20은 표 4-4에서 라플라스 연산자의 센터 값이 8인 (b) 연산자를 적용하여 얻은 연산 결과와 그 결과를 기준으로 원본 영상에 대하여 선명화를 실시한 결과 영상을 보여준다. 당연히 표 4-4의 (d) 연산자를 적용해도 동일한 결과를 얻을 수 있다. 그림 4-20의 결과 영상 (b)에 비하여 선명함이 강하게 나타난 것을 볼 수 있는데 영상은 사람이 바라보는 시각에 따라 그림 4-19의 결과를 더 좋게 보는 경우도 있기 때문에 선명도만으로 어떤 영상이 더 좋은가 아닌가를 논하지는 않는다. 단지 어떤 목적으로 영상 향상을 시도하였는가를 더 중시한다는 것을 명심하기 바란다.

(a) (b)

그림 4-20 The Result of Laplace Operator with 8

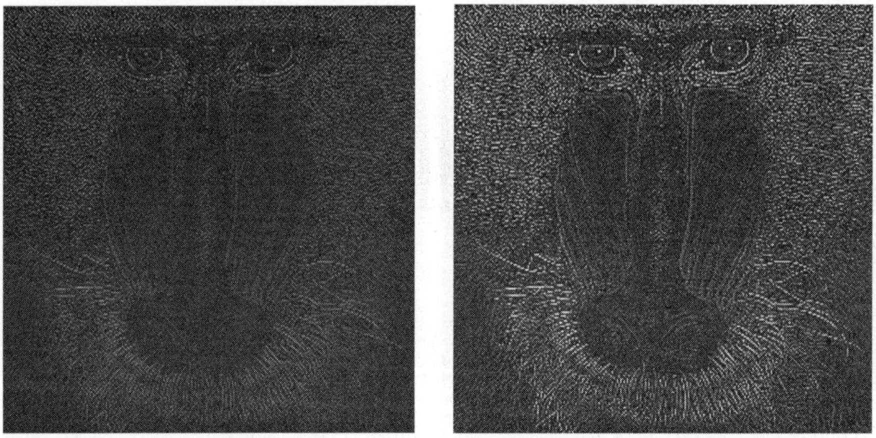

(a) Center Mask 4 (b) Center Mask 8

그림 4-21 The Result of Laplace Operator

그림 4-21은 mandril 영상에 Laplace 연산자를 적용하여 필터링한 결과이다. (a) 그림은 표 4-4의 (a) 연산자를 적용한 결과이며 (b) 그림은 표 4-4의 (b) 연산자를 적용한 결과이다. 털이 많은 바분 영상의 촘촘한 털들이 잘 나타나 있다.

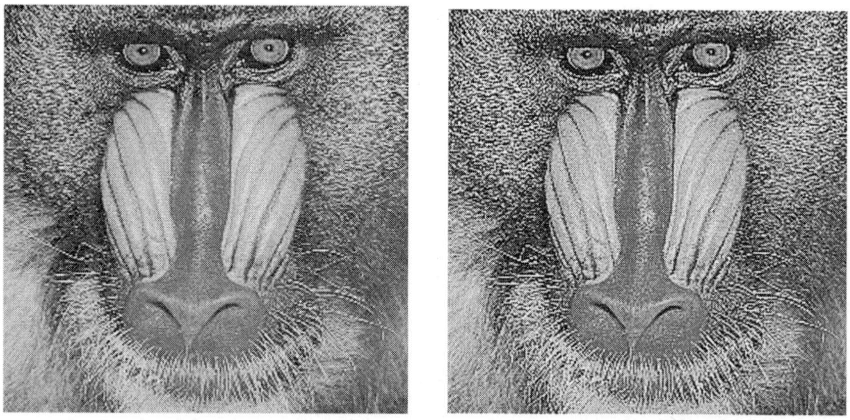

(a) Center Mask 4 (b) Center Mask 8

그림 4-22 The Result of Laplace Operator

그림 4-22는 표 4-4의 (c) 연산자와 (d) 연산자를 적용하여 얻은 결과 영상이다. (c) 연산자에 비하여 (d) 연산자의 결과가 더 선명한 결과를 보여주는 것을 알 수 있다. 2차원 연산자의 필터링 결과는 매우 세밀하게 결과가 나타나므로 영상만을 보면 좋은 결과라고 할 수도 있으나 영상향상이라는 것이 특별한 목표를 정한 경우에 그 목표를 위해 행하는 작업이기 때문에 목표에 따라 1차원 연산자와 2차원 연산자 모두 나름의 장점이 있다는 것을 기억하기 바란다.

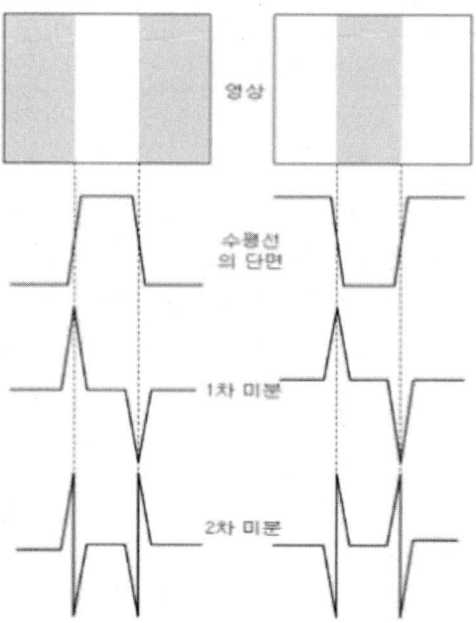

그림 4-23 미분 비교

그림 4-23은 기울기가 존재하는 영상에 대하여 프로파일을 구한 경우와 1차 미분을 적용한 경우, 그리고 2차 미분을 적용한 경우의 그림을 보여주고 있다. 디지털에서 미분은 단순한 뺄셈 작업으로 수행할 수 있기 때문에 1차 미분은 앞부분의 값을 한번 뺀 값으로 구할 수 있으며 2차 미분은 1차 미분의 결과에서 한 번 더 뺀 값으로 그 결과를 구할 수 있다. 그림에서 보듯이 2차 미분의 결과는 영점을 교차하는 특성을 가지고 나타난다.

(a) Center Mask 4 (b) Center Mask 8

그림 4-24 The Result of Laplace Operator

그림 4-24는 원래 밝은 영상이었던 face 영상에 Laplace 연산자를 적용한 결과를 보여준다. 원래 밝은 영상이었던 원본은 필터링에 의해 너무 밝은 값들이 튀는 것을 알 수 있는데 이것은 Laplace 연산자의 기본 목적이 흐릿한 영상을 좀 더 선명하게 만드는 것이 주목적이었는데 이것은 이미 밝은 상태에서 너무 밝아지는 관계로 인하여 많은 영역의 값이 255를 넘어 버렸기 때문이다. 이와 같이 밝은 영상에 대해서는 Laplace 연산자를 적용한 필터링은 의미가 없다는 것을 알아두기 바란다.

그림 4-25는 평균 필터로 스무딩한 영상에 라플라스 연산을 수행한 후 선명도를 높인 결과 영상을 보여준다. 그림 4-19와 그림 4-20에서 보여준 선명도는 아니지만 일반적으로 스무딩 효과로 블러링이 생긴 영상에 대하여 라플라스 연산자를 적용한 결과 영상은 선명해지는 것을 알 수 있다.

(a) average filtering (b) center value 4

그림 4-25 스무딩 영상에 적용한 라플라스 연산자 결과

그림 4-26은 Salt-and-Pepper 잡음 처리에 사용했던 미디언 필터링을 적용한 Lena 영상이다. 5x5의 미디언 필터를 적용한 영상으로 굉장히 흐려진 영상임을 알 수 있다. 이 영상에 표 4-4의 Laplace 연산자를 적용한 결과를 그림 (b)와 (c)에서 보여준다. (b)는 센터 값이 4인 연산자를 적용한 것이고 (c)는 중간 값이 8인 연산자를 적용한 결과이다. 눈으로 보기에도 선명함이 많이 살아난 것을 알 수 있다.

(a) Median (b) Laplace 4 (c) Laplace 8

그림 4-26 스무딩 영상에 적용한 라플라스 연산자 결과

Program 4-3 Sharpening Filtering

```
void convolutionD(double **h, int F_length, int size_x, int size_y, uchar **image1,
double **image2)
{
    int i, j, x, y;
    int margin, indexX, indexY;
    double sum, coeff;

    margin =(int)(F_length/2);

    for (i=0; i<size_y; i++) {
        for (j=0; j<size_x; j++) {
            sum = 0;
            for (y=0; y<F_length; y++) {
                indexY = i - margin +y;
                if (indexY<0) indexY = -indexY;
                else if (indexY >= size_y) indexY =(2*size_y -indexY -1);

                for (x=0; x<F_length; x++) {
                    indexX = j -margin +x;
                    if (indexX<0) indexX = -indexX;
                    else if (indexX >=size_x) indexX =(2*size_x -indexX -1);

                    sum += h[y][x] * (double)image1[indexY][indexX];
                }
            }
//          sum += 128;
            image2[i][j] = sum;

        }
    }
}

/* 아래쪽에 계속 */
```

```
double **sobelYMask, **sobelXMask,**PrewittMask, **RobertsMask,
**Laplace1Mask, **Laplace2Mask;
int mask_size = 3;
void make_Mask(int mask_size, double **Mask, int checkMask)
{
    int i,j;
    double sobelYMask[3][3] = {1,0,-1,2,0,-2,1,0,-1};
    double sobelXMask[3][3] = {-1,-2,-1,0,0,0,1,2,1};
    double PrewittYMask[3][3] = {1,0,-1,1,0,-1,1,0,-1};
    double PrewittXMask[3][3] = {-1,-1,-1,0,0,0,1,1,1};
    double RobertsYMask[3][3] = {0,0,-1,0,1,0,0,0,0};
    double RobertsXMask[3][3] = {-1,0,0,0,1,0,0,0,0};
    double Laplace1Mask[3][3] = {0,-1,0,-1,4,-1,0,-1,0};
    double Laplace2Mask[3][3] = {-1,-1,-1,-1,8,-1,-1,-1,-1};
    double Laplace3Mask[3][3] = {0,-1,0,-1,5,-1,0,-1,0};
    double Laplace4Mask[3][3] = {-1,-1,-1,-1,9,-1,-1,-1,-1};
    switch(checkMask)
    {
    case 0 :
        for(i=0;i<mask_size;i++)
        for(j=0;j<mask_size;j++)
            Mask[i][j] = sobelYMask[i][j];
        break;
    case 1 :
        for(i=0;i<mask_size;i++)
        for(j=0;j<mask_size;j++)
            Mask[i][j] = sobelXMask[i][j];
        break;
    case 3 :
        for(i=0;i<mask_size;i++)
        for(j=0;j<mask_size;j++)
            Mask[i][j] = PrewittYMask[i][j];
        break;
    case 4 :
        for(i=0;i<mask_size;i++)
        for(j=0;j<mask_size;j++)
            Mask[i][j] = PrewittXMask[i][j];
        break;
/* 아래쪽에 계속 */
```

```
	case 6 :
		for(i=0;i<mask_size;i++)
		for(j=0;j<mask_size;j++)
			Mask[i][j] = RobertsYMask[i][j];
		break;
	case 7 :
		for(i=0;i<mask_size;i++)
		for(j=0;j<mask_size;j++)
			Mask[i][j] = RobertsXMask[i][j];
		break;
	case 9 :
		for(i=0;i<mask_size;i++)
		for(j=0;j<mask_size;j++)
			Mask[i][j] = Laplace1Mask[i][j];
		break;
	case 10 :
		for(i=0;i<mask_size;i++)
		for(j=0;j<mask_size;j++)
			Mask[i][j] = Laplace2Mask[i][j];
		break;
	case 11 :
		for(i=0;i<mask_size;i++)
		for(j=0;j<mask_size;j++)
			Mask[i][j] = Laplace3Mask[i][j];
		break;
	case 12 :
		for(i=0;i<mask_size;i++)
		for(j=0;j<mask_size;j++)
			Mask[i][j] = Laplace4Mask[i][j];
		break;
	default :
		printf("Mask Number is wrong ₩n");
		exit(1);
	}
}
```

4.4_ 엠보싱(Embossing) 필터

컨볼루션을 이용한 필터링의 응용분야 중의 하나인 엠보싱은 영상 내에 굴곡을 제공해 줌으로써 영상을 구리판에 양각한 효과를 제공한다. 이러한 속성은 자연 영상에 대하여 회화적인 요소를 제공하는 특성을 나타내도록 도와준다.

표 4-5 Embossing Filter

-1	0	0
0	0	0
0	0	1

그림 4-27은 엠보싱 필터링을 수행한 결과를 보여준다. 이러한 필터링은 지금까지 보아온 필터링에서 필터의 계수 값들을 바꾸어 줌으로써 아주 쉽게 구현할 수 있다. 모든 신호처리의 필터링은 필터계수를 어떻게 구현하는가에 따라 그 결과가 달라진다. 그림 4-27은 엠보싱 필터링 후 전체 결과에 128의 값을 더해줘서 양각 효과를 나타내도록 구현한 것이다.

그림 4-27 엠보싱필터 결과

모든 샤프닝 필터는 가중치 값을 어떻게 주는가에 따라 엠보싱 효과가 나는 결과 영상을 얻을 수도 있다. 수평축 수직축 혹은 대각선 방향과 같이 한 방향만을 나타내는 경계선 결과는 적절한 가중치에 의해서 인간의 시각체계에서 볼 때 양각 효과를 나타낼 수 있다.

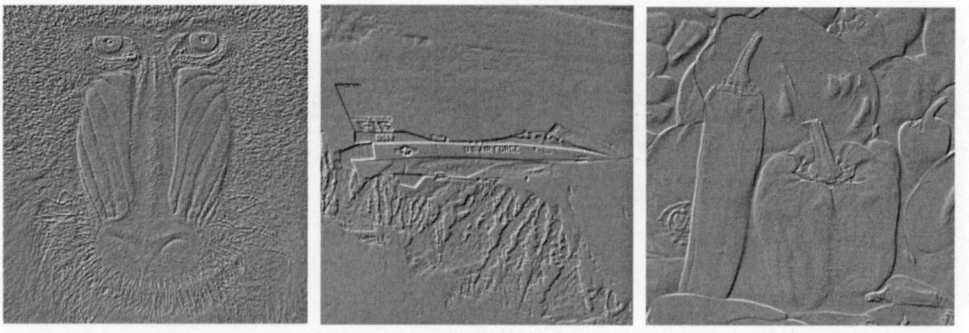

(a) Mandril (b) Jet (c) Pepper

그림 4-28 The Result of Embossing Filter

위의 그림 4-28은 다양한 표준 영상에 적용한 엠보싱 필터링 결과를 보여준다. 엠보싱 효과는 영상 향상 분야라고 보기는 어렵지만 사람들에게 양각 효과를 줌으로써 좀 더 기억에 남는 영상을 만들 수 있는 기법이라고 할 수 있다. 판화 작업을 해본 사람들은 모두 판화로 제작한 자연영상이라고 생각하면 될 것이다. 영상처리는 일반적으로 인간의 손을 거치지 않고 순수한 알고리즘만으로 자연 영상을 처리하는 것을 의미한다. 엠보싱 효과는 순수한 영상처리로 사람의 손을 사용한 효과를 주는 것이라고 생각할 수 있다.

Program 4-4 Embossing Filtering

```
/* Embossing Filtering 은 기존의 평균 필터나 Sharpening Filter를 처리하는 방식과
동일함
따라서 프로그램의 일부만 표기함 convolution에서 양각 효과를 보기 위하여 sum
+= 128;를 추가해 주면 됨
*/
double **embosMask;
int embos_size = 3;
int main(int argc, char *argv[])
{
    embosMask[0][0] = -1;
    embosMask[2][2] = 1;

    conv(embosMask, embos_size, COL, ROW, inImg, outImg);
```

05
Frequency Domain
(주파수 영역)

프랑스 수학자 Jean Baptiste Joseph Fourier 가 1800년대에 발표한 열역학이론 분야의 연구가 오늘날 공학에서 가장 널리 쓰이는 푸리에 변환(Fourier Transform)의 시작이다. 푸리에는 논문에서 이 세상의 모든 주기적인 신호는 cos과 sin 함수만으로 모두 표현할 수 있다는 이론을 냈는데 당시에는 이 논문을 이해한 사람이 거의 없었다고 한다. 모든 주기적인 함수를 cos 과 sin으로 표현할 수 있다는 이론은 직관적이지도 않고 확인하기도 쉽지 않아 열역학 분야에서 연구용으로 사용된 것으로 알려져 있는데 이 이론은 푸리에 급수로 알려져 있으며 푸리에 변환은 주기적이지 않은 신호도 특정한 가중치 값을 곱해 cos과 sin 함수만으로 표현할 수 있다는 것을 보여준 것이다. 공학 분야에서 실질적으로 사용하고 있는 푸리에 변환은 비주기적인 신호에 대해 가중 값들을 곱하여 cos 과 sin 만으로 모든 신호를 표현하는 기술이다. 이 변환의 중요한 특징은 변환 후 역변환 한 결과가 아무런 정보의 손실 없이 자신으로 완벽히 복원한다는 사실이다. 일반적으로 변환이라는 것은 다른 영역으로 모든 정보가 이동한 후에 다시 원래 상태로 돌아오는 경우에 그 정보를 보존하는 특성을 가지고 있어야 하며 푸리에 변환은 이러한 특징을 그대로 보여준다. 또한 변환과 역변환을 위해 사용하는 커널 또한 동일한 지수함수를 사용할 수 있는 특징이 있어 보편적으로 사용할 수 있다. 이러한 푸리에 변환은 1960년대 고속푸리에 변환 알고리즘이 나오면서 공학 분야에서 가장 중요한 기술이 되었다.

5.1_ Fourier Transform

푸리에 변환은 공간영역에서 주파수 영역으로 영역을 이동하는 변환 작업이다. 인간의 시각 시스템은 공간영역의 정보는 그림이나 사물로 인식을 하지만 주파수 영역의 신호는 눈으로 보아서는 어떤 그림인지 혹은 어떤 사물인지 알 수가 없다. 이것은 주파수 영역의 특징과 인간의 시각체계가 다른 구조라는 이야기다. 그런데 주파수 영역으로 넘어간 영상신호에 대하여 특정한 작업을 수행한 후에 공간영역으로 역변환 하여 넘어오는 경우 공간영역에서는 수행할 수 없는 좋은 결과들을 얻을 수 있는 작업이 존재한다. 그런 이유로 많은 연구자들이 주파수 영역에서 영상이나 음성과 같은 신호를 처리하여 처리가 이루어진 결과물을 공간 영역으로 넘겨서 사람이 인지할 수 있도록 하고 있다.

푸리에 변환은 인간의 시각체계가 감지하기 어려운 실수 영역과 허수 영역으로 나눠지기 때문에 인간의 눈으로 볼 수 있도록 푸리에 스펙트럼이라는 실수와 허수 영역 값의 크기를 표현하여 나타낸다. 푸리에 스펙트럼 혹은 주파수 스펙트럼이라고 표현하며 실수 값과 허수 값의 절대 값을 표현하는 방식이다. 이러한 값을 제곱근한 결과를 파워 스펙트럼 혹은 에너지 스펙트럼이라고 부른다. 일반적으로 영상신호의 크기를 표현하는 기법이 되기도 한다. 영상 부호화 표준에서는 허수 영역인 sin 영역을 배제하고 실수영역인 cos 변환만을 수행하여 영상처리 표준으로 정하여 사용하고 있다. 주파수 영역 처리로 인간의 시각체계에 적합한 결과를 얻는 주파수변환 연구가 진행되고 있다.

그림 5-1 Circle Image

그림 5-1은 푸리에 변환을 수행하기 위해 임의로 만든 원 영상이다. 원 모양의 공간영역 값들은 주파수 영역에서 어떻게 변하는지를 보여주기 위한 예이다.

(a) 푸리에 변환 결과

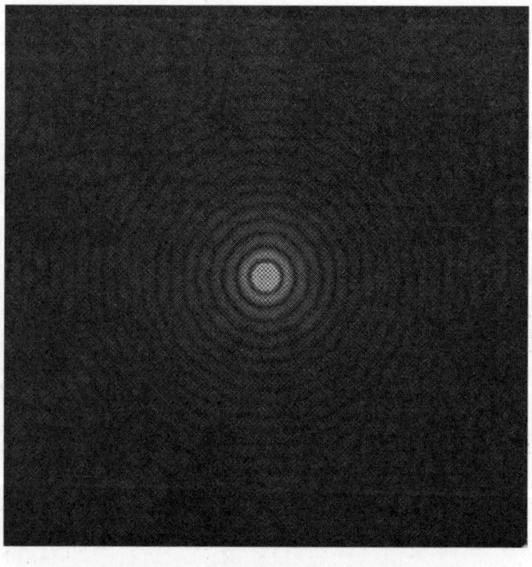

(b) 중앙으로 이동한 푸리에 변환 결과

그림 5-2 푸리에 변환에 따른 푸리에 스펙트럼

그림 5-2는 그림 5-1의 Circle 영상을 푸리에 변환한 주파수 영역에서의 값을 보여준다. 그림 5-2 (a) 에서 보여주는 것처럼 네 귀퉁이에 주파수가 변환된 값이 존재하는데 그 이유는 센터가 중심이 아니라 처음 시작점을 중심으로 무한히 반복되는 주파수 패턴의 결과 때문이다.

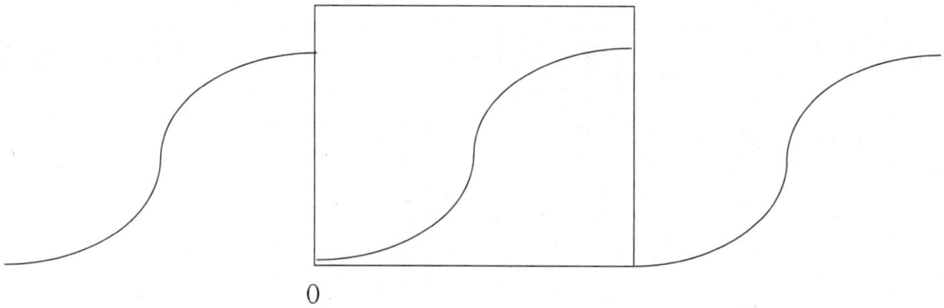

그림 5-3 무한 반복되는 주파수 영역에서의 변환

그림 5-3은 무한 반복하는 주파수 영역에서의 값에 대한 1차원 그림 예이다. 네모 박스를 기준으로 주파수가 0부터 시작하여 0이 저주파 영역으로 점점 고주파 영역으로 이동하는 것으로 생각할 수 있다. 이것이 계속적으로 반복하는 형태를 띠며 이것이 2차원 영상에서 한 박스만을 가져오는 경우 그림 5-2의 (a) 와 같은 결과를 보여주게 된다. 이것을 박스의 중앙으로 이동하여 보여준 결과가 그림 5-2의 (b) 번 그림이다. 가운데 영역에 저주파 성분이 모여있는 결과를 보여준다.

$$F(u,v) = \sum_{x=0}^{M-1}\sum_{y=0}^{N-1} f(x,y)e^{-j2\pi(ux/M+vy/N)} \tag{5-1}$$

$$f(x,y) = \frac{1}{MN}\sum_{x=0}^{M-1}\sum_{y=0}^{N-1} F(u,v)e^{j2\pi(ux/M+vy/N)} \tag{5-2}$$

수식 5-1과 수식 5-2는 푸리에 변환의 이차원 영상에 대한 이산푸리에 변환 식이다. 5-1은 푸리에 순변환이며 5-2는 푸리에 역변환을 보여준다. 푸리에 변환을 통하여 변환된 주파수 영역에서 필요한 영상 처리 작업을 수행한 후에 역변환을 통하여 공간영역으로 돌아온 결과 영상은 완벽히 복원됨을 보장하는 수식이다. 지수형커널의 음수 변환 이외에는 변환 수식에는 거의 차이가 없다.

그림 5-4는 수식 5-1을 이용하여 푸리에 변환을 수행한 결과 영상의 푸리에 스펙트럼을 보여준다. 그림 5-4의 (a)에서 보면 네 귀퉁이 쪽에 주파수 상에서의 값이 보인다. 이 보이는

정보가 저주파 정보를 의미한다. 이것을 네모 그림의 가운데로 옮긴 결과 영상이 그림 5-4의 (b)번 그림이다. 가운데 부분에 대부분의 주파수 정보가 있는 것을 알 수 있는데 이것은 고주파 성분이 잘 보이지 않기 때문에 이렇게 보이는 것이고 대부분의 영역에 많은 정보가 존재한다.

(a) Fourier Transform

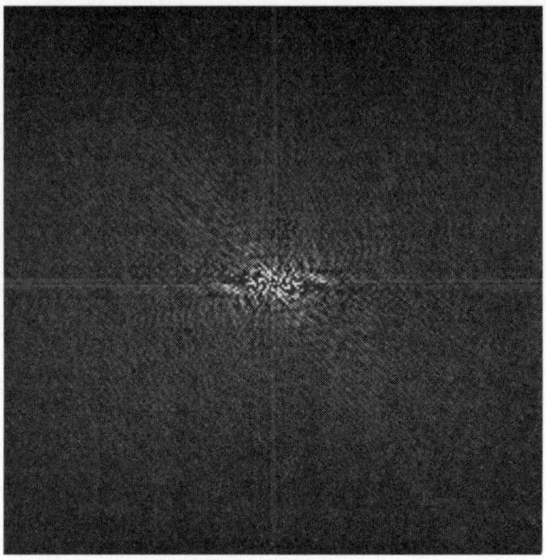
(b) Shift Result of FT

그림 5-4 Lena 영상에 대한 푸리에 변환 결과

그림 5-5는 그림 5-2 (b)의 Circle 영상의 주파수 정보를 히스토그램 평활화를 수행하여 보여주는 결과 그림이다. 그림 5-2에서 보여주는 영상은 가운데 부분의 아주 작은 영역에 대해서만 값이 보이지만 실제의 주파수 성분은 시작부터 끝부분까지 모든 영역에 존재하는 것을 알 수 있다. 이렇게 많은 정보가 영상을 보여주는 시스템에서 표현이 불가능한 이유는 표준화 영상의 값의 범위를 0에서 255로 제한해 놓았기 때문이다. 그러나 주파수 영역에서의 값은 음의 값에서부터 수만 가지 양의 값까지 존재하기 때문에 주파수 스펙트럼을 화면에 다 보여주는 것은 불가능하다. 이러한 영상의 결과를 보여주기 위한 Log 변환 기법이 존재하지만 이것은 단순히 사람의 시각 체계에 보여주기 위한 과정일 뿐 실제의 내용이 변하거나 달라져서는 안 된다. Lena 영상의 경우 주파수 변환 후 가장 큰 값이 3만을 넘기는 경우도 나타나기 때문에 그 값을 255 안으로 클리핑 해야 화면에 보여줄 수 있게 된다. 가운데 저주파 성분의 많은 정보량을 255로 normalization 하면서 다른 곳에 존재하는 1000 정도의 값은 아주 작아서 화면에 보이지 않는 결과를 보여준다. 히스토그램 평활화는 이러한 값들을 전체적으로 펼쳐주는 역할을 수행하기 때문에 그림 5-5와 같은 결과를 보여줄 수 있는 것이다. 주파수 상에서의 정보는 눈으로 본다고 해서 영상처리에 커다란 영향을 미치지 않을 수도 있으나 영상내의 복잡도나 영상의 수직 수평 에지 영역에 대해서는 주파수 상에서 보이는 그림만으로도 영상의

모양을 어느 정도 알 수 있기 때문에 영상을 주파수 상에서 분석하는 것이 공간영역에서 분석하는 것보다 좋은 결과를 얻을 수 있다. 에지 성분은 4장에서 다룰 때 저주파 고주파 성분을 구분하면서 이야기 했었는데 주파수 성분에서 고주파 성분만을 분석해서 빼내는 경우 에지 정보만을 추출할 수 있기 때문에 주파수 영역에서의 저주파 필터링이나 고주파 필터링은 가장 많이 사용하는 주파수 영역에서의 영상처리 방법이다.

그림 5-5 히스토그램 평활화에 의한 푸리에 변환 결과

Program 5-1 LogPower

```
void LogImg(double **dimg, uchar **Result)
{
    int i,j;
    double max=-10000000000000000000000.0,
min=999999999999999999999999999.0;
    double tmp, total;


    for(i=0; i〈 Row; i++)
    for(j=0; j〈 Col; j++)
    {
    //  tmp = log(1+dimg[i][j]);
        tmp = dimg[i][j];
        if(max 〈 tmp) max = tmp;
        if(min 〉 tmp) min = tmp;
    }
    total = max - min;
    printf("max = %lf min = %lf", max, min);

    for(i=0; i〈 Row; i++)
    for(j=0; j〈 Col; j++)
    {
        tmp = ((dimg[i][j] - min)/total);
        tmp *= 255;

        if(tmp 〉 255) tmp = 255;
        else if(tmp 〈 0) tmp = 0;
        Result[i][j] = tmp;
    }

}
```

5.2_ 고속 푸리에 변환(FFT : Fast Fourier Transform)

이산 영역에서의 푸리에 변환은 대용량 데이터를 처리하는데 너무나 많은 시간이 소요되어 산업에서는 실질적으로 사용할 수 없는 문제가 존재한다. 데이터양에 지수 승으로 비례하는 처리시간을 감당할 수가 없는 상태가 되기 때문에 DFT를 사용하기 위해서는 몇 가지 트릭이 필요한데 이러한 트릭 중 가장 널리 알려진 devide and conquer 알고리즘을 알아본다. 2차원 영상에 적용하는 푸리에 변환은 선형특성을 가지고 있어 열과 행을 별도로 처리하는 기법이 가능하다.

그림 5-6은 2차원 푸리에 변환을 수행하는 간단한 작업을 보여준다. 이러한 푸리에 변환 과정은 DFT를 수행할 때도 적용할 수 있으며 FFT 작업을 수행할 때도 동일하게 적용할 수 있다. 이것은 푸리에 변환의 선형특성에 기인한다. 2차원 작업을 1차원 작업으로 분할함으로써 작업이 수월해지는 것을 알 수 있다. 이러한 과정은 푸리에 변환의 복잡한 과정을 1차원에서 쉽게 풀어갈 수 있다는 의미가 된다.

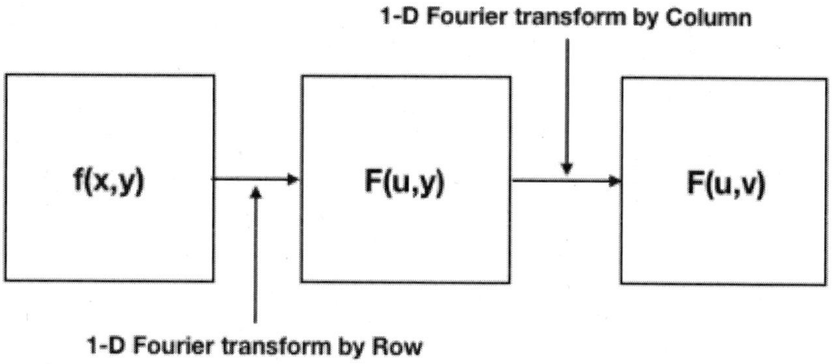

그림 5-6 2차원 Fourier Transform

먼저 DFT의 수식으로 복잡도를 간단히 계산해 보면 영상의 크기가 MxN인 경우 DFT의 연산 복잡도는 M^2 x N^2이 된다. 영상의 크기가 커지면 커질수록 기하급수적으로 늘어나는 계산 량을 감당할 수 없게 될 것을 알 수 있다. 현재 가장 널리 알려지고 많이 사용되는 FFT 기법은 Cooley-Tukey FFT 알고리즘이다. 1965년 발표된 논문으로 DFT의 계산 량을 획기적으로 줄여서 공학과 산업 전반에서 푸리에 변환을 사용할 수 있는 계기가 되었다. 이들이 제안한 방식은 N개의 데이터를 홀수와 짝수 영역으로 구분하여 N/2 개의 처리를 가능하게 하였다. 이 방식이 계속적으로 반복되면서 처리할 데이터의 크기를 원하는 수만큼 줄일 수 있도록 한다. 먼저 1차원 DFT 변환 식은 수식 (5-3)과 같이 나타낼 수 있다.

$$X_k = \sum_{n=0}^{N-1} x_n e^{-\frac{2\pi i}{N} nk} \tag{5-3}$$

위 수식은 수식 (5-1)의 1차원 버전이다.

수식 (5-3)을 짝수 항과 홀수 항으로 구분하도록 수식에 변형을 가해보자. 먼저 짝수 항을 n=2m으로 놓으면 홀수 항은 n=2m+1이 된다. 그러면 수식은 (5-4)의 수식과 같이 될 것이다.

$$X_k = \sum_{m=0}^{N/2-1} x_{2m} e^{-\frac{2\pi i}{N}(2m)k} + \sum_{m=0}^{N/2-1} x_{2m+1} e^{-\frac{2\pi i}{N}(2m+1)k} \tag{5-4}$$

오른쪽 수식에서 $e^{-\frac{2\pi i}{N}k}$ 을 밖으로 뽑아내면 왼쪽 항은 2m에서의 DFT가 되고 오른쪽 항은 2m+1에서의 DFT가 된다는 것을 알 수 있다. 이것을 수식 (5-5)에 나타내었다.

$$X_k = \sum_{m=0}^{N/2-1} x_{2m} e^{-\frac{2\pi i}{N/2}(m)k} + e^{-\frac{2\pi i}{N}k} \sum_{m=0}^{N/2-1} x_{2m+1} e^{-\frac{2\pi i}{N/2}mk} \tag{5-5}$$

수식 (5-5)에서 짝수 항을 E_k라 하고 홀수 항을 O_k라 하면 수식 (5-6)과 같이 표현할 수 있다.

$$X_k = E_k + e^{-\frac{2\pi i}{N}k} O_k \tag{5-6}$$

게다가 DFT의 주기적 특성에 의하여 다음과 같은 수식 처리가 가능하다.

$$E_{k+\frac{N}{2}} = E_k \tag{5-7}$$

$$O_{k+\frac{N}{2}} = O_k \tag{5-8}$$

따라서 짝수 항과 홀수 항은 k값의 범위에 따라 새롭게 정의할 수 있다.

$$X_k = \begin{cases} E_k + e^{-\frac{2\pi i}{N}k} O_k & \text{for} 0 \leqq k < N/2 \\ E_{k-N/2} + e^{-\frac{2\pi i}{N}k} O_{k-N/.2} & \text{for} N/2 \leqq k < N \end{cases} \quad (5\text{-}9)$$

수식 (5-9)는 위항과 아래 항이 동일한 계산이 가능함을 알려준다. 여기서 $e^{-\frac{2\pi i}{N}k}$ 는 아래와 같이 전개할 수 있다.

$$e^{\frac{-2\pi i}{N}(k+N/2)} = e^{\frac{-2\pi ik}{N}} e^{-\pi i} = -e^{\frac{-2\pi ik}{N}} \quad (5\text{-}10)$$

수식 (5-10)에서 수식 X_k는 다음과 같이 쓸 수 있다.

$$X_k = E_k + e^{-\frac{2\pi i}{N}k} O_k \quad (5\text{-}11)$$

$$X_{k+\frac{N}{2}} = E_k - e^{-\frac{2\pi i}{N}k} O_k$$

이 결과는 N 개의 데이터는 끊임없이 N/2개의 데이터로 줄이면서 DFT를 수행할 수 있게 한다는 것을 알게 해준다. 여기서 $e^{-\frac{2\pi i}{N}k}$ 를 W_N^k 로 대치하여 사용하는 것이 일반적인데 그것이 수학적 표현을 쉽게 해주기 때문이다. 위의 과정을 그림으로 그려보면 그림 5-7과 같이 표현할 수 있다.

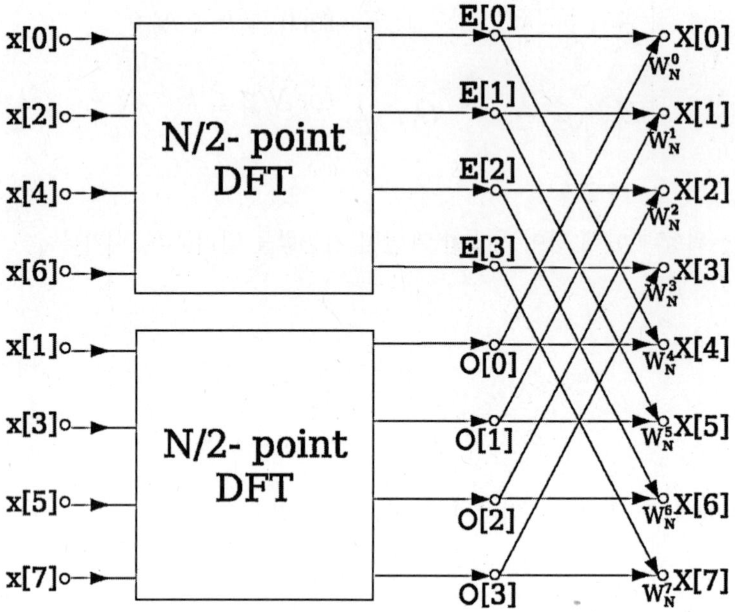

그림 5-7 FFT 과정

x는 입력 값을 나타내며 입력 값은 짝수와 홀수 항들을 구분하여 입력으로 들어가며 입력으로 들어간 항들은 W_N^k 항과의 곱을 통하여 결과 값을 얻는 과정이다. 이것을 한 단계 더 진행하면 짝수와 홀수 항이 2개씩 존재하는 FFT 과정을 진행하게 된다. 2차원 영상의 경우 위의 과정은 Row 와 Column 에 대하여 각각 적용하여 처리가 된다는 것을 기억하기 바란다. 이러한 과정을 거쳐서 수행한 FFT 알고리즘의 복잡도는 N개 데이터를 가지고 있는 경우 $NLogN$의 복잡도를 가지는 것으로 알려져 있다. 따라서 N의 데이터 개수에 따라서 지수승으로 복잡해지는 DFT에 비하여 획기적으로 시간을 줄일 수 있다는 것을 확인할 수 있다. 그림 5-8은 DFT 계산을 수행할 경우 지수 승으로 복잡해지는 결과 그래프를 보여준다. 데이터의 양이 8정도까지는 계산 량의 차이가 미미하나 데이터 량이 10을 넘어가면서부터는 기하급수적으로 증가하는 것을 알 수 있다. 영상처리는 데이터의 양이 매우 방대하기 때문에 영상처리를 수행하는 기본적인 블록의 크기를 16이나 8을 기준으로 설정하여 처리하며 필요에 따라 4나 2까지 진행하는 경우도 있다. 블록의 크기가 클수록 영상처리 시간이 크게 증가하기 때문에 영상의 블록크기도 영상처리에 중요한 요소가 된다.

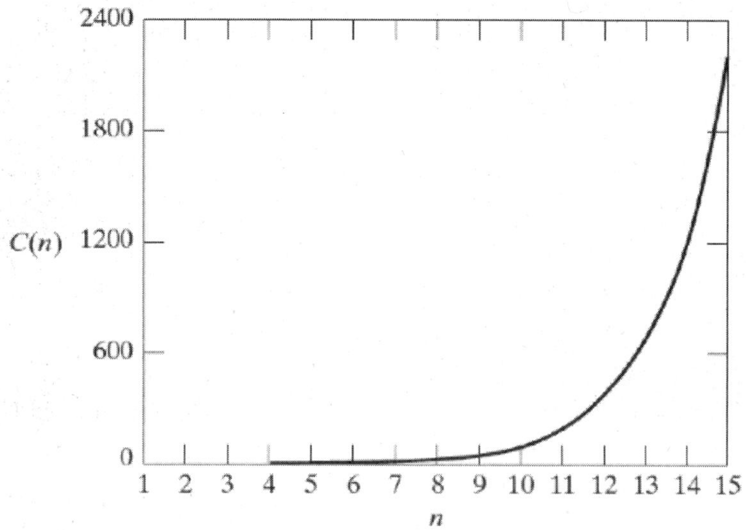

그림 5-8 DFT 계산량 곡선

그림 5-8의 C(n)은 $\frac{2^n}{n}$의 값을 나타낸다. DFT가 데이터의 개수에 따라 필요로 하는 계산량을 의미한다.

그림 5-9는 다양한 표준 영상에 FFT를 적용한 결과 영상을 보여준다. 왼쪽 편에 있는 영상은 푸리에 변환을 그대로 수행한 결과 영상을 보여주며 오른쪽 영상은 가운데로 이동한 결과 값들을 보여준다. 보통 표준 영상의 푸리에 변환 결과 값들은 음수와 양수 쪽으로 약 -50000에서 +50000의 값들을 가지고 있으므로 화면에서 볼 수 있도록 clipping 시킨 값들이다. 그림을 보면 다른 결과 모습들을 볼 수 있는데 푸리에 변환의 결과 값을 가지고 원 영상의 에지 성분이 어떻게 구성되어 있는가를 알 수 있다.

(a) FFT of JET

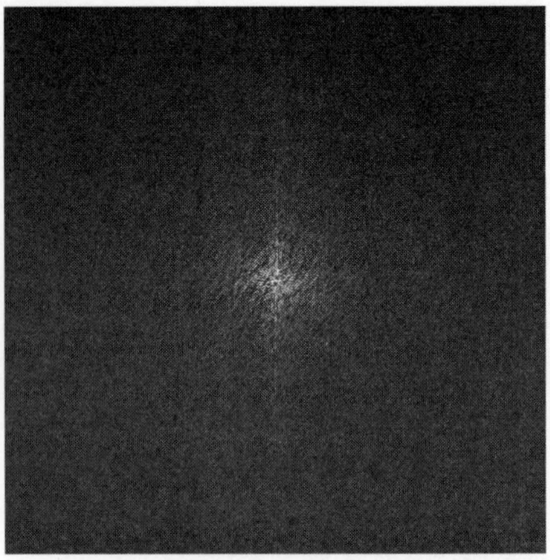

(b) Shifted FFT of JET

(c) FFT of Mandrill

(d) Shifted FFT of Mandrill

(e) FFT of cman

(f) Shifted FFT of cman

그림 5-9 The Result of FFT

그림 5-10은 그림 5-9에서 보여준 각 표준 영상의 푸리에 변환의 모양을 확대해서 보여주고 있다. 그림에서 보면 Camera Man 영상은 수직으로 강한 선이 존재하는 것과 사선으로 강한 선이 있는 것을 알 수 있는데 이것은 원 영상에 수평성분의 에지 정보가 많이 존재한다는 것을 의미하며 대각선 방향의 에지 성분이 많다는 것을 의미한다. 수평성분의 특징은 카메라맨의 지평선 영역이 영향을 미친 것으로 예측할 수 있다. Mandrill 영상은 전체적으로 고주파 성분이 많은 것을 알 수 있는데 원 영상을 보면 알 수 있듯이 털이 워낙 복잡하기 때문에 고주파 성분이 많이 나타난 것으로 볼 수 있다. JET 영상은 수직 성분이 강한 값을 보이고 나머지는 퍼져 있는 것을 볼 수 있는데 이것은 JET 영상의 비행기가 수평방향으로 존재하기 때문에 나타난 현상이라고 할 수 있다. 원 영상의 수평 경계선 성분이 많은 경우 푸리에 변환은 수직 성분이 크게 나타난다. 이것은 주파수 영역에서의 값을 가지고 원 영상의 특징을 어느 정도 추정할 수 있도록 도와준다.

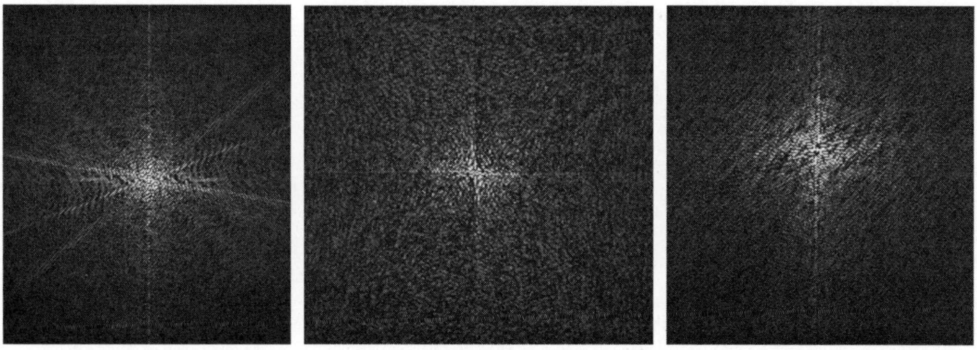

(a) cman　　(b) Mandrill　　(c) JET

그림 5-10 The Result of FFT

Program 5-2 FFT

```
int rearrange(double *X, int N) {

    int i, j, *power_of_2, *pos, stage, num_of_stages = 0;
    double temp;

    for(i = N; i > 1; i >>= 1, num_of_stages++);
    if((power_of_2 = (int *)malloc(sizeof(int) * num_of_stages)) == NULL)
        return -1;
    if((pos = (int *)malloc(sizeof(int) * N)) == NULL)
        return -1;

    power_of_2[0] = 1;
    for(stage = 1; stage < num_of_stages; stage++)
        power_of_2[stage] = power_of_2[stage - 1] << 1;

    for(i = 1; i < N - 1; i++)
        pos[i] = 0;
    for(i = 1; i < N - 1; i++)
    {
        if(!pos[i])
        {
            for(j = 0; j < num_of_stages; j++)
            {
                if(i & power_of_2[j])
                    pos[i] += power_of_2[num_of_stages - 1 - j];
            }
            temp = X[i];
            X[i] = X[pos[i]];
            X[pos[i]] = temp;
            pos[pos[i]] = 1;
        }
    }
    free(power_of_2);
    free(pos);
    return 0;
}

/* 아래쪽에 계속 */
```

```
void fft(double *X_re, double *X_im, int N)
{
    double X_temp_re, X_temp_im;
    double phase;
    int num_of_stages = 0, num_of_elements, num_of_sections, size_of_butterfly;
    int i, j, stage, m1, m2;
    for(i = N; i > 1; i >>= 1, num_of_stages++);
    num_of_elements = N;
    num_of_sections = 1;
    size_of_butterfly = N >> 1;
    for(stage = 0; stage < num_of_stages; stage++) {
        m1 = 0;
        m2 = size_of_butterfly;
        for(i = 0; i < num_of_sections; i++) {
            for(j = 0; j < size_of_butterfly; j++, m1++, m2++)
            {
                X_temp_re = X_re[m1] - X_re[m2];
                X_temp_im = X_im[m1] - X_im[m2];
                X_re[m1] = X_re[m1] + X_re[m2];
                X_im[m1] = X_im[m1] + X_im[m2];
                phase = -2.0 * M_PI * j / num_of_elements;
                X_re[m2] = X_temp_re * cos(phase) - X_temp_im * sin(phase);
                X_im[m2] = X_temp_re * sin(phase) + X_temp_im * cos(phase);
            }
            m1 += size_of_butterfly;
            m2 += size_of_butterfly;
        }
        num_of_elements >>= 1;
        num_of_sections <<= 1;
        size_of_butterfly >>= 1;
    }
    rearrange(X_re, N);
    rearrange(X_im, N);
}
/* 아래쪽에 계속 */
```

```
int fft_2d(double **X_re, double **X_im, int N, int Mode)
{

    int i, j;
    double *temp_re, *temp_im;

   if((temp_re = (double *)malloc(sizeof(double) * N)) == NULL)
      return -1;
   if((temp_im = (double *)malloc(sizeof(double) * N)) == NULL)
      return -1;

    if(Mode == 0)
    {
        // Processing for ROW
        for(i = 0; i < N; i++) {
            fft(X_re[i], X_im[i], N);
        }

        // Processing For COLUMN
        for(j = 0; j < N; j++) {
            for(i = 0; i < N; i++) {
                temp_re[i] = X_re[i][j];
                temp_im[i] = X_im[i][j];
            }
            fft(temp_re, temp_im, N);
            for(i = 0; i < N; i++) {
                X_re[i][j] = temp_re[i] / N;
                X_im[i][j] = temp_im[i] / N;
            }
        }
    }

/* 아래쪽에 계속 */
```

```
    else if(Mode == 1)
    {
        // Processing for ROW
        for(i = 0; i < N; i++) {
            fft(X_re[i], X_im[i], N);
        }

        // Processing For COLUMN
        for(j = 0; j < N; j++) {
            for(i = 0; i < N; i++) {
                temp_re[i] = X_re[i][j];
                temp_im[i] = X_im[i][j];
            }
            fft(temp_re, temp_im, N);
            for(i = 0; i < N; i++) {
                X_re[i][j] = temp_re[i] / N;
                X_im[i][j] = temp_im[i] / N;
            }
        }
    }
    else if(Mode == 2)
    {
        for(i = 0; i < N; i++) {

            for(j = 0; j < N; j++) {
                temp_re[j] = X_re[i][j]*pow(-1,j);
                temp_im[j] = X_im[i][j]*pow(-1,j);
            }

            fft(temp_re, temp_im, N);

            for(j = 0; j < N; j++) {
                X_re[i][j] = temp_re[j];
                X_im[i][j] = temp_im[j];
            }
        }

/* 아래쪽에 계속 */
```

```
        for(j = 0; j < N; j++) {

            for(i = 0; i < N; i++) {
                temp_re[i] = X_re[i][j]*pow(-1,i);
                temp_im[i] = X_im[i][j]*pow(-1,i);
            }
            fft(temp_re, temp_im, N);
            for(i = 0; i < N; i++) {
                X_re[i][j] = temp_re[i] / N;
                X_im[i][j] = temp_im[i] / N;
            }
        }
    }

    free(temp_re);
    free(temp_im);
    return 0;
}
```

5.3_ 저주파 필터링(Lowpass Filtering)

공간영역에서의 필터링은 주파수 개념을 도입하기는 했지만 스무딩필터나 평균필터라는 이름으로 불리면서 주파수 영역에서의 저주파 필터링을 수행하였다. 이 절에서는 푸리에 변환으로 공간이 주파수 영역으로 변환된 상태에서의 저주파 필터링을 알아보도록 한다.

저주파 필터링은 주파수의 낮은 영역을 걸러내는 작업이다. 영상에서 저주파라는 개념은 변화가 적은 영상 영역을 생각하면 된다. 변화가 적은 영역이 특별히 존재하는 것이 아니므로 공간영역에서의 스무딩 필터와 동일한 결과를 보여주는 결과로 나타난다. 주파수 영역에서 널리 알려진 저주파 필터링은 이상적인 필터링, 버터워스 필터링, 그리고 가우시안 필터링이다. 이상적인 필터링을 통한 저주파 필터링 결과는 그림 5-11에 보여주고 있다. 이상적인 필터의 크기는 주파수 영역에서 가운데 부분으로 신호를 이동한 후에 지름을 얼마나 크게 하는가에 따라 결과 영상의 스무딩이 다르게 되는 것을 알 수 있다. 그러나 이상적인 필터링은 ringing 현상이 나타난다. 이상적인 필터는 칼로 무 자르듯이 완벽하게 특정 주파수를 차단하는데 주파수의 특성이 푸리에 변환을 통해서 무한 반복하는 울림 현상으로 나타나게 된다. 따라서 이상적인 필터는 실질적으로는 필터로 사용할 수 없는 문제가 발생한다. 그림 5-11의 (a), (c), (e)는 Cutoff 지름이 30인 결과이고, (b), (d), (f) 는 지름 50을 기준으로 저주파 필터링을 수행한 결과를 보여준다. 눈으로 보기에도 울림현상이 나타나는 것을 알 수 있으며 지름의 반경이 작을수록 더욱 크게 나타난다. 지름의 반경이 충분히 크다면 울림 현상이 눈에 띄지 않지만 그 정도의 큰 필터링은 의미가 없기 때문에 이상적인 필터의 결과는 사용할 수 없다는 것을 알 수 있다.

(a) Cutoff Diameter 30

(b) Cutoff Diameter 50

(c) Cutoff Diameter 30

(d) Cutoff Diameter 50

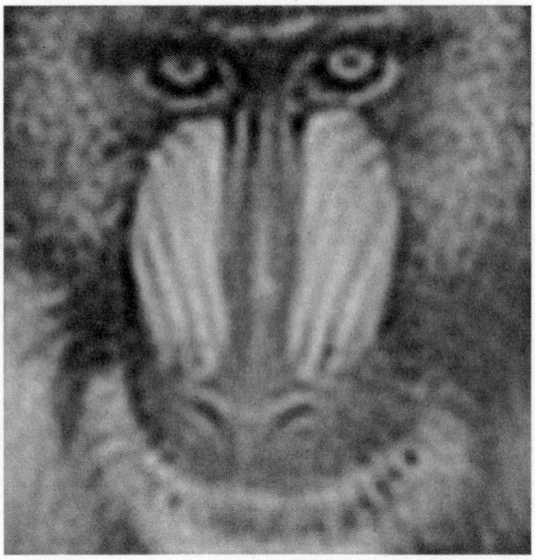

(e) Cutoff Diameter 30

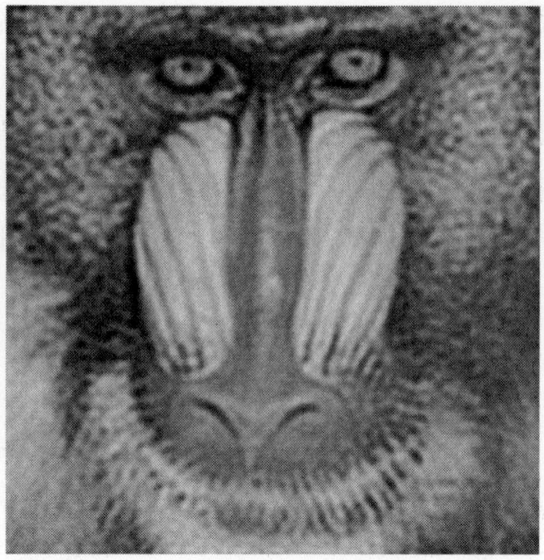

(f) Cutoff Diameter 50

그림 5-11 The Result of Ideal Lowpass Filtering

그림 5-11에서 Cutoff 지름이 30인 경우 화면상에 흐림 현상이 나타나면서 ringing 현상이 크게 나타나는데 이것은 정보의 손실이 많이 발생했다는 것을 의미한다. 그럼에도 Mandrill 영상의 경우 울림 현상이 크게 눈에 띄지 않는 것을 알 수 있는데 이것은 고주파 성분이 많은 원 영상의 특성으로 인간의 시각 특성상 고주파 성분을 줄여주는 현상으로 인하여 울림 현상이 크게 눈에 띄지 않는 것이다.

Program 5-3 Ideal Lowpass filter on FFT

```
#include <math.h>
#include <stdio.h>
#include <stdlib.h>
#include <string.h>
#include <assert.h>
#include "fftutil2.h"
#include "util.h"
int Row, Col;
int main(int argc,char *argv[])
{
    int i,j, Mode=2;
    double  max = -10E30, min = 10E30;
    unsigned char **input_img , **output_img, **output2_img;
    FILE *fp1;
    double **fourier_img,**imaginary_img;
/* 아래쪽으로 계속 */
```

```
	if(argc != 5)
	{
		printf("%s orgfile makefile Col Row ₩n",argv[0]);
		exit(1);
	}

	Col = atoi(argv[3]);
	Row = atoi(argv[4]);

	input_img  =  (uchar **)uc_alloc(Col,Row);
	output_img =  (uchar **)uc_alloc(Col,Row);
	output2_img =  (uchar **)uc_alloc(Col,Row);
	fourier_img =(double **)d_alloc(Col,Row);
	imaginary_img =(double **)d_alloc(Col,Row);

	read_ucmatrix(Col, Row, input_img, argv[1]);

	for(i=0;i〈Row;i++)
	for(j=0;j〈Col;j++)
	{
		fourier_img[i][j] = (double)input_img[i][j];
		imaginary_img[i][j] = 0.;
	}
	fft_2d(fourier_img,imaginary_img,Row, Mode);

		// Filtering Process

		for(i=0;i〈Row;i++)
		for(j=0;j〈Col;j++)
		{
			double diameter;

			diameter = sqrt((Row/2. - i)*(Row/2. - i) + (Col/2. -j)*(Col/2.-j));
			if(fabs(diameter) 〉 50)
			{
				fourier_img[i][j] = 0;
				imaginary_img[i][j] = 0;
			}
/* 아래쪽으로 계속 */
```

```
                else
                        imaginary_img[i][j] = -imaginary_img[i][j];
        }
//End of Ideal Filtering
                fft_2d(fourier_img,imaginary_img,Row, Mode-1);
                // Shift Process
                for(i=0;i<Row;i++)
                for(j=0;j<Col;j++)
                {
                        fourier_img[i][j] = fourier_img[i][j] * pow(-1, i+j);
                }
        }
        for(i=0;i<Row;i++)
        for(j=0;j<Col;j++)
        {
                if(max < fourier_img[i][j]) max = fourier_img[i][j];
                if(min > fourier_img[i][j]) min = fourier_img[i][j];
                if(fourier_img[i][j] > 255) fourier_img[i][j] = 255;
                else if(fourier_img[i][j] < 0) fourier_img[i][j] = 0;
                output2_img[i][j] = (uchar)fourier_img[i][j];
        }
        printf("Fourier Max Min Value = %lf  %lf₩n ", max, min);
        for(i=0;i<Row;i++)
        for(j=0;j<Col;j++)
        {
                if(fourier_img[i][j] > 255) fourier_img[i][j] = 255;
                else if(fourier_img[i][j] < 0) fourier_img[i][j] = 0;

                output_img[i][j] = (uchar)fourier_img[i][j];
        }

        write_ucmatrix(Col, Row, output_img, argv[2]);
}
```

이상적인 필터의 결과를 보면 알 수 있듯이 필터는 부드럽게 흐름이 존재하는 형태가 좋으며 이러한 이상적인 필터의 문제점을 해결하면서 적절한 필터 계수를 이용하여 원하는 필터를 구성할 수 있는 방식이 버터워스(Butterworth) 필터라고 할 수 있다. 버터워스 필터는 n이 무한대로 가면 이상적인 필터가 된다. 그러나 이 절에서의 결과는 n 값을 2로 설정하여 필터의 결과를 보여주었다.

$$H(u,v) = \frac{1}{1 + [D(u,v)/D_0]^{2n}} \tag{5-12}$$

수식 (5-12)는 Butterworth Lowpass Filter 수식을 보여준다. 이 수식을 기준으로 Cutoff 지름을 30과 50으로 한 결과를 그림 5-12 결과에 보였다. n 값은 2로 설정하였다. 그림 5-11과 그림 5-12를 비교해보면 에지를 따라 울리던 울림 현상이 완벽히 사라진 주파수 필터링 결과를 볼 수 있다. 영상의 Cutoff 지름 크기에 따라 영상의 선명도에 차이가 있으며 인간의 눈으로 보기에 좋은 결과가 나온 것을 알 수 있다. 저주파 필터링은 잡음을 제거하기 위한 기법으로 주로 사용하며 인간의 시각이 느끼는 잡음 성분을 제거하기 위하여 사용한다.

그림 5-12의 Cutoff 지름이 30인 영상과 50인 영상을 비교해 보면 선명도가 확연하게 차이가 나는 것을 볼 수 있다. 또한 울림 현상이 존재하지 않기 때문에 영상의 선명도와 함께 저주파 필터링으로 인한 부드러운 결과 영상을 볼 수 있다.

그림 5-12의 (f)에 보이는 Mandrill의 경우도 고주파 성분이 많아서 인간의 시각으로는 자동 필터링 되는 특징이 있음에도 상당히 부드럽게 보인다.

(a) Cutoff Diameter 30

(b) Cutoff Diameter 50

(c) Cutoff Diameter 30　　　(d) Cutoff Diameter 50

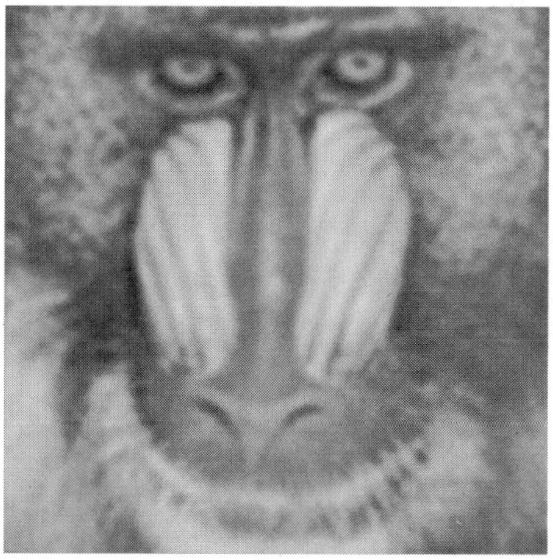

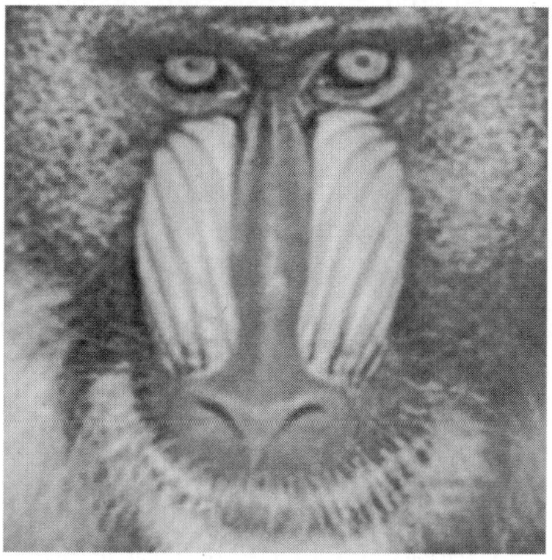

(e) Cutoff Diameter 30　　　(f) Cutoff Diameter 50

그림 5-12 The Result of Butterworth Lowpass Filtering

Program 5-4 Butterworth Lowpass filter with FFT

```
int main(int argc,char *argv[])
{
    int i,j, Mode;
    double **fourier_img,**imaginary_img, max = -10E30, min = 10E30;
    double **Butterworth;
    unsigned char **input_img , **output_img;
    FILE *fp1;

/* 아래 쪽에 계속 */
```

```
    if(argc != 7)
    {
        printf("%s    orgfile    makefile    mode(OrgFFT=0,    ShiftFFT=1
IFFT=2(org->fft->inverse(oneshot)) Col Row₩n",argv[0]);
        printf(" seventh factor for Double Value Image ₩n");
        exit(1);
    }

    Mode = atoi(argv[3]);
    Col = atoi(argv[4]);
    Row = atoi(argv[5]);

    input_img  =  (uchar **)uc_alloc(Col,Row);
    output_img =  (uchar **)uc_alloc(Col,Row);

    fourier_img =(double **)d_alloc(Col,Row);
    imaginary_img =(double **)d_alloc(Col,Row);

    Butterworth =(double **)d_alloc(Col,Row);

    read_ucmatrix(Col, Row, input_img, argv[1]);

    for(i=0;i<Row;i++)
    for(j=0;j<Col;j++)
    {
        fourier_img[i][j] = (double)input_img[i][j];
        imaginary_img[i][j] = 0.;
    }


    if(Mode == 0)
    {
        fft_2d(fourier_img,imaginary_img,Row, Mode);
    }

/* 아래 쪽에 계속 */
```

```
	else if(Mode==1)
	{
		fft_2d(fourier_img,imaginary_img,Row, Mode);

	}
	else if(Mode==2)
	{
		fft_2d(fourier_img,imaginary_img,Row, Mode);

		// Filtering Process
		// For Butterworth Filtering
		int n = 2;
		int D0 = 50;
		double diameter;

		for(i=0;i<Row;i++)
		for(j=0;j<Col;j++)
		{
			diameter = sqrt((Row/2. - i)*(Row/2. - i) + (Col/2. -j)*(Col/2.-j));
	// For Lowpass Filter
			Butterworth[i][j] = 1/(1+pow( diameter/D0,2*n) );

			fourier_img[i][j] *= Butterworth[i][j];
			imaginary_img[i][j] *= -Butterworth[i][j]; //Effect for flip image
		}

		fft_2d(fourier_img,imaginary_img,Row, Mode-1);

		for(i=0;i<Row;i++)
		for(j=0;j<Col;j++)
		{
			fourier_img[i][j] = fourier_img[i][j]*pow(-1, i+j);
		}
	}

/* 아래 쪽에 계속 */
```

```
	for(i=0;i<Row;i++)
	for(j=0;j<Col;j++)
	{
		if(max < fourier_img[i][j]) max = fourier_img[i][j];
		if(min > fourier_img[i][j]) min = fourier_img[i][j];
	}
	printf("Fourier Max Min Value = %lf  %lf₩n ", max, min);
	write_dmatrix(Col, Row, fourier_img, argv[6]);

		for(i=0;i<Row;i++)
		for(j=0;j<Col;j++)
		{
			fourier_img[i][j] -= min;
		}
	if(Mode == 2)
	{
		for(i=0;i<Row;i++)
		for(j=0;j<Col;j++)
		{
			if(fourier_img[i][j] > 255) fourier_img[i][j] = 255;
			else if(fourier_img[i][j] < 0) fourier_img[i][j] = 0;
			output_img[i][j] = (double)fourier_img[i][j];

		}
	}
	else
	{
		for(i=0;i<Row;i++)
		for(j=0;j<Col;j++)
		{
			if(fourier_img[i][j] > 255) fourier_img[i][j] = 255;
			else if(fourier_img[i][j] < 0) fourier_img[i][j] = 0;

			output_img[i][j] = (double)fourier_img[i][j];
		}
	}
	write_ucmatrix(Col, Row, output_img, argv[2]);
}
```

(a) Cutoff Diameter 30

(b) Cutoff Diameter 50

(c) Cutoff Diameter 30

(d) Cutoff Diameter 50

(e) Cutoff Diameter 30

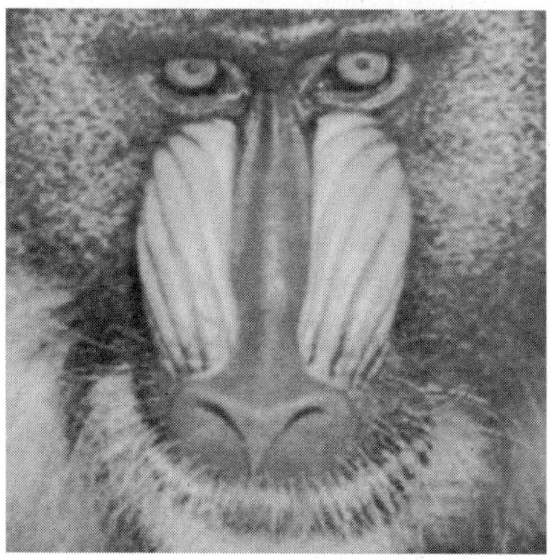
(f) Cutoff Diameter 50

그림 5-13 The Result of Gaussian Lowpass Filtering

그림 5-13은 Gaussian Lowpass Filtering 결과를 보여준다. 가우시안 수식에서 표준편차를 Cutoff 크기로 설정하여 저주파 필터링을 구현한 결과이다. 왼쪽 그림은 Cutoff 크기를 30으로 한 결과이며 오른쪽은 Cutoff 크기를 50으로 설정하여 수행한 결과 영상이다. 전체적으로 부드러운 결과를 보이고 있으며 오른쪽은 선명함을 유지하면서 이상적인 필터에서 보이던 울림 현상은 없는 것을 알 수 있다.

또한 버터워스 필터와 거의 차이가 없으며 눈으로 보기에는 가장 좋은 결과를 보여준다. 전체적인 결과 영상들을 보면 주파수상에서의 저주파 필터링은 원하는 스무딩 효과를 얻을 수 있는 것을 확인할 수 있다.

수식 (5-13)은 가우시안 저주파 필터를 구성하는 수식을 보여준다.

$$H(u,v) = e^{-D^2(u,v)/2\sigma^2} \tag{5-13}$$

수식에서 D는 영상 내 거리를 의미하며 σ 는 Cutoff Diameter를 의미하는 것으로 구성하여 필터링을 수행한다. 영상 내 지름이 클수록 더 선명한 결과 영상을 얻을 수 있는 것을 볼 수 있다.

가우시안 저주파 필터링은 버터워스 필터링과 동일하며 Mode가 2일 때 프로그램 안에 있는 수식으로 처리한다.

Program 5-5 Gaussian Lowpass filter with FFT

```
        for(i=0;i<Row;i++)
        for(j=0;j<Col;j++)
        {
             diameter = sqrt((Row/2. - i)*(Row/2. - i) + (Col/2. -j)*(Col/2.-j));
// For LowPassFilter
           Gaussian[i][j] = exp(-(diameter*diameter)/(2*D0*D0)) ;

             fourier_img[i][j] *= Gaussian[i][j];
             imaginary_img[i][j] *= -Gaussian[i][j]; //Effect for flip
        }

        fft_2d(fourier_img,imaginary_img,Row, Mode-1); // Original FFT
```

5.4_ 고주파 필터링(Highpass Filtering)

고주파 필터링은 저주파 필터링의 반대라고 생각하면 된다. 영상 내에서 변화가 심한 영역, 즉 경계선 및 에지 영역에 대한 정보를 여과시켜 그 결과를 추출하는 방법이다. 고주파 필터링의 결과는 에지 성분들을 결과로 나타내며 4장에서 샤프닝 영상을 구하는 기법의 에지 성분 결과와 유사한 결과를 보여준다. 주파수 영역에서의 고주파는 Spatial 영역의 복잡한 영역을 의미하는데 이것은 영상처리에서는 주파수 자체가 변화도를 의미하기 때문이다. 공간 영역에서 처리되는 영상의 특성이 단순하고 변화가 적을수록 저주파 성분이 많은 영상이며 변화가 심하고 복잡해 보이는 영상일수록 고주파 성분이 많은 영상임을 알 수 있다. 이러한 특성상 고주파 필터링의 결과는 공간영역에서 보이던 영상의 에지 성분이 주로 나타나게 된다. 에지 성분이 변화도가 큰 영역이라는 의미이며 이때의 변화는 그레이 레벨의 변화를 의미한다. 그림 5-14는 이상적인 필터의 지름을 10과 30으로 설정한 고주파 필터링 결과를 보여준다. 고주파 필터는 cutoff 지름이 클수록 내부 정보의 손실이 지름 크기만큼 발생하기 때문에 에지 정보량이 점점 작아지게 된다. 그림에서 보듯이 지름 10인 영상의 결과가 지름 30인 영상보다 선명한 에지를 보여주는 것을 알 수 있다. 그림 5-14에서 보여주는 고주파 필터링 결과 영상은 푸리에 변환의 결과로 음수와 양수의 값이 함께 존재하는 것을 화면에 보이도록 하기 위하여 clipping한 결과를 보여준다.

Program 5-6은 이상적인 필터의 저주파 필터 부분을 Highpass 필터로 바꾼 프로그램을 보여준다. 프로그램의 저주파 영역 여과기를 고주파 영역 여과기로 처리하면 된다.

Program 5-6 Ideal Highpass filter with FFT

```
            if(fabs(diameter) < 10)
            {
                fourier_img[i][j] = 0;
                imaginary_img[i][j] = 0;
            }
            else
                imaginary_img[i][j] = -imaginary_img[i][j];
        }
```

(a) Cutoff Diameter 10

(b) Cutoff Diameter 30

(c) Cutoff Diameter 10

(d) Cutoff Diameter 30

(e) Cutoff Diameter 10

(f) Cutoff Diameter 30

그림 5-14 The Result of Ideal Highpass Filtering

그림 5-15는 Butterworth Highpass filtering의 결과를 보여준다. 이상적인 필터와 마찬가지로 D0 값이 클수록 정보 손실이 많이 발생한 것을 알 수 있다. 수식은 저주파 필터를 1에서 빼면 구할 수 있다. 식 5-14에 나타내었다.

$$H(u,v) = 1 - \frac{1}{1 + [D(u,v)/D_0]^{2n}} \tag{5-14}$$

이상적인 필터와의 가장 큰 차이점은 곳곳에 울렁임이 있는 이상적인 필터와는 달리 깔끔한 에지 결과를 보여준다는 것이다. 저주파 필터와 마찬가지로 주파수영역에서의 특성 때문에 고주파 필터 역시 이상적인 필터는 에지 성분 근처에 울렁거리는 정보들이 존재하게 된다. 이러한 현상을 ringing 현상이라고 부르는데 구형파 시그널을 주파수 영역으로 변환하는 경우 변환된 주파수 영역에서의 무한 반복되는 신호의 특성 때문에 발생한다. 구형파를 주파수 변환한 후에 무한한 ringing 현상의 특성을 보이는 결과 신호를 sink function이라 부른다. 이러한 특성을 나타내는 이상적인 필터 결과는 고주파 필터링에도 그대로 나타나기 때문에 Butterworth 필터와 같이 부드러운 곡선 모양을 갖는 필터를 사용하여 필터링을 수행해야 한다. 그림 5-15의 결과 역시 음수와 양수가 섞여서 나타나는 결과 값을 가지고 있기 때문에 화면에 보여주기 위하여 영상을 clipping하여 화면에 보여주었다. 화면에 보여주는 영상은 clipping을 어떤 기준으로 하는가에 영향을 받는다는 것을 상기하기 바란다.

Program 5-7은 Butterworth Lowpass 필터를 그대로 사용하고 저주파 처리 영역의 수식을 고주파 처리 방식으로 바꾼 것을 보여준다. 프로그램은 동일하다.

Program 5-7 Butterworth Highpass filter with FFT

```
    //          For HigPass Filter
        Butterworth[i][j] = 1 - 1/(1+pow( diameter/D0,2*n) );

        fourier_img[i][j] *= Butterworth[i][j];
        imaginary_img[i][j] *= -Butterworth[i][j]; //Effect for flip image
    }

    fft_2d(fourier_img,imaginary_img,Row, Mode-1);
```

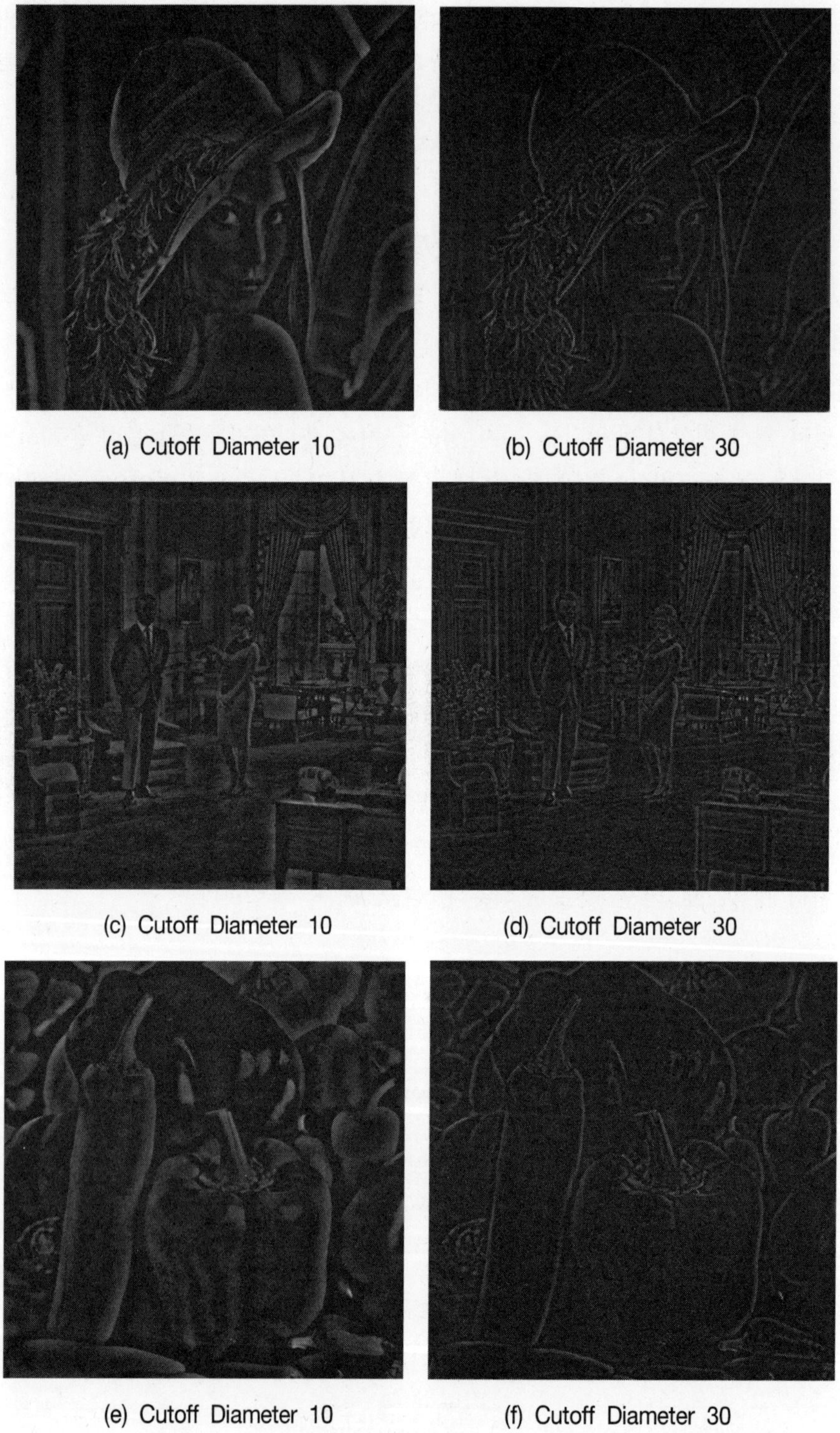

(a) Cutoff Diameter 10　(b) Cutoff Diameter 30

(c) Cutoff Diameter 10　(d) Cutoff Diameter 30

(e) Cutoff Diameter 10　(f) Cutoff Diameter 30

그림 5-15 The Result of Butterworth Highpass Filtering

수식 (5-15)는 가우시안 필터의 고주파 필터링 수식을 보여준다. 가우시안 저주파 필터를 1에서 빼 준 결과가 고주파 필터의 결과이다.

$$H(u,v) = 1 - e^{-D^2(u,v)/2\sigma^2} \tag{5-15}$$

수식 (5-15)의 고주파 필터링 결과를 그림 5-16에 보여주었다. 그림 5-16은 clipping을 달리한 경우의 그림을 보여주기 위하여 일부러 결과 값을 처리한 후에 보여준 영상이다. 결과 영상의 최솟값을 찾아 최솟값만큼 원 값에 더해줌으로써 결과 영상이 전반적으로 회색을 띄면서 큰 값을 갖는 결과를 보여주고 있다. 푸리에 변환의 결과가 음수와 양수로 나타나기 때문에 영상의 결과에 음수를 더해 준 후에 처리한 결과 영상은 전체적인 평균이 128 정도 되는 결과로 화면에 보여준다. 따라서 회색 값을 띄는 결과 영상을 볼 수 있다.

Program 5-8은 Gaussian Lowpass 필터를 그대로 사용하고 저주파 처리 영역의 수식을 고주파 처리 방식으로 바꾼 것을 보여준다. 프로그램은 동일하다.

Program 5-8 Gaussian Highpass filter with FFT

```
// For High Pass Filter
            Gaussian[i][j] = 1 - exp(-(diameter*diameter)/(2*D0*D0)) ;

            fourier_img[i][j] *= Gaussian[i][j];
            imaginary_img[i][j] *= -Gaussian[i][j]; //Effect for flip
        }

        fft_2d(fourier_img,imaginary_img,Row, Mode-1); // Original FFT

        // Shift Operation
        for(i=0;i<Row;i++)
        for(j=0;j<Col;j++)
        {
            fourier_img[i][j] *= pow(-1, i+j);
        }
```

(a) Cutoff Diameter 50

(b) Cutoff Diameter 80

(c) Cutoff Diameter 50

(d) Cutoff Diameter 80

(e) Cutoff Diameter 50

(f) Cutoff Diameter 80

그림 5-16 The Result of Gaussian Highpass Filtering

또한 결과 영상에 값을 더함으로 인해 사소한 경계선 영역까지 값이 확장되면서 눈에 띄는 결과를 보여 주었기 때문에 필터의 Cutoff 값을 50과 80으로 크게 처리하였다. Cutoff 값이 커진다는 것은 그만큼 고주파 성분만을 획득한 것이라고 보면 된다. 실질적인 결과는 Butterworth filter와 유사한 결과를 나타내며 역시 선명한 에지를 결과로 보여주는 것을 알 수 있다. Cutoff 지름은 임의로 설정할 수 있으며 에지의 정보량을 얼마로 하느냐에 따라 달라질 수 있다. 필터링은 원하는 목적에 따라 다양하게 활용할 수 있다.

고주파 필터링으로 나타나는 에지 결과 영상은 그 정보량이 적어 눈으로 보기에 명확하게 정보를 확인하는 것이 쉽지 않다. 그림 5-17은 이상적인 고주파 필터와 버터워스 고주파 필터의 차이점을 보여주기 위해 원래 영상인 그림 5-14의 (a)와 그림 5-15의 (a) 영상을 반전시킨 결과를 보여준다. 이상적인 필터는 울림현상 때문에 에지 주변에 비슷한 에지들이 연속으로 이어져 나타나는 것을 확인할 수 있다. 혹은 더 명확히 구분되는 결과를 보기 원한다면 히스토그램 평활화와 같은 극단적인 방법으로 영상의 결과를 확인할 수도 있다. 그러나 일반적으로 영상처리의 결과로 얻은 에지 성분을 사용하는 것은 그림 5-14나 그림 5-15와 같은 적은 정보량을 가지고 있는 고주파 성분들이다.

(a) Ideal Highpass Filter (b) Butterworth Highpass Filter

그림 5-17 두 필터의 비교

06
표준 부호화

영상의 부호화를 논하기에 앞서 먼저 영상 샘플링에 대한 설명과 표준에서 사용하는 영상의 포맷에 대하여 논의해야 한다. 일반적으로 영상이라고 말하는 것은 정지 영상과 움직이는 동영상을 통합하여 표현하는 용어이다. 영어로는 Image와 Video로 표현할 수 있는데 각각을 처리하는 방식이 다르며 동영상에는 정지영상을 처리하는 방식이 함께 포함되어 있다.

먼저 공간적 샘플링을 보면 정지 영상 내에서 이루어지는 것으로 샘플 수가 많으면 많을수록 더 정확한 영상정보를 표현할 수 있게 되는데 그러면 영상데이터가 너무 많아져서 저장이나 전송에 문제가 발생한다. 따라서 인간의 시각체계 시스템에 맞는 적절한 샘플링이 필요하게 된다. 이러한 시각적인 문제를 고려하여 공간상에서 인간의 눈에 거슬리지 않는 샘플링을 수행하는 것이 공간적 샘플링이라 할 수 있다. 인간은 1초 안에 16장 이상의 정지영상이 흘러가면 동영상으로 인식하는 눈의 속성을 가지고 있는데, 이러한 속성을 감안하여 1초에 24장 혹은 30장의 정지영상을 샘플링 함으로써 인간의 시각체계가 움직이는 동영상을 볼 수 있도록 처리하는 방식이 시간 축 상에서의 샘플링이다. 시간적 샘플링 상에서 프레임(Frame)과 필드(Field)라는 용어가 나오는데 프레임은 정지영상의 모든 해상도를 표현하는 것이고 필드는 프레임 안에서 홀수 줄이나 짝수 줄만을 모아서 만든 새로운 영상이라고 생각하면 된다. 필드가 필요한 이유는 영상을 처리하는 시스템이 한번에 30장을 처리하는 방식보다 홀수와 짝수를 나누어 1초에 60장을 처리하는 효과를 줄 수 있기 때문인데, 이렇게 1초에 처리하는 장수가 많아지면 좀 더 자연스러운 움직임을 인지할 수 있기 때문이다. 이런 다양한 방식에 대하여 표준화 위원회에서는 디지털 영상처리 표준화를 정의하였다. 다음은 디지털 영상처리 표준화에 가장 중요한 변환 기법에 대하여 설명한다.

6.1_ Discrete Cosine Transform(DCT)

1974년 Rao 교수와 두 명의 동료가 IEEE 학술지에 이산코사인변환이라는 새로운 직교변환에 관한 논문을 게재한 이후 1988년에 ITU에서 h.261이라는 디지털 영상통화 표준안에 도입하면서 이후 많은 신호처리 분야에서 표준으로 사용하는 디지털 변환방식이 되었다. 푸리에 변환은 코사인과 사인의 조합으로 결과를 얻으면서 실수와 허수를 모두 다루어야 했으나 코사인 변환은 실수 값만을 다룸으로써 허수를 처리하는 계산상에서의 시간 이득과 실수 값만을 다룰 수 있는 신호처리 분야에 적합했다고 할 수 있다. 이후 JPEG 표준으로 채택되면서 오늘날 많은 디지털 카메라 영상에는 이산코사인변환을 수행하는 작업이 표준으로 들어가게 되었다. 또한 HDTV 표준안으로 채택한 MPEG2 역시 이산코사인 변환방식을 기준으로 하여 영상을 처리하고 있으며 많은 이들이 즐겨 듣는 MP3 음악 파일 역시 이산코사인 변환을 표준으로 채택하여 만들어진 신호들이다. Wavelet Transform은 1980년대 이후에 디지털 분야에서 연구된 분야로 현재까지 알려진 변환 방식 중에서 가장 각광받으며 좋은 성능을 보여주는 변환 방식이다. MPEG4와 h.264 그리고 현재까지 만들어진 최종 표준안인 HEVC(High Efficiency Video Coding)에서 사용할 수 있는 변환방식으로 채택되었다. 기본적인 성능은 가장 좋은 것으로 알려져 있으나 영상을 가장 많이 사용하는 TV 분야에서 아직은 MPEG2 표준을 택하여 사용하기 때문에 TV에서 상용화되어 일반화되기까지는 일정 시간이 필요할 것으로 보인다. 그러나 UHD TV의 부호화 기법이 HEVC 기법이기 때문에 TV 표준화가 결정된다면 급속하게 대중화할 것으로 기대된다. 컴퓨터 분야의 동영상 분야는 이미 UHD를 지원하기 시작했기 때문에 스트리밍 서비스와 컴퓨터 관련 분야에서 널리 쓰이게 될 것이다.

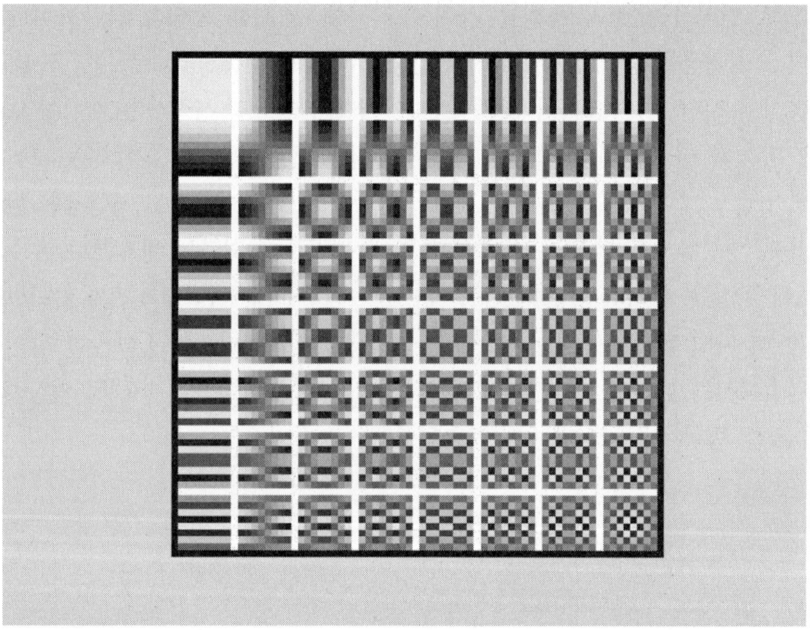

그림 6-1 Basis function of DCT

푸리에 변환이 공간영역에서 주파수 영역으로 영역을 이동하는 변환 작업인 것처럼 이산코사인 변환 역시 공간영역의 신호를 주파수 영역으로 변환시키는 변환작업이다. 그림 6-1은 이산코사인 변환의 베이시스 함수를 이미지로 보여주는 그림이다.

그림 6-1의 왼쪽 윗부분을 기준으로 오른쪽으로 갈수록 수직주파수 값이 커지고 아래쪽으로 갈수록 수평 주파수 값이 커지는 특성을 가지고 있다. 대각선 방향은 수직과 수평 주파수 모두 커지는 값을 가지고 있다. 일반적인 영상신호의 경우 저주파 영역에 대부분의 신호가 집중해 있으며 고주파 영역은 소수만 존재하는 특성이 있어 이산코사인 변환하는 경우 부호화 작업에서 많은 이득을 볼 수 있다. 기본적인 표준화의 변환은 8×8을 기준으로 동작하는데

그 이유는 영상의 크기기 커지는 경우 변환 작업에 너무나 많은 시간과 메모리가 소비되어 변환의 효율성이 떨어지기 때문이다. 또한 이산코사인변환은 독립적인 8×8의 변환을 수행하기 때문에 영상의 크기와 무관하게 병렬처리가 가능한 장점을 가지고 있다. 그러나 이러한 장점은 이산코사인변환의 압축률에 따라 변환하는 크기를 기준으로 블로킹 현상이 나타나는 단점도 가지고 있다.

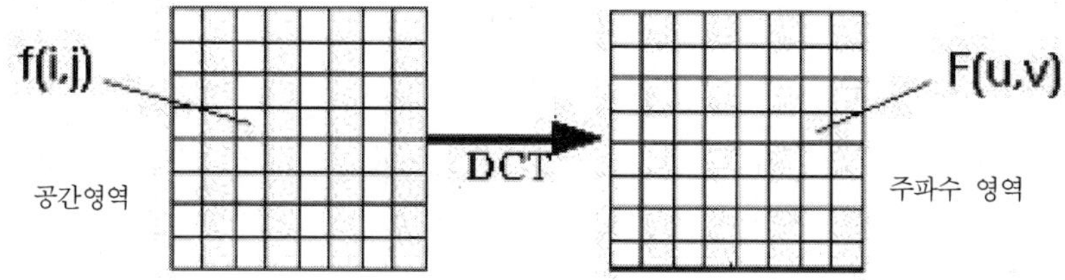

그림 6-2 DCT에 의한 도메인 변환

그림 6-2는 DCT에 의한 결과가 주파수 영역을 나타내는 것을 보여준다. 푸리에 변환과 이산코사인 변환은 공간영역의 도메인을 주파수 도메인으로 변화시킴을 알 수 있다. 그림 5-2에서 보여준 것처럼 푸리에 변환은 사방 구석으로 신호가 퍼져서 가운데로 이동시킨 후 영상을 처리하는 과정이 존재했으나 이산코사인변환은 왼쪽 상단으로 신호의 대부분이 몰리기 때문에 영상을 실질적으로 처리하기 위하여 지그재그 변환을 수행한 후 영상을 처리하는 것이 표준으로 되어 있다.

그림 6-3 Example of Zig-zag Scan

그림 6-3은 JPEG표준에서 이산코사인변환을 수행한 후 부호화를 하기 전 수행하는 지그재그 스캔의 한 예를 보여준다.

그림 6-3은 왼쪽 상단의 저주파 영역부터 수직 수평 영역에 대하여 저주파 부분을 먼저 처리하고 점진적으로 고주파 영역을 처리하는 과정을 보여준다. 이렇게 수행하는 이유는 영상을 이산코사인변환한 후의 영상 정보 대부분이 저주파 부분에 있고 고주파 부분에는 큰 정보가 없기 때문이다. 고주파 부분의 작은 정보들은 양자화 과정을 통하여 대부분 0으로 변하게 된다. 이러한 과정은 표준화 위원회에서 부호화 효율을 높이기 위하여 채택한 방식으로 보면 된다.

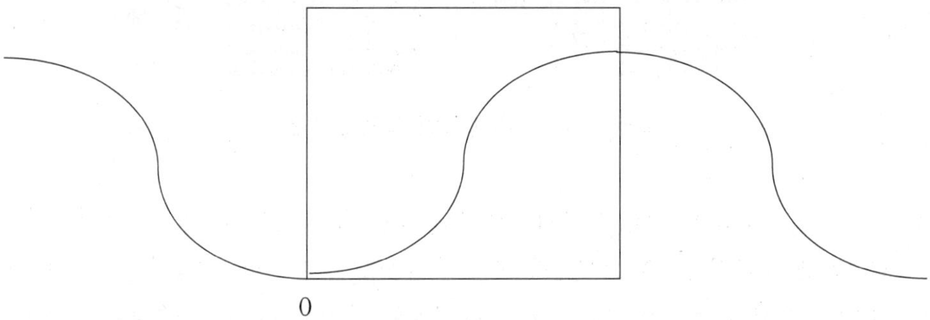

그림 6-4 이산코사인변환의 경계선

그림 6-4는 이산코사인변환의 결과로 무한 반복되는 주파수 영역에서의 값에 대한 1차원 그림 예이다. 푸리에 변환에서 보여주었던 끊어짐이 없이 바로 이웃한 값을 그대로 이어서 연결하는 특성을 보여줌으로써 푸리에 변환보다 작은 사이즈 영상에 대한 변환 결과가 인간의 시각으로 볼 때 좀 더 부드러운 특성을 보여주는 것을 알 수 있다.

$$F(u,v) = \frac{4C(u)C(v)}{N^2}\sum_{x=0}^{M-1}\sum_{y=0}^{N-1} f(x,y)\cos\left(\frac{(2x+1)u\pi}{2N}\right)\cos\left(\frac{(2y+1)v\pi}{2N}\right) \tag{6-1}$$

$$f(x,y) = \frac{4}{N^2}\sum_{u=0}^{M-1}\sum_{v=0}^{N-1} C(u)C(v)F(u,v)\cos\left(\frac{(2x+1)u\pi}{2N}\right)\cos\left(\frac{(2y+1)v\pi}{2N}\right) \tag{6-2}$$

단, $u, v = 0, 1, 2, \cdots, N-1$

$$C(u) = \frac{1}{\sqrt{2}} \quad \text{for } u = 0, \quad C(u) = 1 \quad \text{for } u > 0$$

$$C(v) = \frac{1}{\sqrt{2}} \quad \text{for } v = 0, \quad C(v) = 1 \quad \text{for } v > 0$$

수식 6-1과 수식 6-2는 이산코사인변환의 이차원 영상에 대한 이산 변환 식이다. 수식 6-1은 이산코사인변환의 순변환이며 수식 6-2는 이산코사인변환의 역변환을 보여준다. 다음의 그림 6-5는 이산코사인변환을 이용한 JPEG 표준안의 블록도를 보여준다. 그림의 윗부분은 부호화 과정이며 아래 그림은 복호화 과정을 보여준다. 부호화 과정에서는 이산코사인 변환이 순변환(수식 6-1)을 수행하고 복호화 시에는 역변환(수식 6-2)을 수행하게 된다.

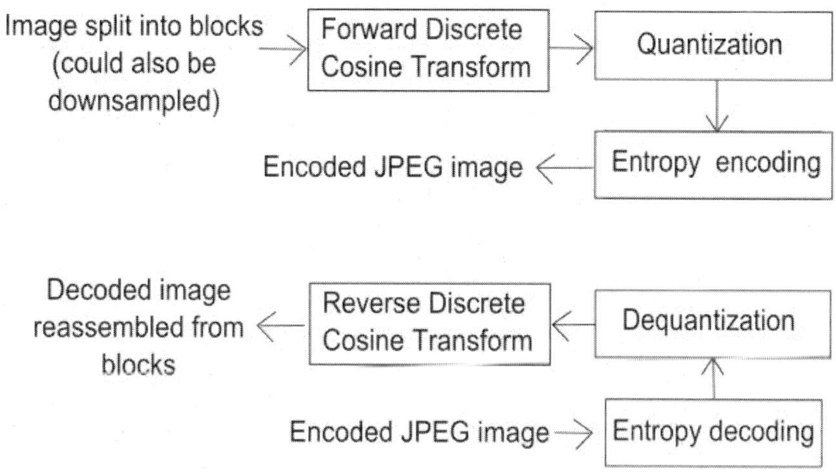

그림 6-5 Block Diagram of JPEG

그림 6-5에서 양자화는 이산코사인변환을 수행한 영상의 고주파 성분을 제거하는 역할을 수행하며 복구할 수 없는 손실이 발생한다. 이러한 부호화 과정을 손실부호화(lossy coding)라 하며 이러한 손실은 인간의 시각체계를 기반으로 동작하도록 표준화를 수행하였다. 인간의 시각체계는 저주파 영역에서의 정보에 민감하며 고주파 영역에서의 손실에는 덜 민감한 것으로 알려져 있다. 그럼에도 너무 많은 손실은 인간의 시각체계가 감지하기 때문에 적절한 변수를 사용하여 양자화를 수행하여야 한다. 엔트로피 부호하는 허프만 코딩에 기반한 부호표를 표준화 위원회에서 만들어 제공하기 때문에 그대로 사용해야 한다. 이러한 부호표가 바로 표준이라고 생각하면 된다. 표준은 부호화한 결과를 비트스트림으로 변환한 것이라고 볼 수도 있다.

복호화는 부호화된 비트스트림을 부호표에 맞추어 복원하는 과정으로 주파수 영역에서의 부호화를 다시 공간 영역으로 되돌려 인간이 눈으로 볼 수 있는 영상을 만들어 주는 과정이다.

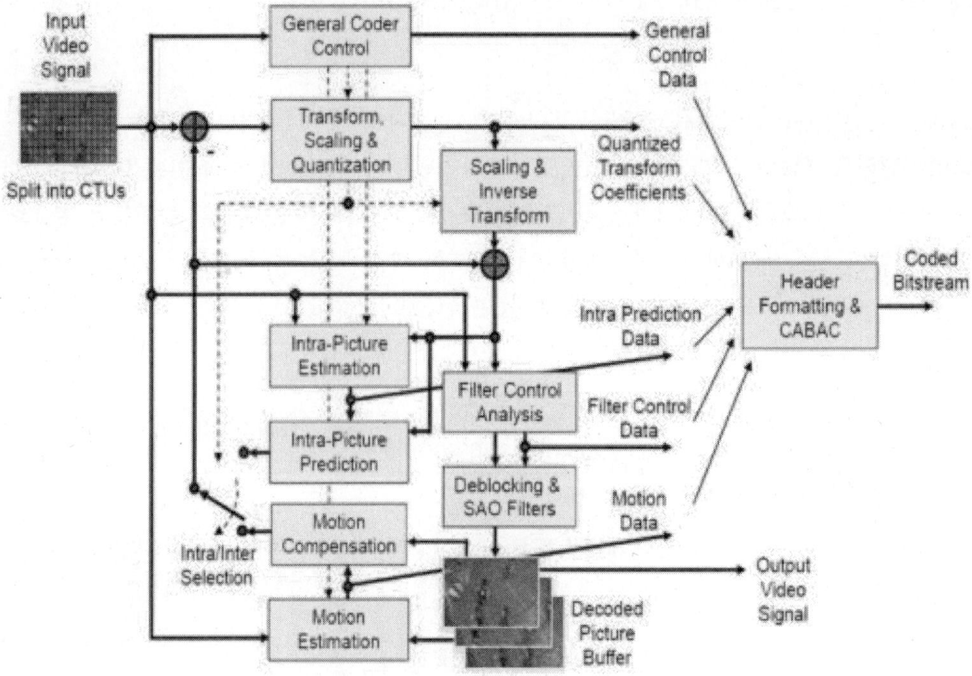

그림 6-6 Block Diagram of HEVC

그림 6-6은 1장에서 언급했던 최신의 동영상 표준안인 HEVC를 보여준다. h.265라고도 불리는데 이는 동영상 표준인 h.264 이후에 제정된 표준이기 때문이다. 이 표준은 다양한 멀티미디어 기기의 지원도 포함하는데 컴퓨터에서 다루는 영상들과 TV와 같이 고정된 기기에서 다루는 표준까지 방대하게 다루고 있으며 굉장히 복잡한 부호화 과정을 수행할 수 있도록 되어 있다. 지금까지 발전한 영상 부호화의 대부분을 흡수하고 있는 표준화라고 생각하면 된다. 영상 크기도 h.261에서 다루었던 영상의 크기부터 UHD 영상이라 부르는 8k 동영상 해상도까지 모두 지원하도록 되어 있으며 부호화 결과는 정지영상의 경우 JPEG 영상보다 약 2배의 부호화 효율을 나타내고 있는 것으로 알려져 있다. 세세한 부호화 기법은 기초적인 영상처리 수준을 넘어서는 고난이도의 영역이라 할 수 있으며 DCT 뿐 아니라 웨이블렛 변환도 표준화의 부호화 방식에 포함되어 있다.

Program 6-1 Discrete Cosine Transform

```
/* integer DCT & IDCT */

static int dct_buffer[8][8] = {
{ 4096,  4096,  4096,  4096,  4096,  4096,  4096,  4096 },
{ 5681,  4816,  3218,  1130, -1130, -3218, -4816, -5681 },
{ 5352,  2217, -2217, -5352, -5352, -2217,  2217,  5352 },
{ 4816, -1130, -5681, -3218,  3218,  5681,  1130, -4816 },
{ 4096, -4096, -4096,  4096,  4096, -4096, -4096,  4096 },
{ 3218, -5681,  1130,  4816, -4816, -1130,  5681, -3218 },
{ 2217, -5352,  5352, -2217, -2217,  5352, -5352,  2217 } ,
{ 1130, -3218,  4816, -5681,  5681, -4816,  3218, -1130 } } ;

// Forward DCT
void Fdct( int **PEL, int **Coeff )
{
     int      i, j, k ;
     long      dd ;
     int      t[8][8];

     for(i = 0 ; i < 8 ; i ++) {
          for(j = 0 ; j < 8 ; j++) {
               dd = 0 ;
               for(k = 0 ; k < 8 ; k++)
                    dd += (long)PEL[i][k] * dct_buffer[j][k] ;
               t[i][j] = ((dd+2048) >> 12) ;
          }
     }

     for(i = 0 ; i < 8 ; i ++) {
          for(j = 0 ; j < 8 ; j++) {
               dd = 0 ;
               for(k = 0 ; k < 8 ; k++)
                    dd += (long)t[k][i] * dct_buffer[j][k] ;
               Coeff[j][i] = ((dd+16384) >> 15) ;
          }
     }
}
/* 아래쪽에 계속 */
```

```
// Inverse DCT

void Idct( int **Coeff, int **PEL )
{
    int       i, j, k ;
    long      dd ;
    int       t[8][8];


    for(i = 0 ; i < 8 ; i ++) {
        for(j = 0 ; j < 8 ; j++) {
            dd = 0 ;
            for(k = 0 ; k < 8 ; k++)
                dd += (long)Coeff[k][i] * dct_buffer[k][j] ;
            t[i][j] = ((dd+2048)/4096) ;
        }
    }


    for(i = 0 ; i < 8 ; i ++) {
        for(j = 0 ; j < 8 ; j++) {
            dd = 0 ;
            for(k = 0 ; k < 8 ; k++)
                dd += (long)t[k][i] * dct_buffer[k][j] ;
            PEL[i][j] = ((dd+16384)/32768) ;
        }
    }
}
```

6.2_ Wavelet Transform

푸리에 변환은 1950년대 Fast Fourier Transform이 연구되면서 영상처리를 다루는 전 분야에 영향을 미쳐 영상신호처리 분야의 연구를 위한 주축의 역할을 감당했다. 그러나 1980년대 후반에 웨이블렛 변환이 연구되면서 더 좋은 성능과 결과를 제공하는 변환 기법에 많은 사람들의 연구가 진행되었다. 그 결과 웨이블렛 변환은 JPEG2000, MPEG4와 H.264 이후의 영상 표준화에 표준 변환 기법으로 들어가게 되었다. 웨이블렛은 다해상도 변환에 관심이 있던 1980년대에 잘 맞는 변환기법이기도 했다. 미래 사회는 VOD(Video On Demand) 기반의 네트워크 사용과 디지털 영상을 가격대 별로 제공하는 것이 가능하리라 생각하였다. 그 연구의 한 줄기로 다해상도 영상 처리가 많이 연구되고 있었으며 그 중 가장 뛰어난 결과물을 웨이블렛 변환을 통해 제공해 줄 수 있다는 것이 알려졌다. 푸리에 변환은 단지 공간도메인의 데이터를 주파수 도메인으로 변환시켜줌으로써 주파수 도메인에서 처리할 수 있는 영상의 특성을 반영하는 작업이 주된 작업이었으나 웨이블렛은 공간 영역과 주파수 영역 모두를 제공하는 결과를 보여줌으로써 좀 더 유연성 있는 좋은 결과를 제공해 주었다.

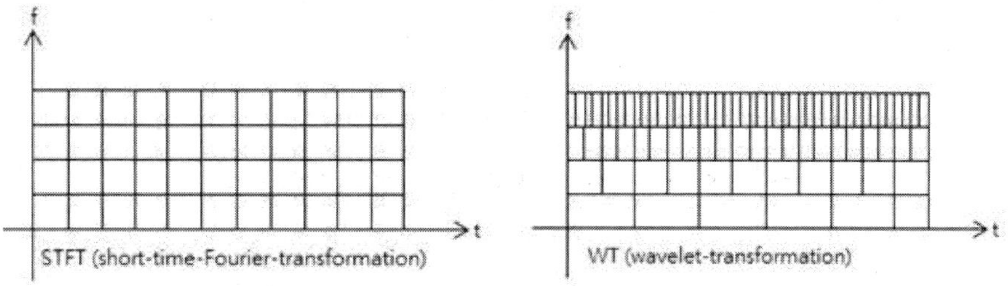

그림 6-7 Comparison of STFT and WT

그림 6-7은 푸리에 변환이 전 시간 영역에 걸쳐 모든 변환 결과가 주파수 성분으로 이루어져 있지만 웨이블렛 변환은 시간 영역에서의 정보와 주파수 영역에서의 정보가 다양하게 섞여 있는 것을 보여주는 그림이다. 웨이블렛 변환은 저주파 영역에서의 정보는 시간영역에서 다루는 것이 유리하고 고주파 영역에서의 정보는 주파수 영역에서 다루는 것이 유리한 특성을 가지고 있다.

그림 6-8은 다해상도 표현을 위한 피라미드 구조를 보여준다. 웨이블렛 변환은 다해상도 구조의 특성을 반영함과 동시에 주파수 영역과 시간영역의 특성을 잘 반영할 수 있어 영상처리에서 좋은 결과를 보여주고 있다. 첫 영상은 NxN의 크기를 가지고 있는 영상으로 이때의 레벨은 베이스라고 표현한다. 베이스 레벨에서 근사화 필터를 거친 후 다운샘플링을 수행함으로써 (N/2×N/2)의 가로와 세로 해상도가 반으로 줄어든 필터링 결과 영상을 얻는다.

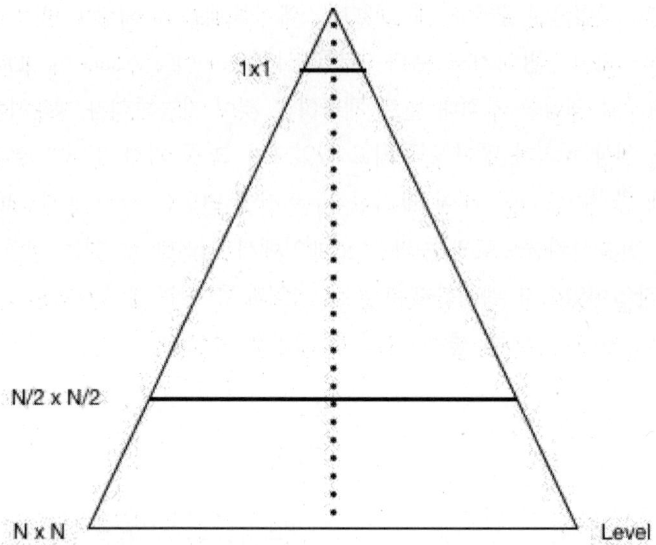

그림 6-8 다해상도 표현을 위한 피라미드 구조

이와 같은 시스템에서 네트워크 서비스를 이용한 유료 영상의 관점에서 본다면 다운 샘플링한 결과로 만들어진 영상은 해상도와 정보량이 줄어든 상태이다. 유료 네트워크 사업자 입장에서는 조금 더 효율적인 네트워크 사용이 가능해지는 결과를 주기 때문에 유료 VOD 서비스에 강점을 가진다. 유료화의 다양화가 가능한 것이다. 실례로 애플 무비의 경우 HD 영상과 SD영상의 가격을 다르게 책정하여 서비스 하고 있는 것을 볼 수 있다. 웨이블렛 변환 속성을 이용하면 이러한 서비스가 자동적으로 수행될 수 있는 것을 알 수 있다.

6.2.1 이산 웨이블렛 변환

이산 웨이블렛 변환은 푸리에 변환과 마찬가지로 순방향 웨이블렛 변환을 완벽하게 복원해주는 역방향 웨이블렛 변환을 가지고 있다. 그러나 푸리에 변환과 같이 동일한 지수형 커널을 사용하는 것이 아니라 기저함수라 불리는 직교성질을 가지는 커널을 이용한다. 이 기저함수는 여러 다양한 버전이 만들어져 있으며 각각의 성능은 부호화 방법에 따라 조금씩 다른 결과를 나타내고 있다. 따라서 어떤 기저함수가 가장 좋은가? 라는 것은 주장하기 나름일 수도 있다고 생각하면 된다. 변환함수는 디지털에서 디지털 필터의 속성으로 표현하며 필터의 속성상 빠른 처리가 필요하다면 매개변수가 작을수록 좋을 것이고 시간을 충분히 줄 수 있는 상황이라면 필터의 개수가 많아도 성능만 좋다면 좋다고 할 수 있을 것이다. 따라서 개발된 필터의 우위는 가리기 힘들지만 계속해서 더 성능이 좋은 필터가 개발되고 있다고 생각하면 된다.

순방향의 디지털 웨이블렛 변환 수식은 다음과 같이 표현한다.

$$W_{\phi}(j_0,k) = \frac{1}{\sqrt{M}} \sum_n f(n)\,\phi_{j_0,k}(n) \tag{6-3}$$

$$W_{\psi}(j,k) = \frac{1}{\sqrt{M}} \sum_n f(n)\,\psi_{j,k}(n) \tag{6-4}$$

위 식에서 $\phi_{j0,k}(n)$과 $\psi_{j,k}(n)$ 은 기저함수의 디지털 값을 나타낸다. $\phi_{j,k}(n)$ 는 스케일링 함수라 부르며 $\psi_{j,k}(n)$ 는 웨이블렛 함수라 부른다.

스케일링 함수와 웨이블렛 함수는 아래의 수식으로 나타낸다.

$$\phi_{j,k}(x) = 2^{j/2}\phi(2^j x - k) \tag{6-5}$$

$$\psi_{j,k}(x) = 2^{j/2}\psi(2^j x - k) \tag{6-6}$$

스케일링 함수와 웨이블렛 함수의 표현이 동일한 것을 알 수 있는데 두 개의 함수는 직교성질을 가지고 있는 것을 사용해야 하며 두 개의 함수가 다른 배직교 함수를 사용할 수도 있다. 이것은 필터를 설계하는 수학자들의 일이므로 이 책에서는 다루지 않는다.

역변환 웨이블렛 변환은 스케일링 계수와 웨이블렛 계수를 합하여 그 결과를 구하게 된다. 다음 수식은 그 표현식을 나타낸다.

$$f(n) = \frac{1}{\sqrt{M}} \sum_k W_{\phi}(j_0,k)\,\phi_{j_0,k}(n) + \frac{1}{\sqrt{M}} \sum_{j=j_0}^{\infty} W_{\psi}(j,k)\,\psi_{j,k}(n) \tag{6-7}$$

위의 수식은 1차원 웨이블렛 변환을 수행하는 기저함수를 보여준 것이며 영상처리를 위해서는 2차원 웨이블렛 변환이 필요하다. 2차원 웨이블렛은 가로축과 세로축에 걸쳐서 두 번의 변환 작업을 수행해야 한다. 이러한 변환 작업은 푸리에 변환 작업과 마찬가지로 수평과 수직성분에 대한 각각의 처리를 독립적으로 수행하여 합할 수 있다.

스케일링 함수는 근사화 함수라고 하며 주파수 성분으로 표현하면 저주파 성분을 나타내는 함수이다. 반면에 웨이블렛 함수는 주파수 성분으로 표현하면 고주파 성분을 나타내며 영상의 경우 경계선 영역을 나타내는 것을 알 수 있다.

다음은 2차원 웨이블렛 변환을 위해 만들어지는 스케일링 함수와 웨이블렛 함수의 관계를 보여주는 수식이다. 수평축(x)과 수직축(y)에 대하여 각각 독립인 스케일링 함수를 나타낸다.

$$\phi(x,y) \;=\; \phi(x)\phi(y) \tag{6-8.1}$$

$$\psi^{H}(x,y) = \psi(x)\phi(y) \tag{6-8.2}$$

$$\psi^{V}(x,y) = \phi(x)\psi(y) \tag{6-8.3}$$

$$\psi^{D}(x,y) = \psi(x)\psi(y) \tag{6-8.4}$$

그림 6-9는 다해상도 피라미드 구조를 형성하는 웨이블렛 변환을 블록도로 그려서 표현한 것이다. 그림에서 *는 필터링을 의미하며 여기서의 필터링은 컨벌루션 작업이다. s는 스케일링 함수를 나타내며 2는 다음에 나오는 아래 화살표를 사용한 다운 샘플링을 나타낸다. w는 웨이블렛 함수를 나타내는 필터를 의미한다. 웨이블렛 변환 작업은 스케일링 함수와 웨이블렛 함수를 이용하여 각 영역을 분리해 냄으로써 각 영역의 특성에 맞는 부호화 작업을 수행하여 더 좋은 성능을 얻을 수 있게 된다.

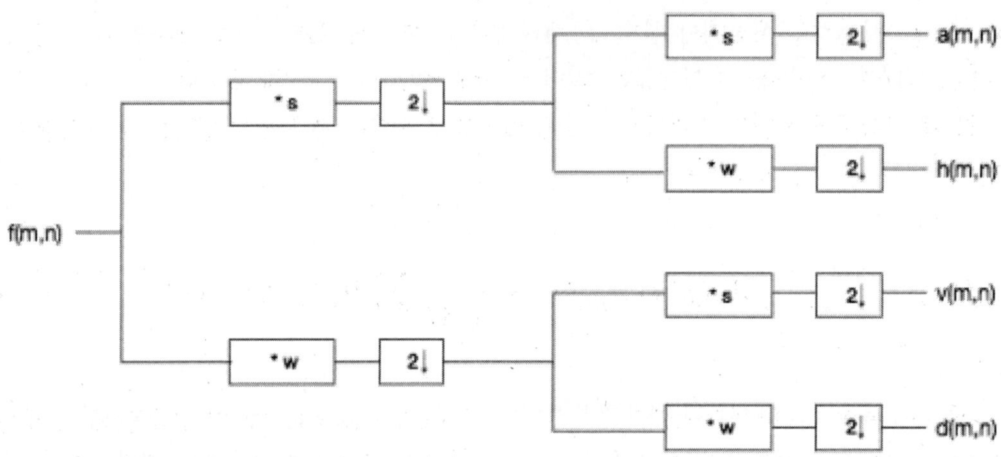

그림 6-9 다해상도 순변환 과정

a(m, n)은 스케일링 함수를 거친 결과로 원 영상에 대하여 수평축과 수직축으로 1/2의 크기로 축소된 저주파 영상을 나타내며 v(m, n)은 수직 방향의 에지 성분이 있는 결과를 보여준다. h(m, n)은 수평축 에지 성분이 많이 나타나는 것을 알 수 있으며 d(m, n)은 대각선 관련 정보를 많이 포함하여 나타낸다. 이러한 필터링 결과를 LENA 영상에 적용하여 그 결과를 확인한 그림이 그림 6-10이다. 그림 6-10은 안토니니의 9-7 필터를 사용하여 필터링한 결과

영상이다. 스케일링 함수의 필터가 9탭을 가지고 있으며 웨이블렛 함수의 필터가 7탭을 가지고 있는 배직교 속성을 나타내는 필터이다.

그림 6-10 웨이블렛 순방향 변환결과

그림 6-10의 수평, 수직 그리고 대각선 방향의 정보는 눈으로 볼 수 없는 아주 작은 값만을 소유하고 있는데 화면에 보여주기 위하여 최댓값과 최솟값을 구하여 그 값을 0에서 255로 스케일링하여 그림으로 보여주는 것이다. 실제 눈으로 볼 수 있는 데이터 값이 나오지 않는다는 것을 기억하기 바란다. 그림 6-10에서 스케일링 결과 함수 a 영역에 대하여 그림 6-9의 과정을 거치면 그림 6-11의 결과를 얻을 수 있으며 이 과정은 무한히 반복될 수 있다. 무한히 다운 샘플링을 수행하다 보면 피라미드의 최고 정점에 다다르게 된다. 그때의 화소는 1×1이 될 것이며 모든 영상은 웨이블렛만으로 표현할 수 있는 단계에 이르게 된다. 이것은 이론상으로 가능하나 실제로 수행은 3단계를 넘지 않는다. 그 이유는 처리해야 할 영상의 크기가 너무 작아도 영상 내 Redundancy가 떨어져 부호화 효율이 크지 않기 때문이다.

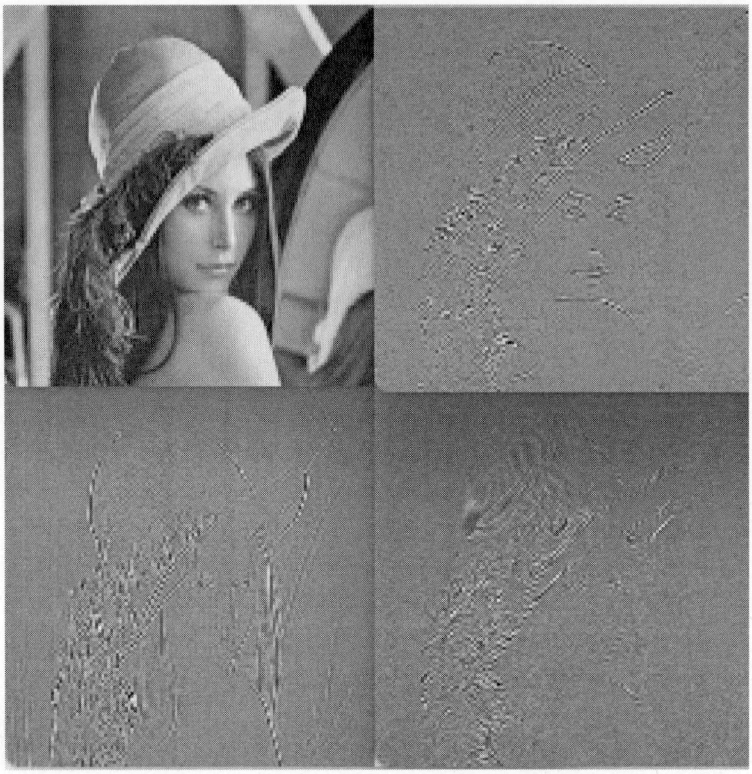

그림 6-11 웨이블렛 2차 순방향 변환결과

이 그림 역시 수평, 수직 그리고 대각선 방향의 정보는 스케일링을 시킨 값들이므로 그 값의 크기는 크게 신경 쓰지 않아도 된다. 단지 다운 샘플링을 수행해 나가는 과정이 늘어날수록 대각선 방향의 에지 성분들이 많이 나타나는 것인데 이것은 점점 더 많은 잡음 성분들이 스케일링 과정에서 발생한다는 것을 의미한다. 영상의 크기가 작아지면 작아질수록 잡음 성분에 대한 필터링이 요구될 것이다.

그림 6-12 웨이블렛 순방향 변환결과

그림 6-12는 pepper 영상에 대하여 웨이블렛 변환을 2단계 진행하여 그 결과를 보여준다. 그림에서 보면 오른쪽 위쪽은 수평 경계선 성분을 나타내며 왼쪽 아래는 수직 경계선 성분을 나타내는 영역이다. 대각선 방향의 그림은 대각선 경계선 영역을 나타내는데 Lena 영상에 비하여 대각선 경계선 영역이 많이 나타나는 것을 볼 수 있다. 또한 pepper가 세워져 있는 모양으로 인하여 수직 경계선 성분이 명확히 드러나는 것 또한 알 수 있다. 웨이블렛 필터는 저주파 성분인 스케일링 함수 결과가 얼마나 많은 정보를 가지고 있는가에 따라 부호화 효율이 달라지며 웨이블렛 성분은 되도록이면 작은 값으로 드러나지 않도록 해 주면 좋은 필터라고 가정한다. 물론 부호화 효율을 고려한 이야기이며 필터링의 특성상 원하는 목표가 정해진다면 목표에 맞게 설정할 수 있는 필터가 좋은 필터가 될 것이다.

그림 6-13은 livingroom 영상을 1단계만 웨이블렛 필터링한 결과 그림이다.

그림 6-13 웨이블렛 순방향 변환결과

그림 6-12의 pepper 영상이 그림 6-13의 거실 영상보다 대각선 영역의 값들이 더 큰 값으로 화면에 표시되나 실제로는 거실 영상의 대각선 웨이블렛의 값이 더 크다. 화면에 보여주기 위하여 영상 내에서 스케일링을 한 결과, pepper 영상의 화면에서 대각선 방향 웨이블렛 값이 큰 것은 작은 값들을 0에서 255로 변환하는 과정에서 눈에 띄는 값이 되었다는 것을 이해해 주기 바란다. 거실 영상 역시 수평방향과 수직방향에 올바른 웨이블렛 값이 나타나고 있는 것을 볼 수 있다.

Program 6-2 Wavelet Transform(wfilter.h)

```
// Antonini Filter
double A97L1[9] = {
      0.026749,
      -0.016864,
      -0.078223,
      0.266864,
      0.602949,
      0.266864,
      -0.078223,
      -0.016864,
      0.026749};
int A97L1_l = 9;
double A97H1[11] = {
            0.0,
            0.0,
      -0.045636,
      0.028772,
      0.295636,
      -0.557543,
      0.295636,
      0.028772,
            -0.045636,
            0.0,
            0.0       };
int A97H1_l = 11;
double A97L2[11] = {
            0.0,
            0.0,
      -0.045636,
      -0.028772,
      0.295636,
      0.557543,
      0.295636,
      -0.028772,
            -0.045636,
            0.0,
            0.0       };
int A97L2_l = 11;
```

```
// Antonini Filter
ddouble A97H2[9] = {
    -0.026749,
    -0.016864,
    0.078223,
    0.266864,
    -0.602949,
    0.266864,
    0.078223,
    -0.016864,
    -0.026749};
int A97H2_l = 9;
```

```
#include "util.h"
#include "wfilter.h"

void row_analysis(double *h, int F_length, int size_x, int size_y, double **image1,
double **image2)
{
	int i, j, k, margin, index, size_x2;
	double sum, coeff;
	double **temp;

	size_x2 = size_x/2;
	temp =d_alloc(size_x, size_y);

	for (i=0, coeff=0.; i<F_length; i++) coeff += h[i];
	printf("%lf₩n", coeff);

	margin = (int)(F_length/2);
	for (i=0; i<size_y; i++) {
		for (j=0; j<size_x; j++) {
			for (k=0, sum=0.; k<F_length; k++) {
				index =j -margin +k; if (index<0) index = -index; else if (index
>=size_x) index = (2*size_x -index -2);
				sum += h[k] *image1[i][index];
			}
			if (coeff>1.) sum /= coeff;
/*			if (sum<0) sum =0.;
			else if (sum >255) sum =255.;
*/			temp[i][j] = sum;
		}
	}

	for (i=0; i<size_y; i++)
		for (j=0, k=0; j<size_x; j+=2, k++)
			image2[i][k] =temp[i][j];

	d_free(size_x, size_y, temp);
}
/* 아래쪽에 계속 */
```

```
void column_analysis(double *h, int F_length, int size_x, int size_y, double
**image1, double **image2)
{
    int i, j, k, margin, index, size_x2, size_y2;
    double sum, coeff;
    double **temp;

    size_x2 =size_x/2;
    size_y2 =size_y/2;
    temp =d_alloc(size_x2, size_y);

    for (i=0, coeff=0.; i<F_length; i++) coeff += h[i];
    printf("%lf₩n", coeff);

    margin = (int)(F_length/2);
    for (i=0; i<size_x2; i++) {
        for (j=0; j<size_y; j++) {
            for (k=0, sum=0.; k<F_length; k++) {
                index =j -margin + k;
                if (index<0) index = -index;
                else if (index >=size_y) index = (2*size_y -index -2);
                sum += h[k] *image1[index][i];
            }
            if (coeff >1.) sum /= coeff;
/*          if (sum<0) sum =0.;
            else if (sum >255) sum =255.;
*/          temp[j][i] = sum;
        }
    }

    for (i=0; i<size_x2; i++)
        for (j=0, k=0; j<size_y; j+=2, k++)
            image2[k][i] =temp[j][i];

    d_free(size_x2, size_y, temp);
}

/* 아래쪽에 계속 */
```

```
void analysis(int argc, char *argv[], char *filename, int size_x, int size_y, int level)
{
    int size_x2, size_y2;
    int i, j;
    uchar **image1;
    double **Image1, **Image2, **Image3;
    FILE *f1;
    size_x2 =size_x/2;
    size_y2 =size_y/2;
    Image1 =d_alloc(size_x, size_y);
    Image2 =d_alloc(size_x2, size_y);
    Image3 =d_alloc(size_x2, size_y2);
    image1 =uc_alloc(size_x2, size_y2);

    read_dmatrix(size_x, size_y, Image1, make_fname(argv[1], 'c', level-1, 0));
    row_analysis(A97L1, A97L1_l, size_x, size_y, Image1, Image2);
    column_analysis(A97L1, A97L1_l, size_x, size_y, Image2, Image3);
    write_dmatrix(size_x2, size_y2, Image3, make_fname(argv[1], 'c', level, 0));
    conv_d_to_ucabs(size_x2, size_y2, Image3, image1);
    write_ucmatrix(size_x2, size_y2, image1, make_fname(argv[1], 'a', level, 0));
    column_analysis(A97H1, A97H1_l, size_x, size_y, Image2, Image3);
    write_dmatrix(size_x2, size_y2, Image3, make_fname(argv[1], 'd', level, 1));
    conv_d_to_ucabs(size_x2, size_y2, Image3, image1);
    write_ucmatrix(size_x2, size_y2, image1, make_fname(argv[1], 'w', level, 1));
    row_analysis(A97H1, A97H1_l, size_x, size_y, Image1, Image2);
    column_analysis(A97L1, A97L1_l, size_x, size_y, Image2, Image3);
    write_dmatrix(size_x2, size_y2, Image3, make_fname(argv[1], 'd', level, 2));
    conv_d_to_ucabs(size_x2, size_y2, Image3, image1);
    write_ucmatrix(size_x2, size_y2, image1, make_fname(argv[1], 'w', level, 2));
    column_analysis(A97H1, A97H1_l, size_x, size_y, Image2, Image3);
    write_dmatrix(size_x2, size_y2, Image3, make_fname(argv[1], 'd', level, 3));
    conv_d_to_ucabs(size_x2, size_y2, Image3, image1);
    write_ucmatrix(size_x2, size_y2, image1, make_fname(argv[1], 'w', level, 3));

    uc_free(size_x2, size_y2, image1);
    d_free(size_x, size_y, Image1);
    d_free(size_x2, size_y, Image2);
    d_free(size_x2, size_y2, Image3);
}
/* 아래쪽에 계속 */
```

```
void Analysis(int argc, char *argv[], char *filename, int size_x, int size_y, int level)
{
    int i, size_x2, size_y2;
    uchar **image1;
    double **Image1;

    size_x2 =size_x;
    size_y2 =size_y;

    image1 =uc_alloc(size_x, size_y);
    Image1 =d_alloc(size_x, size_y);

    read_ucmatrix(size_x, size_y, image1, argv[1]);
    conv_uc_to_d(size_x, size_y, image1, Image1);

    write_dmatrix(size_x, size_y, Image1, make_fname(argv[1],'c', 0, 0));
 uc_free(size_x, size_y, image1);
    d_free(size_x, size_y, Image1);

    for (i=1; i<=level; i++) {
        analysis(argc, argv, filename, size_x2, size_y2, i);
        size_x2 /= 2;
        size_y2 /= 2;
    }

    printf("₩nAnalysis is end.₩nPress enter key to continue.₩n");
    getchar();
}

/* 아래쪽에 계속 */
```

```
int main(int argc, char *argv[])
{
	int size_x, size_y, level;
	char *filename;

	if (argc<5) {
		printf("\nUsage : analisys <image filename> <x size> <y size> <level>\n");
		exit(0);
	}

	size_x =atoi(argv[2]);
	size_y =atoi(argv[3]);
	level =atoi(argv[4]);

	Analysis(argc, argv, filename, size_x, size_y, level);
}
```

6.3_ 웨이블렛 응용분야

앞 절에서 JPEG 표준화에 대하여 알아보았다. 웨이블렛 변환을 표준으로 제공하는 정지영상 기법에는 JPEG2000이 존재한다. JPEG2000은 아래와 같은 장점을 갖도록 표준화를 제정하였다.

- 높은 압축률 성능

JPEG2000 표준은 낮은 비트율(0.25bpp 이하)로 현재의 표준보다 우수한 성능을 제공해야 한다. 이러한 특징을 필요로 하는 응용분야로는 네트워크 영상 전송과 원격 탐사 등이 있다.

- 무손실/손실 압축

점진적인 디코딩 과정에서는 무손실/손실 압축을 제공할 수 있어야 한다. 고화질을 필요로 하는 의료영상, 디스플레이, 네트워크 응용 등은 무손실/손실 압축 기술의 적용분야로 볼 수 있다.

- 픽셀 정확도와 해상도에 의한 점진적 전송

영상의 픽셀 정확도 또는 공간 해상도를 복원하기 위해 점진적 전송은 여러 응용분야에 있어 필수적이다. 월드 와이드 웹, 영상기록과 프린터 등과 같은 여러 용도의 디바이스를 위해, 필요에 따라 여러 해상도와 픽셀 정확도를 가지고 영상을 복구해야 한다.

- 관심영역(region of interest) 부호화

영상에서 사용자가 특정 ROI(Region of Interest)를 정의 및 부호화하고, 더 좋은 화질과 영상의 나머지보다 적은 왜곡을 보내는 것이다.

- 랜덤 코드열 액세스(random codestream access)와 처리

랜덤 영상의 ROI를 정의하거나 또는 영상의 나머지보다 적은 왜곡을 가지고 복원되게 한다. 또한, 랜덤한 부호화 비트 처리는 회전, 번역, 필터링, 특징 추출과 스케일링 같은 기능을 제공할 수 있다.

- 비트에러에 대한 견고함

부호화 비트열을 디자인하는 동안 비트 에러에 대한 견고함을 고려하는 것은 바람직하다. 하나의 응용 분야로는 무선 통신 채널의 전송이 있다. 코드열의 일정부분은 디코딩된 영상 화질을 결정하는 데 중요한 역할을 하고, 에러 정정 시스템 안에서 비트에러에 강한 최적의 디자인이 필요하다.

- 오픈 아키텍처(open architecture)

고도의 적응성을 가진 코딩 툴을 사용하는 응용분야나 서로 다른 형태의 영상에 오픈 아키텍처로 구현된다.

- 컨텐츠 기반의 기술

영상을 기록하고 색인을 붙이고 검색하는 것은 영상 처리의 중요한 분야이다. MPEG-7에서도 이를 다루고 있으며 압축 시스템의 일부로 이용할 수 있다.

- 사이드 채널 공간 정보(side channel spatial information)

알파 평면, 투명 평면과 같은 사이드 채널 공간 정보는 정보를 전송하고 영상을 전시, 인쇄, 편집하는 데 도움이 된다. 이것의 예는 월드 와이드 웹 적용에서 사용되는 투명 평면이다.

- 연속 톤과 2중 레벨의 압축

연속 톤과 2중 레벨의 압축은 문서의 합성 및 컴퓨터 영상, 팩시밀리, 오버레이(overlay)가 있는 의학 영상, 이진수 영역의 그래픽 영상 등에 응용할 수 있다. 또한 JPEG2000은 아래와 같은 기능이 가능하도록 표준화를 제정하였다. 일반적으로 음악 포맷을 예로 들면 MP3등의 압축음원은 용량은 작지만, 손실이 큰 포맷으로 음질 열화가 큰 편이다. 반면 WAV나 DSD등의 상용 오리지널 포맷은 손실은 적지만 용량 면에서 약점을 갖는다. 따라서 FLAC, APE등 무 손실 포맷이 어느 정도 활성화되고 있는 분위기다. 그러나 영상정보의 경우 그 디지털 데이터가 워낙 방대하기 때문에 손실압축을 기본으로 하여 표준화를 제정하였다. 그러나 JPEG2000은 손실 압축과 함께 무 손실 압축도 지원하여, 복원된 이미지 데이터를 압축되기 이전의 데이터와 완전히 동일하게 처리할 수 있다. 그러나 영상의 경우 무 손실 압축이라는 것은 특별한 작업을 요하는 분야가 아니면 일반인들이 사용하기에는 용량에 대한 부담이 매우 크다는 것을 고려하여야 한다. 지금도 대부분의 카메라는 전문사진작가들이 무 손실 포맷의 RAW 영상을 처리할 수 있도록 기능을 지원하고 있다. 그럼에도 일반인들은 저장장치의 부담 때문에 무 손실 기능의 사용이 꺼려지는 것이 사실이며 또한 무 손실 결과 영상은 일반적으로 후처리를 위하여 저장하는 경우가 많아 인간의 시각 시스템에서 오류를 감지하지 못할 만큼의 손실압축이 일반적인 방법이 된다.

일반적인 JPEG의 압축률을 1/30으로 본다면 JPEG2000은 1/150의 압축률을 제공하기 때문에 저장 공간 측면에서나 영상 전송 시스템적인 측면에서 JPEG대비 월등히 유리한 특성을 갖도록 표준화를 구성하였다. 또한 기존의 JPEG 표준은 DCT 블록 기반의 변환으로 압축률을 높이는 경우 블록 현상 등 화질열화 특성이 나타났으나 JPEG2000이 채택한 웨이블렛 변환의 특성은 블록 현상이 거의 나타나지 않는 것을 알 수 있다. 즉, JPEG2000은 Wavelet 기법을 사용해 알고리즘이 월등히 개선되어 블록을 비롯한 화질 열화가 나타나지 않는다고 생각하면 되며 또한 부 대역 부호화를 사용하여 다양한 사용자에게 원하는 화질의 서비스를 제공할 수 있다. RGB와 CMYK는 장치 종속적 색상모델로, 데이터 값을 재현할 때 만들어지는 실제 색상이 장치에 따라 다르게 인식될 수 있는 특성이다. 3원색을 염/안료의 양으로 나타내는데 최적화되어 있어 인간의 시각이 인식하는 색을 직관적으로 표현하는데 한계가 있다. 이러한 단점을 극복하기 위해 JPEG2000은 CIE LAB의 컬러모드에도 대응하도록 구성되어 있다. 따라서 장치 독립적인 색상 모델을 활용할 수 있으며, 지정된 시청 조건에서 어떤 색상을 볼 수 있는지 정의할 수 있다. 특히 밝기, 적색, 녹색, 청색, 황색으로 구분되는 Lab으로 색을 표현하고 색상감각을 수학적으로 해석하고 있는 방식으로 활용성이 종래보다 넓어질 것으로 기대하고 있다. 또한 Progressive Display Mode를 아래의 4가지 Method에 따라 지원한다.

1. Quality Axis : 처음이미지는 흐릿한 형태로 시작되고 데이터 로드에 따라 선명해지는 방식
2. Resolution Axis : 작은 해상도로 로드한 뒤 오리지널 해상도로 표시
3. Color Axis : 그레이스케일로 로드 된 이미지를 먼저 표시하고 데이터 로드에 따라 컬러 데이터를 채워 넣음
4. Position Axis : 블록단위의 이미지를 로드하고 데이터 수신에 따라 많은 수의 블록을 표시함

JPEG2000은 기존의 JPEG 기법보다 좋은 성능을 나타냄에도 불구하고 디지털 카메라에서 제공하는 기능에는 들어가 있지 않다. 많은 제조업체들이 표준을 중시하는데 기존의 JPEG 결과물이 크게 나쁘지 않으며 또한 웨이블렛 변환을 수행하여 처리하는 것보다 매우 간단하게

부호화를 이룰 수 있어서 아직은 JPEG2000이 활성화되어 있지 않은 상황이다. 이러한 상황은 앞으로도 어떻게 될지 알 수 없으며 아무리 뛰어난 기술이라 할지라도 사람들이 크게 필요로 하지 않는다면 시장에서 도태될 수 있다는 것을 우리는 잘 알고 있다.

그림 6-14는 ITU와 ISO가 연합으로 표준화를 연구하여 만들 H.264의 일반적인 블록도이다. H.264의 정지 영상은 JPEG2000에 도입한 기법을 사용하며 나머지 동영상 부분은 웨이블렛을 비롯한 다양한 변환기법과 복잡한 부호화 기법을 표준으로 제공하고 있다. 또한 인터넷상에서의 동영상의 경우 MPEG보다 H.264 표준을 이용한 동영상이 일반화될 정도로 시장에서 많은 영역을 차지하고 있다. 그럼에도 가정용 TV 영상 포맷이 아직은 MPEG2 기반으로 이루어진 HD 영상이기 때문에 방송용 표준 포맷이 H.264나 HEVC로 이루어지기까지는 시간이 걸릴 것이며 인터넷상의 동영상이나 블루레이 영화 파일등에서만 사용될 전망이다.

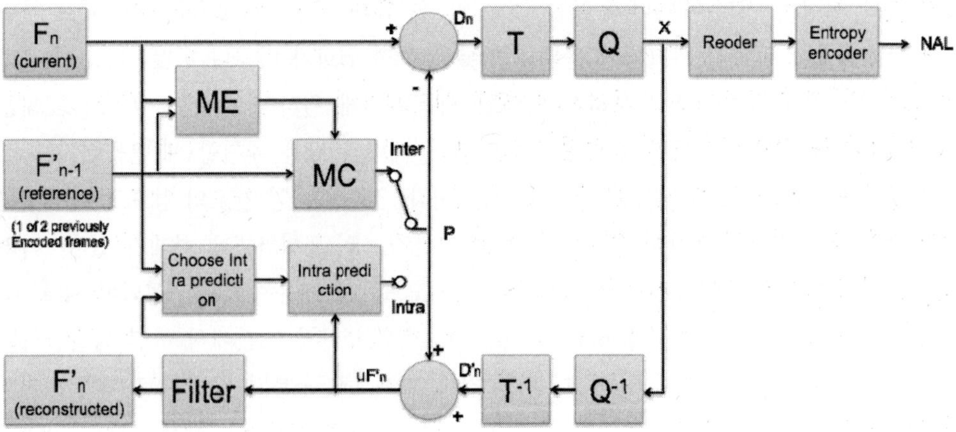

그림 6-14 H.264 부호화 블록도

동영상의 경우 너무나 방대한 데이터양 때문에 빠른 시간 안에 웨이블렛 변환을 이용하는 H.264나 HEVC 표준을 방송 쪽에서 채택하여 시장이 바뀔 것으로 기대하고 있다. 그림 6-15는 H.264 복호화 블록도이다. 일반적인 동영상을 처리하는 부호화와 복호화는 비슷한 흐름을 가지고 있으며 이것은 영상을 처리해야 하는 과정에서 크게 변하지 않을 것으로 생각한다. 영상의 특성상 변환기법과 엔트로피 인코더 부분에 대한 많은 연구가 이루어지고 있기 때문에 표준에 들어가는 특정 기술에 대한 난이도가 점점 더 높아지고 시스템은 그러한 특성을 반영한 발전을 이루어 갈 것으로 기대한다.

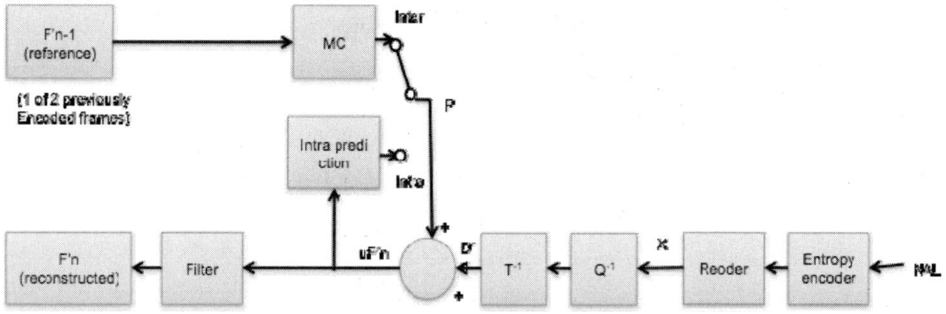

그림 6-15 H.264 복호화 블록도

6.4_ 화질측정 방법

디지털 영상 표준화에서 제시하는 방법은 디지털 데이터가 방대한 영상정보를 최대한 인간의 시각 시스템에 적합한 형태에서 벗어나지 않도록 압축하여 저장하거나 전송하는 기법을 정의한다. 이렇게 공간상으로 그리고 시간 축 상으로 영상 내에 존재하는 리던던시(Redundancy)를 제거함으로써 영상을 처리하는데, 이렇게 처리한 결과 영상이 정말로 인간의 시각체계에 잘 맞는가를 객관적인 방법으로 측정할 수 있는지가 중요하다. 이러한 문제로 인하여 국제 표준화 기구에서는 주관적인 화질 측정 방법과 객관적인 화질 측정 방법이라는 두 가지 방법을 모두 인정하고 있다.

6.4.1 주관적인 화질 측정

주관적인 화질 측정은 순수하게 인간이 영상을 보았을 때 느끼는 감정의 결과가 개입될 수 있기 때문에 완전히 인정해 주기는 어려운 것이 현실이나, 영상 자체가 인간이 보도록 만드는 것이 목적인만큼 인간의 시각측정 결과를 인정해준다고 생각하면 된다.

주관적인 측정을 위해서는 전문가 집단과 비전문가 집단을 나누어 실시하며 일반적으로 다음과 같은 측정 단계를 가진다.

표 6-1 주관적 화질 측정

Rating	Label
5	Excellent
4	Good
3	Fair
2	Poor
1	Bad

표 6-1과 같은 주관적 화질 측정 표를 기준으로 원영상의 화질과 실험에 쓰이는 영상의 화질을 어떻게 측정하는지 검사하여 그 결과를 분석하는 것이다. 주관적 화질을 측정하기 위해서는 많은 부분에 대하여 신경을 써야 하는데, 영상은 실내에서 볼 때와 실외에서 볼 때 그리고 빛의 유무와 빛의 양에 상당한 영향을 받기 때문에 동일한 조건하에서 참가자들이 측정을 할 수 있도록 환경을 설정해 주어야 한다.

측정 인원은 정해지지 않았으나 일반적인 권고상항은 40명 이내로 하고 있다. 사람이 너무 적어도 신뢰를 얻기 어려우며 너무 많은 경우는 측정 결과에 대해서 많은 사람들을 필요로 하는 문제가 발생할 것으로 예상하여 적절한 권고 사항을 제시한 것으로 보인다.

먼저 일정시간 원 영상을 보여준다. 이때 일정시간은 누구에게나 동일한 시간으로 정해져야 하는데 시간의 길이가 변해서는 안 된다. 그리고 측정을 시행하는 장소 또한 변화가 있어서는 안 된다. 실내라면 불을 밝혔다가 꺼지는 등의 상황이 발생하면 안 된다는 뜻이다. 또한 원영상과 비교에 사용할 실험 영상을 얼마나 많이 볼 것인지도 동일하게 정해서 측정을 시행해야 한다. 원 영상을 측정한 피 실험자가 실험 영상을 보고 원영상과 비교하여 표 6-1에서 줄 수 있는 영상의 상태를 측정해서 제출하면 그 결과를 가지고 측정한 사람 수에 따라 결과를 얻을 수 있다. 인간의 시각체계를 반영한다는 점에서는 주관적 화질 측정을 가장 좋은 기법으로 사용할 수도 있지만 과학자들의 입장에서는 언제든지 마음이 변할 수도 있는 인간의 감정이 개입하는 결과를 그다지 신뢰하지 않기 때문에 반드시 객관적인 화질 측정 기법이 함께 제시되는 것이 일반적이다.

6.4.2 객관적인 화질 측정

객관적인 화질 측정방법은 평균적으로 발생하는 오차 값을 이용하여 원영상과 실험 결과 영상이 얼마나 근접한 결과인지를 보여주는 방법이다. 영상 압축 및 영상 처리 시스템 개발자들은 객관적 화질 측정방법을 반드시 측정한 후 그 결과를 제시하여 자신의 알고리즘이 더 훌륭하다고 주장한다. 일반적으로 사용하는 객관적인 화질 측정 방법은 PSNR(Peak Signal to Noise Ratio)이다.

$$PSNR = 10\log_{10}\frac{(2^n-1)^2}{MSE} \tag{6-9}$$

n은 이미지 샘플의 비트 수이며 MSE(Mean Square Error)는 원영상과 측정 영상과의 오차 값의 제곱을 나타낸 수식으로 수식 (6-10)과 같이 표현한다.

$$MSE = \frac{1}{mn}\sum_{i=0}^{m-1}\sum_{j=0}^{n-1}[f(i,j)-g(i,j)]^2 \tag{6-10}$$

f(i, j)는 원영상의 값을, g(i, j)는 측정 결과 영상의 값을 나타낸다. 수식 (6-9)에서 n 은 표준 영상에서 8비트를 사용하기 때문에 수식 (6-9)는 아래 수식과 같이 단순하게 표현할 수 있다.

$$PSNR = 10\log_{10}\frac{255^2}{MSE} \tag{6-11}$$

수식 (6-11)은 일반적으로 사용하는 객관적 화질 측정 방법의 최종 수식으로 사용된다. 이러한 측정 결과 값은 현재 화질이 좋은지 나쁜지를 말해주기도 하지만 실제로 그 화질 결과 또한 인간의 시각 시스템을 벗어나는 결과를 보여주는 경우도 종종 발생하기 때문에 한 가지만 의지하여 그 결과를 주장할 수는 없다.

그림 6-16은 가우시안 잡음을 섞어 넣은 LENA 영상을 보여준다. 이때의 잡음 영상은 객관적인 화질 측정 방법인 PSNR이 20.2173으로 나온다. 이때의 MSE는 618.5096 정도의 값이 나온다. 눈으로 보기에도 좋은 모양이 아닌 것을 알 수 있다.

그림 6-16 Noisy Image

그림 6-17의 (a)는 그림 6-16의 영상에 미디언 필터링을 수행한 결과를 보여준다. 미디언 필터링은 salt-and-pepper noise에는 강한 특성을 보이나 일반적인 가우시안 잡음에는 그다지 좋은 성능을 보여주지는 못한다. 눈으로 보기에도 원본의 선명함도 사라지고 잡음 성분이 얼룩져 있는 것을 볼 수 있다. 이 영상의 MSE는 167.899 정도이며 PSNR은 25.88의 값을 나타낸다.

(a) 미디언필터링

(b) 후처리 작업한 영상

그림 6-17 잡음 영상 처리 결과

그림 6-17의 (b) 결과 영상은 그림 6-16의 잡음 영상에 다양한 후처리를 적용하여 에지 성분 이외의 평탄 영역에서 잡음 성분이 거의 눈에 띄지 않게 처리한 결과 영상이다. 이 영상의

MSE는 230.47이며 PSNR은 24.50정도를 나타낸다. 객관적인 측정 방법은 그림 6-17에서 (a) 영상이 더 좋은 결과로 나오는 것을 볼 수 있다. 사람의 시각 시스템을 반영하지 않으면 이러한 결과는 어디서나 나타날 수 있기 때문에 영상을 처리하는 시스템에서는 주관적 화질 측정과 객관적 화질 측정 모두를 인정하고 있는 상황이다. 물론 사람에 따라서는 그림 6-17에서 (a) 영상이 (b) 영상보다 화질이 더 좋다고 느끼는 사람이 있을 수도 있다. 또한 이러한 특성이 반영되는 것이 영상처리의 묘미라고 할 수 있을 것이다.

program 6-3은 객관적인 화질 측정 방법인 PSNR을 구하는 프로그램이다. unsigned char 인 영상에 대한 화질 측정을 보여주며 영상이 실수 값인 경우 영상의 입력 값을 실수로 입력 받아 처리하면 된다.

Program 6-3 PSNR

```
void    psnruc(uchar **IM1,uchar **IM2, int NC,int NR,double *MSE,double *PSNR)
{
    int       i,j;
    double        temp, diff_sum = 0.;

    for(i=0;i<NR;i++)
    for(j=0;j<NC;j++) {
        temp = (double)( IM1[i][j] - IM2[i][j] );
        diff_sum += temp*temp;
    }

    *MSE = diff_sum / ( (double)NR * (double)NC );
    if (*MSE)
        *PSNR = ( 10.*log10( (255.* 255.) / *MSE ) );

    printf("psnr = %10.4lf₩n",*PSNR);

}
```

07
모폴로지(Morphology)

모폴로지는 형태학이라고도 하며 구조요소(Structuring Element)라는 성분으로 영상의 모양을 변형시킬 수 있는 분야를 말한다. 일반적인 구조요소는 아래 그림 7-1과 같은 다양한 모양으로 구현할 수 있으며 구조요소의 모양은 특별히 제한하지 않는다. 각 구조요소의 중앙에 중심이 있으며 각 영상에서 작용한 결과는 중앙값의 위치에 존재하게 된다. 일반적인 모폴로지는 이진 영상에서 이진 영상의 모양에 변형을 줄 수 있다.

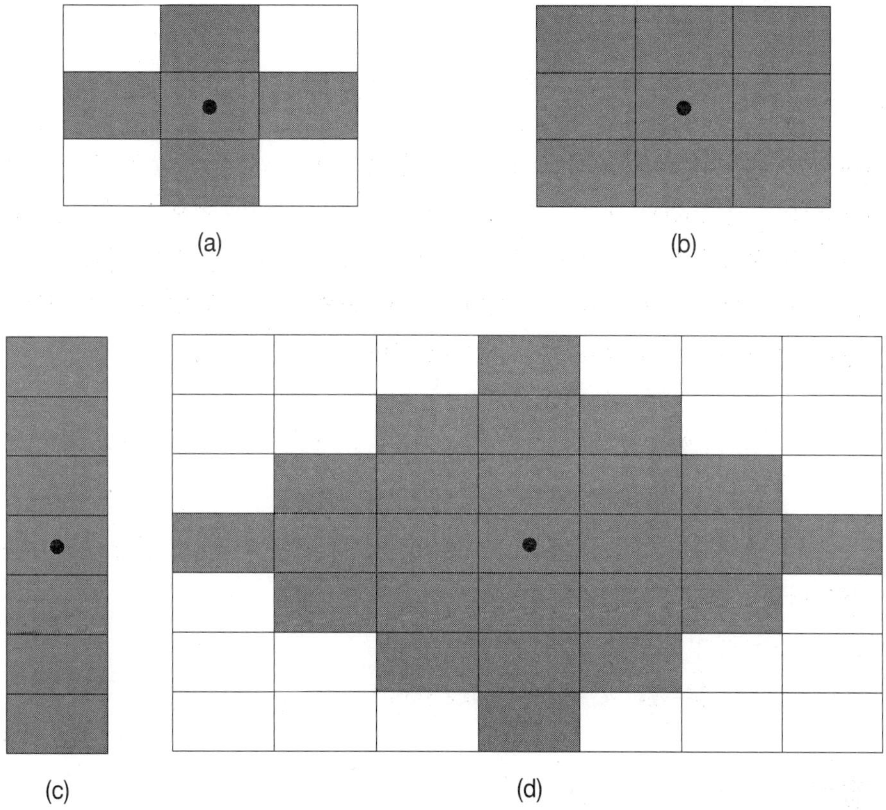

그림 7-1 Structuring Elements

아래의 구조요소는 영상 내에 공처럼 굴려서 공이 굴러간 모양에 따라 침식이 일어나거나 팽창하는 모양을 갖도록 구성하는 특징을 가진다. 이러한 그림을 그림 7-2에 표현하였다. 그림 7-2는 구조요소가 일반 영상의 모양에 영향을 주는 상황을 그림으로 표현한 것이다. 즉, 원 영상 내에 존재하는 특정한 성분을 제거하거나 드러나게 할 수도 있는 것이다. 이것이 이진 영상에서는 형태에 영향을 주게 되고 그러한 의미의 용어가 모폴로지이다.

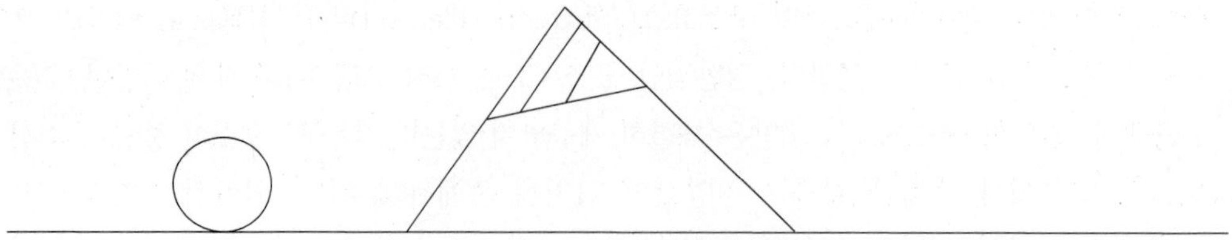

그림 7-2 모폴로지 필터링의 예

7.1_ 침식(Erosion)과 팽창(Dilation)

모폴로지는 침식연산과 팽창연산이라는 두 연산으로 이루어져 있다고 볼 수 있는데 모든 모폴로지 연산의 가장 기본이 된다. 그러나 이러한 연산을 수행하기에 앞서 집합 이론에서 사용하는 이동과 반사에 대한 개념을 먼저 이해한 후 모폴로지 연산으로 넘어가도록 한다.

집합 A가 존재할 때 z는 특정 좌표의 요소라고 가정하면, A_z는 특정위치 z로 이동한 집합 A를 나타낸다. 이러한 수식은 아래와 같이 표현한다.

$$(A)_z = \{c \mid c = a + z, \text{for} a \in A\} \tag{7-1}$$

반사는 원점을 기준으로 회전하는 것을 의미하며 B가 구조요소이고 집합 B의 반사는 $\hat{B}$로 표시하여 다음의 수식으로 표현한다.

$$\hat{B} = \{c \mid c = -b, \quad \text{for} b \in B\} \tag{7-2}$$

7.1.1 침식

집합 A와 B가 있을 때 침식은 아래의 수식과 같은 집합으로 표시하여 정의한다.

$$A \ominus B = \{z \mid (B)_z \subseteq A\} \tag{7-3}$$

공식은 B에 의한 A의 침식이 z에 의해 이동된 B가 A에 포함되는 모든 점 z의 집합임을 의미한다. 즉, 침식은 구조요소 B에 의하여 집합 A의 구성요소가 구조요소 B와 같은 구성요소인지를 검사하여 그 값이 같으면 A를 구성하는 요소로 표현할 수 있다는 의미이다. 수학적으로는 복잡한 설명 같으나 B가 A에 속하는지를 검사하는 작업이라고 보면 된다. 이것을 아래의 수식으로 표현할 수 있다.

$$A \ominus B = \{ z \mid (B)_z A \cap A^c = \varnothing \} \tag{7-4}$$

A^C 는 A의 여집합이며 $\varnothing$ 는 공집합을 나타낸다. 수식 (7-4)는 수식 (7-3)을 집합에 근거하여 쉽게 표현한 것이다.

아래 그림 7-3은 침식의 예를 보여준다. 이때 구성요소는 동일한 값을 가지고 있느냐 보다는 같은 모양을 가지고 있는지 보는 형태학적인 모양에 집중할 필요가 있다. 위의 모양은 구조요소의 모양이 정사각형인 경우 침식을 수행했을 때 점선 모양에서 실선 모양으로 크기가 변형된 것을 보여준다. 아래 그림은 직사각형의 구조요소를 가지고 있는 경우 그 결과가 점선모양인 사각형에서 한 개의 선분으로 변형된 것을 볼 수 있다. 이때 각 구조요소의 중심 값이 결과 값으로 나타나는 것을 알 수 있다. 침식은 이와 같이 구조요소의 모양 안에 값이 존재하는 경우 그 결과를 보여준다. 침식은 일반적으로 과도한 영상의 정보를 줄여주는 특성이 있기 때문에 단순 작업으로는 잡음 제거와 같은 기초적인 작업을 수행할 수 있다. 그러나 한 가지 기법만으로 영상을 처리하는 경우보다는 다음에 소개하는 팽창과 함께 공동 작업으로 결과를 얻게 된다.

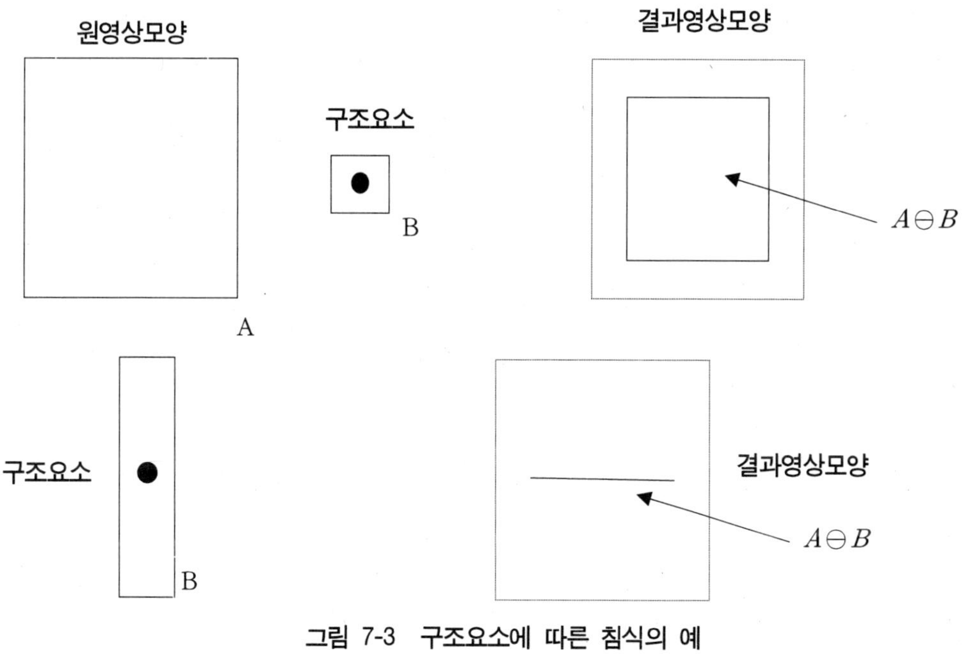

그림 7-3 구조요소에 따른 침식의 예

그림 7-4는 LENA 영상에 이진화를 수행한 후에 침식을 적용한 결과이다. 이때 침식에 사용한 구조요소는 그림 7-1의 (a)를 사용하였다. 이진 영상의 특성 때문에 값을 0과 255로 구분하여

같은 값인지 다른 값인지 만을 구별하여 처리하는 과정이 이진영상의 침식을 수행하는 과정이 된다. 원 영상의 이진화는 평균값을 구하여 평균보다 작은 값은 0으로 평균보다 큰 값은 255로 변환하여 이진화하였다. 그림 7-4의 (a)는 이진화한 LENA 영상을 보여준다. 침식을 수행한 결과 영상은 원이진 영상에 비하여 많은 부분이 검게 변한 것을 볼 수 있는데 이러한 결과가 침식의 결과라는 것을 알 수 있게 해 준다.

(a) Binary Image of LENA　　(b) The Result of Erosion

그림 7-4 이진영상의 침식결과

그림 7-5는 책을 스캔한 영상을 보여준다. 형태학적 필터링의 성능을 알아보기 위하여 스캔한 책을 이진화하여 침식 결과를 비교 분석하려고 한다. 일반적으로 이진화한 책은 FAX와 같은 문서 통신에서 사용하는 기법과 동일하게 영상을 처리할 수 있다.

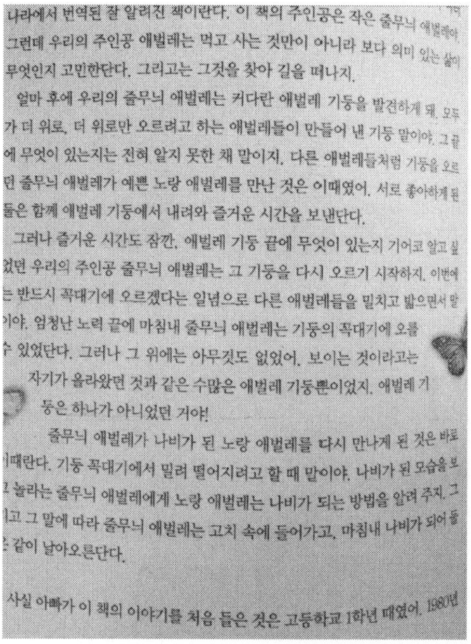

나라에서 번역된 잘 알려진 책이란다. 이 책의 주인공은 작은 줄무늬 애벌레야.
그런데 우리의 주인공 애벌레는 먹고 사는 것만이 아니라 보다 의미 있는 삶이
무엇인지 고민한단다. 그리고는 그것을 찾아 길을 떠나지.
얼마 후에 우리의 줄무늬 애벌레는 커다란 애벌레 기둥을 발견하게 돼. 모두
가 더 위로, 더 위로만 오르려고 하는 애벌레들이 만들어 낸 기둥 말이야. 그 끝
에 무엇이 있는지는 전혀 알지 못한 채 말이지. 다른 애벌레들처럼 기둥을 오르
던 줄무늬 애벌레가 예쁜 노랑 애벌레를 만난 것은 이때였어. 서로 좋아하게 된
둘은 함께 애벌레 기둥에서 내려와 즐거운 시간을 보낸단다.
그러나 즐거운 시간도 잠깐, 애벌레 기둥 끝에 무엇이 있는지 기어코 알고 싶
었던 우리의 주인공 줄무늬 애벌레는 그 기둥을 다시 오르기 시작하지. 이번에
는 반드시 꼭대기에 오르겠다는 일념으로 다른 애벌레들을 밀치고 밟으면서 말
이야. 엄청난 노력 끝에 마침내 줄무늬 애벌레는 기둥의 꼭대기에 오를
수 있었단다. 그러나 그 위에는 아무것도 없었어. 보이는 것이라고는
자기가 올라왔던 것과 같은 수많은 애벌레 기둥뿐이었지. 애벌레 기
둥은 하나가 아니었던 거야!
줄무늬 애벌레가 나비가 된 노랑 애벌레를 다시 만나게 된 것은 바로
이때란다. 기둥 꼭대기에서 밀려 떨어지려고 할 때 말이야. 나비가 된 모습을 보
고 놀라는 줄무늬 애벌레에게 노랑 애벌레는 나비가 되는 방법을 알려 주지. 그
리고 그 말에 따라 줄무늬 애벌레는 고치 속에 들어가고, 마침내 나비가 되어 둘
은 같이 날아오른단다.
사실 아빠가 이 책의 이야기를 처음 들은 것은 고등학교 1학년 때였어. 1980년

그림 7-5 스캔한 책 영상

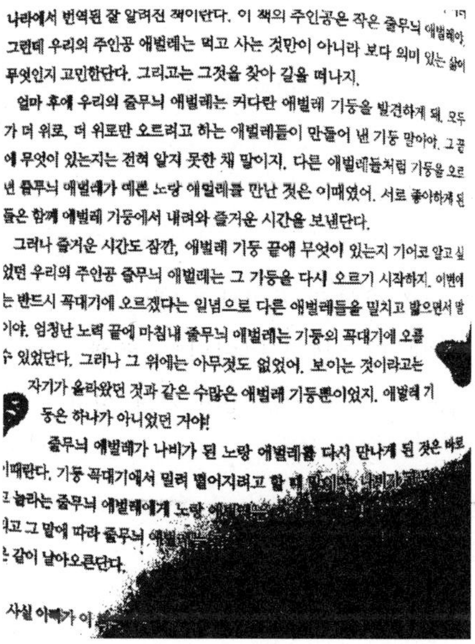

(a) Binary Image

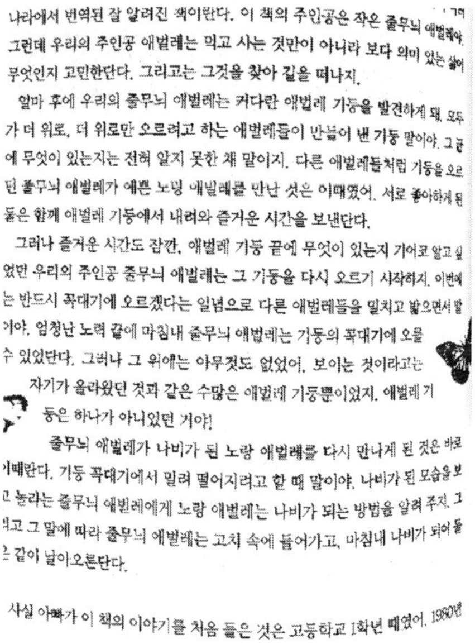

(b) Adaptive Binary Image

그림 7-6 스캔한 책 영상의 이진화 영상

그림 7-6은 그림 7-5의 책 영상을 이진화한 영상이다. 그림 7-6의 (a) 그림은 그림 7-4 (a)와 같은 방식으로 이진화를 수행한 영상으로 조명이 약한 아랫부분의 많은 영역이 검은색으로

나타나는 것을 볼 수 있다. 이렇듯 책과 같은 스캔 영상은 전체적으로 이진화를 수행하는 경우 실패하는 경우가 존재한다. 그림 7-6의 (b) 는 일정 영역을 구분하여 평균을 내고 일정 영역에만 이진화를 수행한 영상이다.

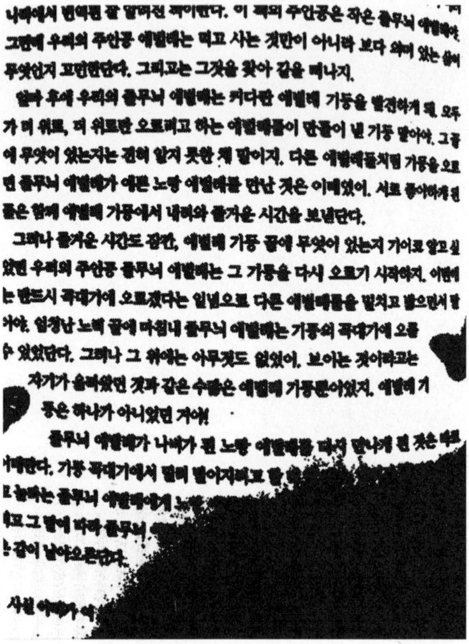

(a) Binary Image

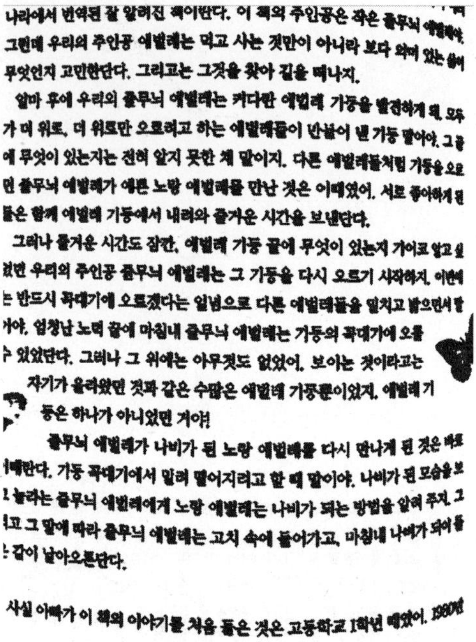

나라에서 번역된 잘 알려진 책이란다. 이 책의 주인공은 작은 줄무늬 애벌레야.
그런데 우리의 주인공 애벌레는 먹고 사는 것만이 아니라 보다 와에 있는 삶에
무엇인지 고민한단다. 그리고는 그것을 찾아 길을 떠나지.
얼마 후에 우리의 줄무늬 애벌레는 커다란 애벌레 기둥을 발견하게 돼. 모두
가 더 위로, 더 위로만 오르려고 하는 애벌레들이 만들어 낸 기둥 말이야. 그 꼭
에 무엇이 있는지는 전혀 알지 못한 채 말이지. 다른 애벌레들처럼 기둥을 오르
던 줄무늬 애벌레가 예쁜 노랑 애벌레를 만난 것은 이때였어. 서로 좋아하게 된
둘은 함께 애벌레 기둥에서 내려와 즐거운 시간을 보낸단다.
그러나 즐거운 시간도 잠깐, 애벌레 기둥 끝에 무엇이 있는지 가이코 알고 싶
었던 우리의 주인공 줄무늬 애벌레는 그 기둥을 다시 오르기 시작하지. 이번에
는 반드시 꼭대기에 오르겠다는 일념으로 다른 애벌레들을 밀치고 밟으면서 말
이야. 엄청난 노력 끝에 마침내 줄무늬 애벌레는 기둥의 꼭대기에 오를
수 있었단다. 그러나 그 위에는 아무것도 없었어. 보이는 것이라고는
자기가 올라왔던 것과 같은 수많은 애벌레 기둥뿐이었지. 애벌레 기
둥은 하나가 아니었던 거야!
줄무늬 애벌레가 나비가 된 노랑 애벌레를 다시 만나게 된 것은 바로
이때란다. 기둥 꼭대기에서 밀려 떨어지려고 할 때 말이야. 나비가 된 모습을 보
고 놀라는 줄무늬 애벌레에게 노랑 애벌레는 나비가 되는 방법을 알려 주지. 그
리고 그 말에 따라 줄무늬 애벌레는 고치 속에 들어가고, 마침내 나비가 되어 하
늘 같이 날아오른단다.

사실 아빠가 이 책의 이야기를 처음 들은 것은 고등학교 1학년 때였어. 1980년

(b) Adaptive Binary Image

그림 7-7 침식 결과 영상

책은 검은색 글씨 부분보다 하얀색 바탕 부분이 많은 부분을 차지하기 때문에 단순히 평균보다 아래는 0으로 위는 255로 처리하면 많은 부분에 검은색이 나타나는 문제가 발생할 수 있다. 따라서 영상의 특성에 맞춘 이진화가 필요하다. 그림 7-6의 (b)번 결과 영상은 평균보다 30 아래인 값을 0으로 변환한 이진 영상이다. 위 그림 7-6의 이진 영상에 침식을 수행한 영상이 그림 7-7에 나타나 있다. 그림에서 보면 글씨 부분이 더 굵어진 것을 볼 수 있는데 침식 영상은 선이 끊어진 글자를 복구해 주는 기능을 수행하기도 한다.

Program 7-1 Binary Erosion

```
void    BinaryErosion(uchar **Data_In, uchar **Data_Out)
{
        int     i,j,count;
        int     indexi, indexj;
        int     maski,maskj;

        for(i=-Size; i < BLK_SIZE-Size; i++) {
            for(j=-Size; j< BLK_SIZE-Size;j++) {
                count = 0;
                for(maski=0; maski<=2*Size; maski++) {
                        for(maskj=0; maskj<=2*Size; maskj++) {
                                if(N_MASK[maski][maskj] != 0) {
                                        indexi = i+maski;
                                        indexj = j+maskj;

                                        if(Data_In[indexi][indexj] == 255) {
                                            count++;
                                        }
                                }
                        }
                }
                if(count == 5)
                        Data_Out[i+Size][j+Size] = 255;
                else
                        Data_Out[i+Size][j+Size] = 0;

            }
    }
}
```

7.1.2 팽창

집합 A와 B가 존재할 때 B에 의한 A의 팽창은 아래와 같이 정의하여 표시한다.

$$A \oplus B = \{ z \mid (\hat{B})_z \cap A \neq \varnothing \} \tag{7-5}$$

수식 (7-5)는 집합 B를 그것의 원점에 반사시킨 후 z만큼 이동시키는 것에 기반을 둔다.

팽창은 A와 B가 한 가지라도 겹쳐지는 요소가 존재하면 그 모든 이동에 대하여 형태가 나타나게 된다. 위의 수식은 필터링에서 사용하는 A와 B의 컨벌루션 작업의 결과로 나타나게 된다. 필터링은 필터의 변수들을 이용하여 원 영상의 결과에 영향을 미치게 된다. 구조적인 틀에서 보면 일반 필터링과 모폴로지 필터링의 과정은 유사하지만 근본적으로 필터링은 선형 연산이고 모폴로지 필터링은 비선형연산을 수행한다는 것을 잊으면 안 된다. 팽창은 침식과 달리 결과 영상이 더 두꺼워지고 커지는 결과를 나타내게 된다. 이러한 특성은 특정 영역의 유실된 정보를 복구하는 과정에서 주로 사용되나 앞에서 언급한 것처럼 한 가지 기법만으로 작업을 수행하지 않기 때문에 침식과 팽창이 유기적으로 잘 협조된 결과로 영상처리 작업을 수행한다. 그림 7-8은 팽창을 수행한 결과 모양에 대한 그림을 보여주는 설명 그림이다. 점선은 원영상의 크기를 의미하며 실선은 팽창된 결과를 나타낸다. 원 영상에 대하여 구조요소 B를 가지고 팽창을 수행하면 그림 7-8의 위쪽은 구조요소 B의 절반 분량씩 상하좌우 사방으로 크기가 확장된 것을 볼 수 있다. 그림 아래쪽은 직사각형 반만큼의 크기로 결과 영상이 확장한 것을 볼 수 있다.

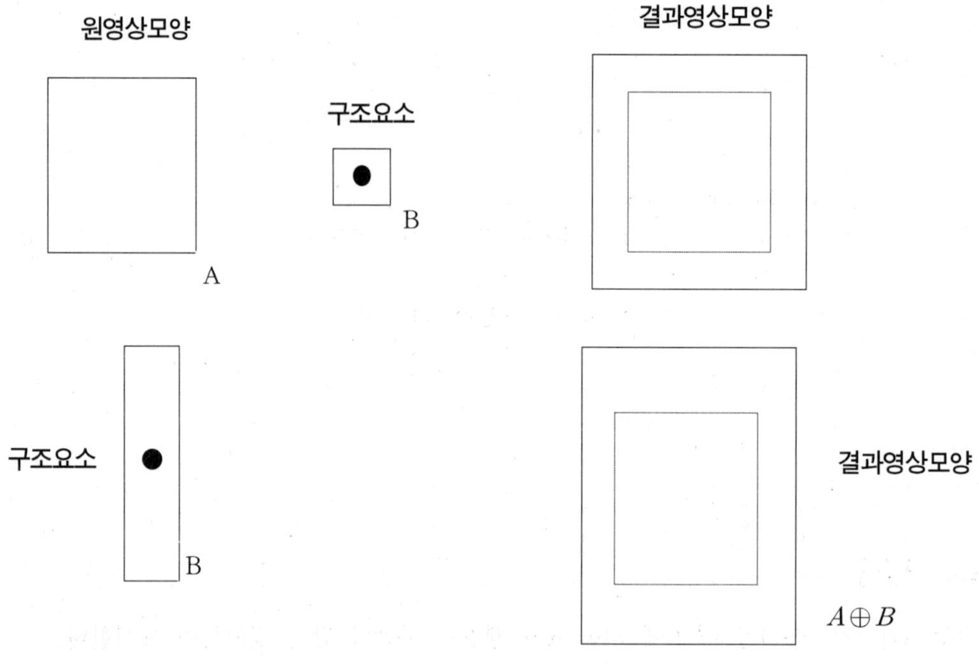

그림 7-8 구조요소에 따른 팽창의 예

그림 7-9는 LENA 이진 영상에 대하여 침식과정과 동일하게 그림 7-1 (a) 그림에 보여주는 구조요소를 적용하여 팽창을 수행한 결과 영상을 보여준다. 그림 7-4의 (b) 결과와 비교해

볼 때 많은 부분이 하얀 결과 값을 보여주는 것을 알 수 있다. 팽창은 이와 같이 이진 값을 더 밝게 만들어준다. 말 그대로 영상의 밝기를 더 넓혀주는 역할을 수행하는 것을 알 수 있다.

그림 7-9 Result of Dilation

(a) Binary Image (b) Adaptive Binary Image

그림 7-10 팽창 결과 영상

그림 7-10은 책을 스캔하여 이진화한 영상의 평창 결과를 보여준다. 글자가 거의 사라져

눈으로는 확인하기 어려운 결과를 나타낸다. 팽창만을 이용해서는 FAX와 같은 이진 영상을 처리하기가 어렵다는 것을 알 수 있다.

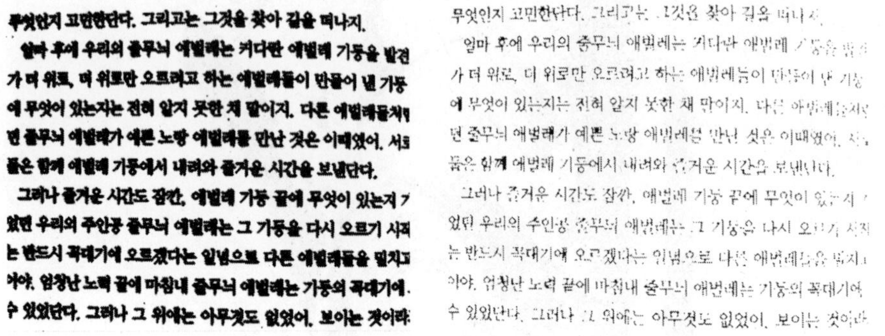

(a) Erosion (b) Dilation

그림 7-11 해상도가 좋은 영상의 침식과 팽창

그림 7-11은 그림 7-10에서 확인하기 어려운 영상 결과를 해결하기 위하여 영상의 해상도를 높여 좀 더 선명하고 굵은 글씨를 보여주는 영상에 침식과 팽창을 수행한 결과 영상이다. 이전 그림에 비하여 글씨를 알아보기 쉽게 영상이 처리된 것을 알 수 있다.

Program 7-2 Binary Dilation

```
void    BinaryDilation(uchar **Data_In, uchar **Data_Out)
{
    int     i,j,count;
    int     maski,maskj;
    int     indexi, indexj;

    for(i=-Size;i<BLK_SIZE-Size;i++) {
        for(j=-Size;j<BLK_SIZE-Size;j++) {
            count = 0;
            for(maski=0; maski<=2*Size; maski++) {
            for(maskj=0; maskj<=2*Size; maskj++) {
                if(N_MASK[maski][maskj] != 0) {
                        indexi = i+maski;
                        indexj = j+maskj;
        // This is a symmetric method
                        if(indexi < 0) indexi = -indexi;
                        else if(indexi >= BLK_SIZE) indexi = 2*BLK_SIZE-indexi-1;
                        if(indexj < 0) indexj = -indexj;
                        else if(indexj >= BLK_SIZE) indexj = 2*BLK_SIZE-indexj-1;

                       if(Data_In[indexi][indexj] == 255) {
                               count++;
                       }
                }
            }
            }
            if(count)
                Data_Out[i+Size][j+Size] = 255;
            else
                Data_Out[i+Size][j+Size] = 0;
        }
    }
}
```

7.2_ 열기(Opening)와 닫기(Closing)

7.1.1과 7.1.2에서 본 침식과 팽창은 영상 내에서 이진 영상의 영역을 넓히거나 좁히는 역할을 수행한다. 이러한 과정은 잡음 제거와 같은 원 영상의 특정 부분의 문제점을 해결하는데 사용하거나 특정한 정보가 사라진 경우 메워주는 역할을 수행할 수 있다. 그러나 책 영상을 스캔한 영상의 이진화 작업 결과를 보면 원 영상의 모양을 유지하면서 특정 문제를 해결하려 할 때는 한 가지 기법만을 사용하면 영상의 어두운 부분이나 밝은 부분이 너무 넓어지는 문제가 발생할 수 있다는 것을 알 수 있다. 이러한 문제점을 해결하면서 특정 작업을 수행할 수 있도록 하는 것이 열기와 닫기 과정이다.

구조요소 B에 의한 집합 A의 열기는 $A \circ B$ 로 표기하는데 아래와 같은 수식으로 정의한다.

$$A \circ B = (A \ominus B) \oplus B \tag{7-6}$$

B에 의한 A의 열기는 B에 의한 A의 침식을 거쳐서 여러 영역들을 메워놓은 후에 그 결과에 B를 이용한 팽창을 수행함으로써 원 영상의 모양을 회복하는 과정이라고 보면 된다.

닫기는 $A \bullet B$로 표현하며 아래의 수식과 같이 정의한다.

$$A \bullet B = (A \oplus B) \ominus B \tag{7-7}$$

B에 의한 A의 닫기는 구조요소 B로 A를 팽창시킨 후 그 결과에 다시 B를 가지고 침식시키는 것이다.

열기는 부족한 부분을 메워 넣어 정상적인 모양으로 회복하는 과정이라면 닫기는 잡음과 같이 튀는 성분들을 제거한 후에 원 영상으로 복구시키는 과정이라고 생각하면 된다. 이것을 생각하면 그림 7-2의 모폴로지 필터링 그림은 닫기의 예라는 것을 알 수 있다. 열기는 영상의 내부 메움이 목적이고 닫기는 영상 외부의 어떤 것을 제거하는 것이 목적이 된다.

그림 7-12에서 보면 열기는 영상의 많은 부분이 메워져 있는 것을 알 수 있고 닫기는 많은 영역에서 검은색 부분이 제거되고 밝은 부분이 살아있는 것을 알 수 있다. 이러한 과정을 통해 원하는 결과를 얻을 수 있다.

(a) Opening　　　　(b) Closing

그림 7-12　이진 영상에서의 열기와 닫기

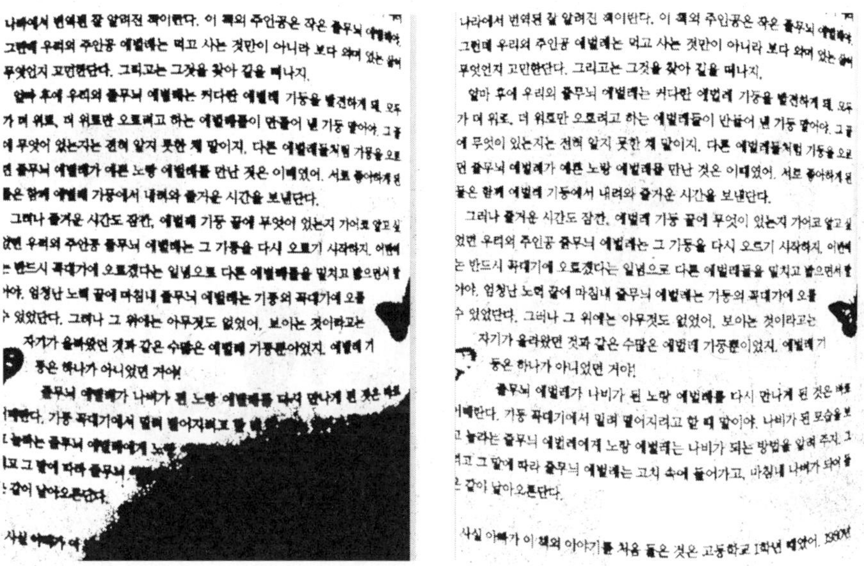

(a) Binary Image　　　　(b) Adaptive Binary Image

그림 7-13　열기 결과 영상

그림 7-13은 책 영상의 이진화 영상과 적응적 이진화 영상에 대하여 열기 작업을 수행한 결과 영상이다. 적응적 이진화 영상이 조금 더 가는 글자 모양을 보이는 것은 이진화 과정에서 평균값보다 아래 값으로 이진화를 수행했기 때문이다. 이러한 굵기는 적응적으로 처리할 수 있다는 것을 명심하기 바란다.

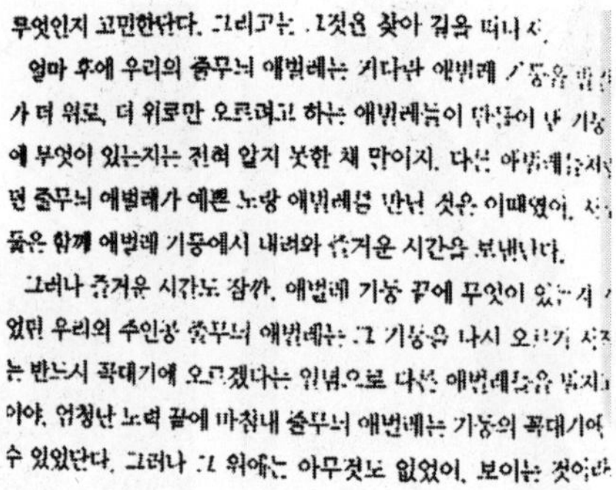

무엇인지 고민한단다. 그리고는 그것을 찾아 길을 떠나지.
얼마 후에 우리의 줄무늬 애벌레는 기다란 애벌레 기둥을
가 더 위로, 더 위로만 오르려고 하는 애벌레들이 만들어 낸 기둥
에 무엇이 있는지는 전혀 알지 못한 채 말이지. 다른 애벌레들을
던 줄무늬 애벌레가 예쁜 노랑 애벌레를 만난 것은 이때였어.
들은 함께 애벌레 기둥에서 내려와 즐거운 시간을 보냈단다.
그러나 즐거운 시간도 잠깐. 애벌레 기둥 끝에 무엇이 있는지
었던 우리의 주인공 줄무늬 애벌레는 그 기둥을 다시 오르기 시작
는 반드시 꼭대기에 오르겠다는 일념으로 다른 애벌레들을 밟지
이야. 엄청난 노력 끝에 마침내 줄무늬 애벌레는 기둥의 꼭대기에
수 있었단다. 그러나 그 위에는 아무것도 없었어. 보이는 것이라

그림 7-14 닫기 결과 영상

그림 7-14는 해상도가 좋은 스캔 영상에 닫기를 수행한 결과를 보여준다. 적응적 이진화 영상의 팽창 결과 영상이 전혀 확인할 수 없는 결과를 보여주기 때문에 닫기 작업도 수행한 결과를 확인할 수 없어서 그림에 포함하지 않았다. 이진화 영상은 검은색 부분과 하얀색 부분 중에서 어느 부분을 확대할지에 따라 영상의 침식과 팽창을 결정할 수 있으며 그 후에 열기와 닫기를 수행할 수 있다.

(a) Erosion (b) Dilation

그림 7-15 거실 영상의 침식과 팽창 결과

(a) Opening

(b) Closing

그림 7-16 거실 영상의 열기와 닫기 결과

그림 7-15는 거실 영상을 이진화한 후에 침식과 팽창을 수행한 결과 영상을 보여준다. 침식 영상은 검은색 부분이 많이 나타나고 있으며 팽창 영상은 하얀색 부분이 많이 나타나고 있는 것을 볼 수 있다. 이러한 결과에 대하여 다시 팽창과 침식을 수행한 것이 그림 7-16에 보이는 열기 연산과 닫기 연산의 결과이다. 열기는 침식 후 팽창을 수행했기 때문에 닫기 연산의 결과보다는 검은색 부분이 많이 보인다.

단순히 이진 영상에서 보기 좋은 영상의 모양을 찾는 것이 아니라 이진 영상의 하얀색을 강조할 것인지 검은색을 강조할 것인지에 따라 영상에 적용하는 형태학적 필터링 연산이 달라진다. 그것이 상황에 맞추어 적응적인 필터링을 수행해야 하는 이유이다.

Program 7-3 Binary Opening and Closing

```
void    BinaryOpening(uchar **Data_In, uchar **Data_Out)
{
    BinaryErosion(Data_In,TempBlk);
    BinaryDilation(TempBlk,Data_Out);
}

void    BinaryClosing(uchar **Data_In, uchar **Data_Out)
{
    BinaryDilation(Data_In,TempBlk);
    BinaryErosion(TempBlk,Data_Out);
}
```

지금까지 설명한 모폴로지 필터링에 의해서 목적에 맞는 영상을 구하는 것이 가능한데 아래의 예는 경계선을 얻는 방법을 보여준다. 경계선을 얻는 정의는 아래와 같다.

$$E(A) = A - (A \ominus B) \tag{7-8}$$

이것은 침식을 수행한 결과 영상을 원 영상에서 빼 줌으로써 경계선을 얻을 수 있다는 것을 의미하며 이때 사용하는 구조요소 B의 크기에 따라 그 모양이 달라질 수 있다.

아래 그림 7-17은 경계선을 추출한 결과 영상을 보여준다.

그림 7-17 Edgy of Morphological Filtering

그림 7-17은 상당히 선명한 경계선을 나타내며 에지검출의 관점에서 봐도 좋은 결과를 보여주는 것을 알 수 있다.

그림 7-18 Edgy of Morphological Filtering

그림 7-18은 거실 영상에 대하여 수식 (7-8)을 적용하여 경계선을 구한 영상이다. 그림 7-19의 Sobel 연산자 결과와 Laplace 연산자 결과를 비교해 보면 각각의 경계선이 잘 나와 있는 것을 알 수 있다. Laplace 연산자는 center 값을 8로 수행한 결과 영상이다.

(a) Sobel Operator (b) Laplace Operator

그림 7-19 연산자에 따른 거실 영상의 경계선 영상

이러한 모폴로지 필터링을 이용한 다양한 기법들이 존재하기 때문에 형태학적 필터링에 대한 기본적인 이해가 매우 중요하다.

7.3_ Morphology of Standard Image

지금까지 본 이진 영상에서의 형태학적 처리를 우리가 일반적으로 접하는 그레이 스케일 영상에서 처리하는 방법에 대해서 알아본다. 일반적인 영상은 f(x, y)로 표현하며 구조요소는 b(x, y)로 표현하여 그레이 스케일에서의 모폴로지를 수행하도록 할 것이다. 이진 영상에서는 참과 거짓과 같이 두 가지 값만 존재하기 때문에 구조요소의 값을 결정하는 것이 불필요했으나 그레이 스케일 영상에서는 구조요소의 매개 값들이 어떤 값을 가지고 있는가에 따라 영상의 모폴로지 결과가 다르게 나타날 수 있다는 것을 생각해 보아야 한다. 물론 형태학적인 문제가 아니라 그레이 스케일의 밝기 문제에서 생각해야 한다. 이것은 그레이 스케일 영상의 모폴로지 수행의 정의에 의해 생겨난 것이다.

7.3.1 침식과 팽창

그레이 스케일 영상에서의 침식은 구조요소 b에 의해 영상 f가 (x, y)위치에서 침식된다는 의미를 지닌다. 이러한 정의는 아래와 같다.

$$f \ominus b(x,y) = \min_{(s,t) \in b} \{ \mathrm{f(x+s, y+t) - b(s,t)} \} \tag{7-9}$$

식 7-9는 원 영상 f에 대하여 구조요소 b를 (s, t)만큼 움직이면서 f의 값과 b의 구조요소 값을 뺀 값 중에서 최솟값을 선택하는 것이다. 즉, 원 영상 f에 대하여 구조요소는 필터와 같은 역할을 수행하여 필터링 결과 값 중에서 최솟값을 그 때의 (x, y) 값으로 정하는 것이다.

$$f \oplus b(x,y) = \max_{(s,t) \in b} \{ \mathrm{f(x-s, y-t) + b(s,t)} \} \tag{7-10}$$

수식 (7-10)은 그레이 스케일 영상의 팽창 연산을 정의한 것으로 원 영상 f에 대해 구조요소 b를 (s, t)만큼 움직이면서 f와 b를 더한 값들 중에서 최댓값을 선택하는 연산이다. 필터링 관점에서 보면 침식 연산은 코릴레이션 연산과 비슷하며 팽창 연산은 컨벌루션 연산과 유사한 모양을 갖는 것을 알 수 있다.

(a) The Result of Erosion (b) The result of Dilation

그림 7-20 그레이 스케일에서의 침식과 팽창

그림 7-2는 그레이 스케일에서 수행한 침식과 팽창의 결과를 보여준다. 이때 사용한 구조요소는 7×7 필터를 사용하였다. 구조요소의 값에 따라 빼고 더하는 침식과 팽창에 영향을 미치겠지만 필터의 크기가 영상의 전체적인 모양에 더 많은 영향을 미치게 된다. 침식은 어두운 값들이 많아진 것을 알 수 있으며 팽창은 전체적으로 밝아진 결과를 보여준다.

(a) The Result of Erosion (b) The result of Dilation

그림 7-21 거실 영상에 적용한 그레이 스케일에서의 침식과 팽창

그림 7-21은 거실 영상에 대하여 그레이 레벨에서의 형태학적 필터링을 적용한 결과를 보여준다. 필터 크기는 7×7로 수행하였고 침식은 전체적으로 어두운 영상을 보여주고 있으며 팽창은 더욱 밝아진 결과 영상을 보여준다. 전체적으로 뭉개져 있는 영상의 모양을 볼 수 있다.

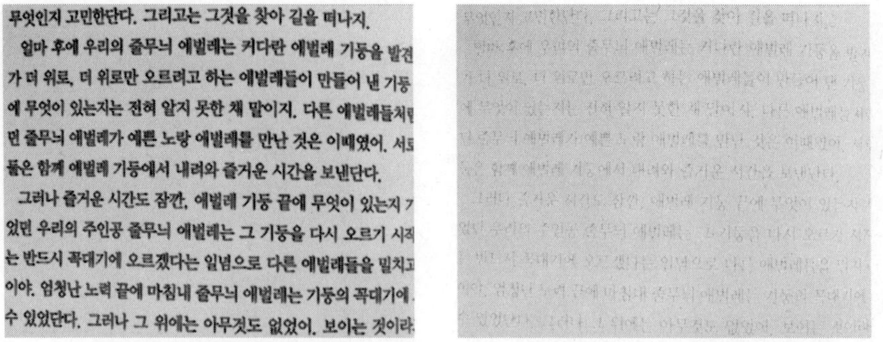

(a) The Result of Erosion (b) The result of Dilation

그림 7-22 책 영상에 대한 그레이 스케일에서의 침식과 팽창

그림 7-22는 책 영상에 대해 그레이 레벨에서의 침식과 팽창을 수행한 결과 영상을 보여준다. 이진 영상에서의 결과와 비슷하게 팽창은 영상에서 글씨를 알아보기 힘들게 뭉개져 있는 것을 볼 수 있다. 이 영상은 필터의 크기를 3×3으로 설정하여 처리하였다. 7×7필터를 사용하는 경우 팽창을 수행했을 때 더 심하게 글씨가 뭉개져 전혀 알아볼 수 없는 상태가 되기 때문에 3×3으로 필터를 사용하였다.

Program 7-4 Grey level Erosion

```
void    Erosion(uchar **Data_In, uchar **Data_Out)
{
    int i,j,smin,value;
    int indexi, indexj;
    int maski,maskj;

    for(i=-Size; i < BLK_SIZE-Size; i++) {
        for(j=-Size; j< BLK_SIZE-Size;j++) {
            smin = 256;
            for(maski=0; maski<=2*Size; maski++) {
                for(maskj=0; maskj<=2*Size; maskj++) {
                    if(N_MASK[maski][maskj] != 0) {
                        indexi = i+maski;
                        indexj = j+maskj;
                // This is a symmetric method
                        if(indexi < 0) indexi = -indexi;
                        else if(indexi >= BLK_SIZE) indexi =
2*BLK_SIZE-indexi-1;
                        if(indexj < 0) indexj = -indexj;
                        else if(indexj >= BLK_SIZE) indexj =
2*BLK_SIZE-indexj-1;

                // This is a circular method
                //      if(indexi < 0) indexi += BLK_SIZE;
                //      else if(indexi >= BLK_SIZE) indexi -= BLK_SIZE;
                //      if(indexj < 0) indexj += BLK_SIZE;
                //      else if(indexj >= BLK_SIZE) indexj -= BLK_SIZE;
                        if(Data_In[indexi][indexj] < smin) {
                            value =
(int)Data_In[indexi][indexj]-(int)N_MASK[maski][maskj];
                            if(value < smin) smin = value;
                        }
                    }
                }
            }
            Data_Out[i+Size][j+Size] = (smin<0) ? (uchar)0 : (uchar)smin;
        }
    }
}
```

Program 7-5 Grey level Dilation

```
void      Dilation(uchar **Data_In, uchar **Data_Out)
{
     int i,j,smax,value;
     int maski,maskj;
     int indexi, indexj;

     for(i=-Size;i<BLK_SIZE-Size;i++) {
          for(j=-Size;j<BLK_SIZE-Size;j++) {
               smax = 0;
               for(maski=0; maski<=2*Size; maski++) {
                    for(maskj=0; maskj<=2*Size; maskj++) {
                         if(N_MASK[maski][maskj] != 0) {
                              indexi = i+maski;
                              indexj = j+maskj;
                              // This is a symmetric method
                              if(indexi < 0) indexi = -indexi;
                              else if(indexi >= BLK_SIZE) indexi = 2*BLK_SIZE-indexi-1;
                              if(indexj < 0) indexj = -indexj;
                              else if(indexj >= BLK_SIZE) indexj = 2*BLK_SIZE-indexj-1;
                              if(Data_In[indexi][indexj] > smax) {
                                   value = (int)Data_In[indexi][indexj]+(int)N_MASK[maski][maskj];
                                   if(value > smax) smax = value;
                              }
                         }
                    }
               }
               Data_Out[i+Size][j+Size] = (smax>255) ? (uchar)255 : (uchar)smax;
          }
     }
}
```

7.3.2 열기와 닫기

그레이 스케일 영상의 열기와 닫기는 이진 영상의 열기와 닫기와 동일한 과정을 거쳐서 그 결과를 얻는다. 열기와 닫기는 아래 수식과 같이 정의한다.

$$f \circ b = (f \ominus b) \oplus b \tag{7-11}$$

$$f \bullet b = (f \oplus b) \ominus b \tag{7-12}$$

수식 (7-11)의 열기는 b에 의해서 f를 침식시킨 결과에 대하여 다시 b를 이용하여 팽창을 수행하는 연산이다. 수식 (7-12)의 닫기는 먼저 팽창을 수행한 후 그 결과에 대하여 침식을 수행한 결과를 얻는다. 이것은 이진 연산에서의 열기와 닫기 과정과 동일하다. 그림 7-23은 그레이 스케일 영상에 대하여 수식 (7-11) 과 수식 (7-12)를 적용하여 그 결과를 얻은 열기와 닫기의 결과 영상이다.

(a) The Result of Opening

(b) The Result of Closing

그림 7-23 그레이 스케일에서의 열기와 닫기

열기의 결과 그림이 닫기의 결과 그림보다 좀 더 어두운 영역이 많은 것을 알 수 있는데 이것은 침식과 팽창 중에서 어느 것을 먼저 수행했느냐에 따라 결과가 달라지는 것이다. 영상의 특성에 따라 영상 내에 메워야 할 영역이 많은지 아니면 잡음 성분이 많아서 잡음 성분을 제거해야 하는지에 따라 그 설정이 바뀔 수 있다는 것을 의미한다.

(a) The Result of Opening (b) The Result of Closing

그림 7-24 거실 영상의 그레이 레벨에서의 열기와 닫기

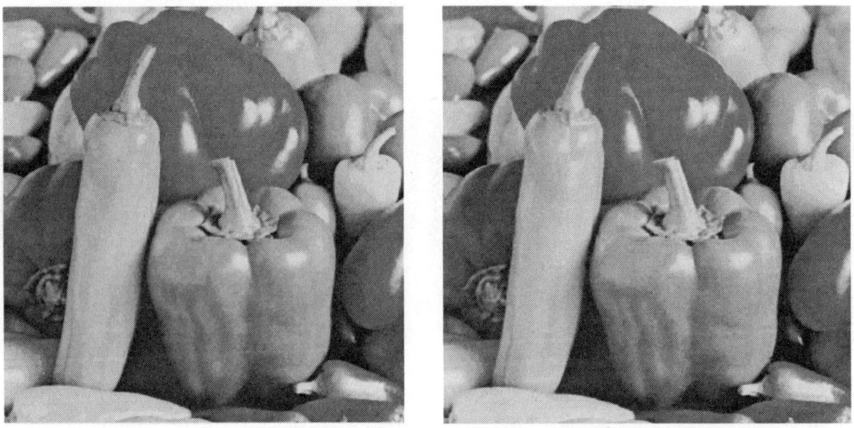

(a) The Result of Opening (b) The Result of Closing

그림 7-25 Pepper 영상의 그레이 레벨에서의 열기와 닫기

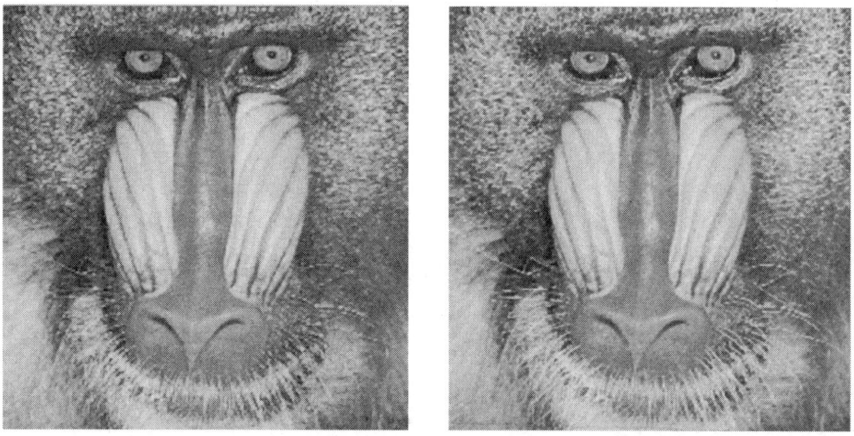

(a) The Result of Opening (b) The Result of Closing

그림 7-26 Mandril 영상의 그레이 레벨에서의 열기와 닫기

그림 7-24에서 그림 7-26까지의 영상은 열기와 닫기를 그레이 레벨에서 수행한 결과 영상을 보여준다. 열기보다 닫기 연산이 조금 더 뭉개지는 결과를 보여주는데 이것은 팽창의 결과가 조금 더 밝은 영상을 만든 후 다시 어두워지는 특징 때문이다. 특히 맨드릴 영상의 경우 뭉개지는 현상이 눈에 띄게 많이 나타나는데 이것은 고주파 성분인 털들이 넓게 분포되어 있기 때문에 나타나는 현상이다.

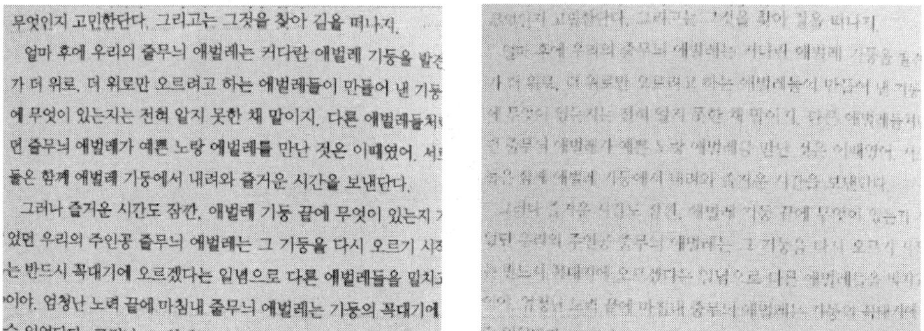

(a) The Result of Opening (b) The Result of Closing

그림 7-27 책 영상의 그레이 레벨에서의 열기와 닫기

팽창 수행 후 침식을 수행하는 닫기 연산의 결과를 가장 명확히 보여주는 결과 영상은 책에 수행한 결과 영상이다. 글씨가 대부분 뭉개져서 읽을 수 없는 상태가 된 결과 영상을 그림 7-27에서 확인할 수 있다.

Program 7-6 Grey level Opening and Closing

```
void     Opening(uchar **Data_In, uchar **Data_Out)
{
    Erosion(Data_In,TempBlk);
    Dilation(TempBlk,Data_Out);
}

void     Closing(uchar **Data_In, uchar **Data_Out)
{
    Dilation(Data_In,TempBlk);
    Erosion(TempBlk,Data_Out);
}
```

그림 7-28 Edgy from 그림 7-20

그림 7-28은 그림 7-20의 팽창과 침식의 차이 값을 이용하여 경계선 성분을 얻은 결과 그림이다. 그림 7-28을 만든 수식은 아래와 같이 정의한다.

$$E = (f \oplus b) - (f \ominus b) \tag{7-13}$$

여기서 E는 경계선 값을 나타낸다. 이진 영상에서 보여준 경계선 검출 결과보다 더 두꺼운 경계선 값들을 표현하고 있는 것을 볼 수 있다.

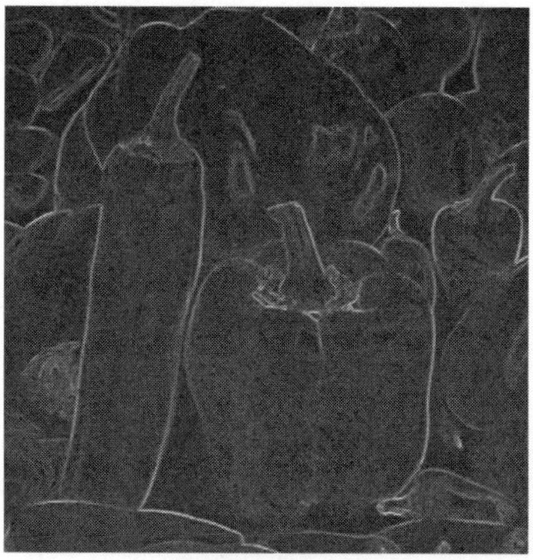

(a) Pepper

(b) Livingroom

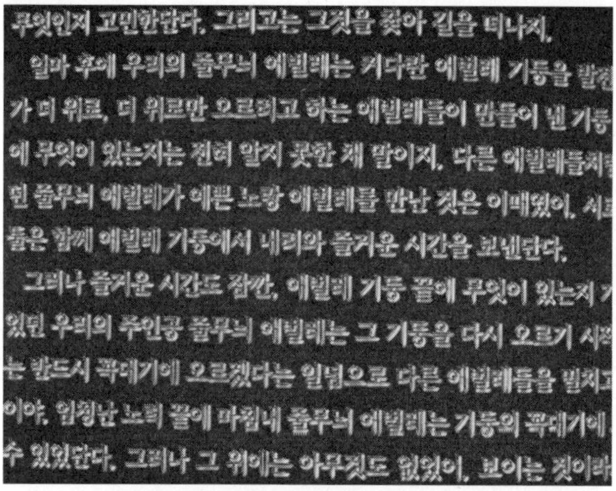

무엇인지 고민한단다. 그리고는 그것을 찾아 길을 떠나지.
얼마 후에 우리의 줄무늬 애벌레는 커다란 애벌레 기둥을 발
가 더 위로, 더 위로만 오르려고 하는 애벌레들이 만들어 낸 기둥
에 무엇이 있는지는 전혀 알지 못한 채 말이지. 다른 애벌레들처
던 줄무늬 애벌레가 예쁜 노랑 애벌레를 만난 것은 이때였어. 서
들은 함께 애벌레 기둥에서 내려와 즐거운 시간을 보낸단다.
그러나 즐거운 시간도 잠깐, 애벌레 기둥 끝에 무엇이 있는지
있던 우리의 주인공 줄무늬 애벌레는 그 기둥을 다시 오르기 시
는 반드시 꼭대기에 오르겠다는 일념으로 다른 애벌레들을 밟치고
이야. 엄청난 노력 끝에 마침내 줄무늬 애벌레는 기둥의 꼭대기에
수 있었단다. 그러나 그 위에는 아무것도 없었어. 보이는 것이라

(c) Book

그림 7-29 Edgy by Morphological Filtering

그레이 스케일에서 이진 영상에서 처리한 것과 같은 경계선 검출 수식을 적용하지 않는 이유는 그레이 스케일은 원 영상을 통해 열기와 닫기를 수행한 영상에 빼기 연산을 수행한 경우 그레이 스케일 값이 나오기 때문이다. 그렇게 하면 우리가 원하는 경계선 성분이 제대로 나오지 않는다. 이러한 과정을 수행하기 위해서는 문턱치(Threshold) 값을 지정하여 한 번 더 수행해 주어야 원하는 경계선 값을 얻을 수 있으며 문턱치 값에 따라 그 결과가 다양하게 나올 수 있기 때문에 특수한 과정에서 필요에 따라 사용하게 된다. 그러나 책에서 보여주는 그림 7-29는 문턱치를 적용하지 않은 그레이 레벨 값을 그대로 보여주고 있다. 그림 (b)의 거실 영상은 3×3 필터를 이용하였으며 나머지는 7×7필터를 이용하여 처리하였다. 책 영상의 경우 엠보싱과 같은 효과를 보여주고 있는데 이것은 팽창된 영상의 값들이 침식된 영상의

값에 대하여 필터 크기만큼의 차이를 보이기 때문에 나타나는 현상이다. 필터를 작은 것을 사용한다면 조금 더 작은 차이를 보이게 될 것이다.

Program 7-6 Grey level Add and Substract

```
void AddSub(uchar **img, uchar **Result, int Row, int Col, int flag, int factor )
{
    int i,j;
    double tmp;

    for(i=0; i< Row; i++)
    for(j=0; j< Col; j++)
    {
        if(flag == 0)
        {
            tmp = img[i][j] + factor;

            if(tmp > 255) tmp = 255;
            else if(tmp < 0) tmp = 0;

            Result[i][j] = tmp;
        }
        else
        {
            tmp = img[i][j] - factor;

            if(tmp > 255) tmp = 255;
            else if(tmp < 0) tmp = 0;

            Result[i][j] = tmp;

        }
    }
}
```

08
기하학적 변환

앞장에서 다루었던 모폴로지는 영상내의 픽셀 값에 변화를 주어 형태를 다루는 것이었다면 이번 장에서 다룰 기하학적 변환은 보간법에서 다룬 작업과 같이 새로운 픽셀 값들을 만들어내는 것을 의미한다. 기하학적 변환은 실제로 화소의 값이 존재하지 않는 곳으로 이동하거나 새롭게 만들어야 하는 상황에 사용하는 용어이다. 보간법은 기하학적 변환이라고 할 수는 없으나 많은 기하학적 변환에서 사용하는 기법이기 때문에 2장에서 설명한 보간법에 대하여 이번 장에서 자세히 다루도록 한다.

8.1_ 보간법(Interpolation)

기하학적 변환에서는 맵핑(Mapping)으로 각 픽셀의 위치가 변화한다. 맵핑은 순방향과 역방향으로 나뉘는데 순방향은 원본 영상이 변화하는 과정을 의미하며 역방향은 변화된 영상이 원본 영상의 형태로 되돌아오는 과정을 의미한다. 기하학적 변환에서는 역방향이 원본 영상으로 완벽하게 복원되는 것을 보장하지는 못한다.

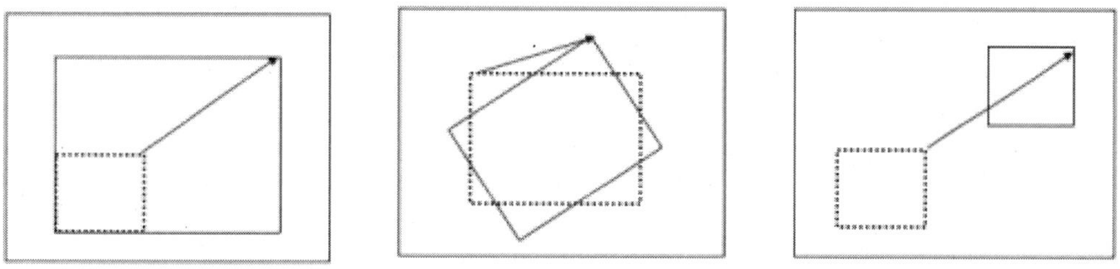

(a) 크기변환 (b) 회전변환 (c) 이동변환

그림 8-1 기본적인 기하학적 변환

그림 8-1은 기하학적 변환을 나타내는 기본적인 변환을 보여준다. 현재의 영상 크기를 원하는 모양의 크기로 변환할 수 있는 것과 영상의 전체 모양을 회전시켜 보여주는 것, 그리고 현재 위치에서 다른 화소 점으로 이동하는 변환까지를 보여준다. 이러한 과정은 현재의 화소 위치가 다른 위치로 이동하여 영상의 기하학적 모양이 변하게 되는 것을 의미한다. 이러한 기하학적 변환은 영상 내에 존재하지 않는 새로운 값이 만들어지는 것이 아니라 영상 내 값의 이동에 따라 새로운 형태를 만들게 된다는 것을 의미한다. 그러나 크기변환(Scale)의 경우 현재 영상의 상태로는 표현할 수 있는 값이 존재하지 않기 때문에 새로운 값을 기존의 값에서 만들어내는 과정이 필요하며 이러한 과정을 수행하는 것을 보간법(Interpolation)이라 한다. 따라서 기하학적 변환의 큰 핵심 기술은 보간법이 될 수밖에 없다. 먼저 보간법에 대해서 다룬 후에 회전 변환과 이동 변환에 대하여 알아보도록 한다. 모든 기하학적 변환은 매핑을

다루어야 하는데 매핑은 정수형 픽셀 위치에서 정수형 픽셀 위치로 이동하는 과정에서 약간의 오차가 발생하는 경우가 많으며 이러한 오차를 잘 처리해야 한다. 다음의 수식을 보면 이해할 수 있다.

$$(x,y)_{source} = \frac{(x,y)_{dest}}{2} \tag{8-1}$$

(x, y)가 영상 내에 화소가 존재하는 위치를 나타내 주는 값이라고 하면 source와 dest는 항상 정수형 값을 가지고 있어야 하는데 source의 값이 홀수로 존재하는 경우 dest는 필연적으로 .5의 값이 존재하게 된다. 이러한 결과 값의 역변환이 불가능해지면 생성된 화소의 위치 또한 정확한 값을 가질 수 없게 된다. 이러한 경우 원본 영상에서 맵핑된 결과 영상은 원본 영상과는 약간의 오차를 나타낼 수밖에 없는 문제가 발생하는데 이러한 오차 값을 최소한으로 줄여주는 과정이 보간법이다. 보간법은 오차 값이 발생하는 화소 정보를 최소한도의 오차가 되도록 새로운 화소 값을 생성해 내는 과정이다. 보간법은 주변의 여러 값들을 분석함으로써 새로운 화소 값을 만들어낸다. 보간법에는 다양한 알고리즘이 존재하는데 복잡한 알고리즘을 적용할수록 좀 더 정밀한 결과를 얻을 수 있지만 너무 복잡한 알고리즘은 계산 시간과 메모리를 많이 소비하므로 적절한 방법을 택할 필요가 있다.

8.1.1 Nearest Neighbor(최근접 이웃화소) Interpolation

가장 인접한 이웃의 화소점을 원하는 목표점에 대치하는 방법이다. 만약 2배의 크기로 영상을 확대하고 싶은 경우 원 영상을 한 개씩 더 복사하여 영상의 크기를 크게 할 수 있을 것이다. 이러한 단순한 방법만으로도 충분히 좋은 결과를 얻을 수 있는데 그 이유는 인간의 시각체계는 고주파 성분 부분에서 민감하게 반응을 하기는 하나 고주파 성분이 많은 영역에서는 고주파 성분을 필터링하는 역할을 수행하기 때문이다. 인간의 시각체계가 다양하게 반응한다고 생각하면 된다. 바로 이웃하는 화소를 대체하는 것은 이러한 고주파 성분과 같은 급격한 변화가 발생하지 않는다는 것을 의미하며 그것은 인간의 시각 시스템이 그대로 받아들인다는 것을 의미한다. 평탄한 저주파 영역에서는 작은 변화에도 인간의 시각체계가 그 변화에 반응하는 것으로 알려져 있으나 최근접 이웃 화소 법은 평탄한 영역에서 급격한 변화를 발생시키지 않기 때문에 인간의 시각체계에는 변화를 주지 못하는 것을 알 수 있다. 단지 고주파 영역에서 발생하는 변화가 눈에 띄는 것을 알 수 있다.

그림 8-2는 최근접 이웃화소 법을 적용하여 LENA와 Pepper 영상에 대하여 확대를 실시한 영상 결과이다. (a) 그림은 1.5배로 영상을 확대한 결과이고 (b) 그림은 3배로 확대한 영상

결과를 보여준다. LENA 영상의 모자 깃을 자세히 보면 1.5배 확대한 영상에서 찌글거리는 결과를 볼 수 있는데 이것은 확대를 수행하는 과정에서 소수점을 처리하는 과정에서 발생한 어긋남이라고 생각하면 된다. 이러한 어긋남은 최근접 값을 가져오는 경우 정확한 값을 가져오는 것이 힘들기 때문에 반올림 처리와 같은 작업을 수행하게 되고 그 결과로 고주파 성분이 많은 부분에서 인간의 눈에 거슬리는 결과를 보여주는 경우가 많다. 3배 확대한 영상 역시 동일한 결과들이 존재하나 원본의 영상 크기가 (a) 번 영상보다 2배 더 큰 영상을 같은 크기로 화면에 보여주기 때문에 찌글거리는 영상의 모양이 많이 줄어든 것이다. 디지털 영상을 바라보는 거리가 멀면 멀수록 인간의 시각체계는 고주파 성분을 제거하는 작업을 수행하기 때문에 좀 더 부드러운 영상을 볼 수 있다는 것을 기억하기 바란다. 보간법은 그 자체만으로도 훌륭한 작업임을 결과 영상에서 볼 수 있다.

(a) Scale of 1.5

(b) Scale of 3

(c) Scale of 1.5

(d) Scale of 3

그림 8-2 The Result of Nearest Neighbor Interpolation

LENA 영상은 256×256 영상을 이용하여 보간법을 수행하였으나 Pepper 영상은 512×512 영상을 이용하여 보간법을 수행하였기 때문에 그림 8-2처럼 동일한 크기로 보여주면 화질이 더 좋은 것처럼 보일 수 있다. 그러나 그림 8-2의 (d)는 1536×1536의 크기를 줄인 것이기 때문에 화면상에서 굉장히 선명한 느낌을 주나 화면을 많이 확대할수록 화질이 떨어질 수밖에 없다는 것을 알아두기 바란다. 그림 8-2의 (c)는 1.5배 확대한 것이기 때문에 256×256 크기를 3배 확대한 그림 (b)와 동일한 크기다. 최근접 이웃 보간법은 알려진 보간법 중에서 가장 간단하고 쉽게 구현이 가능한 방법이며 화질은 그다지 보장하지 못하는 방식임에도 눈으로 보기에 그림의 결과는 나쁘지 않게 보이는 것을 알 수 있다.

(a) 3배 확대한 영상 (b) 왼쪽 박스 영상

그림 8-3 3배 확대한 책꽂이 영상 결과

그림 8-3은 라즈베리파이 카메라로 촬영한 책꽂이 영상을 최근접 이웃 보간법으로 3배 확대한 영상이다. 확대한 영상의 크기는 1920×1440의 크기이다. 그림 (b)는 왼쪽 영상의 박스 부분을 보여주는 영상으로 경계선 부분에 찌글찌글 거리는 선들이 눈에 띄는 것을 볼 수 있다.

그림 8-4는 책 영상에 대하여 최근접 이웃 보간법으로 확대한 영상을 보여준다. 책 영상에 대한 보간법은 단순한 OCR 분야에서부터 글자를 인식하는 많은 분야에서 이용하고 있다. 그냥 있는 그대로의 글자를 인식하는 기법보다는 확대한 후에 영상을 처리하는 것이 유리한 경우가 많아 영상의 이진화 작업과 더불어 가장 널리 사용되는 기법이라고 생각하면 된다. 책의 특성상 화면에 보이는 영상은 있는 그대로의 크기를 보여주는 것이 아니라 확대한 영상의 크기를 책 크기로 줄여서 화면에 보여주기 때문에 둘 다 선명한 결과 영상으로 보이나 보간법은 확대할수록 경계선 부분의 찌글거림이 나타난다는 것을 기억하기 바란다.

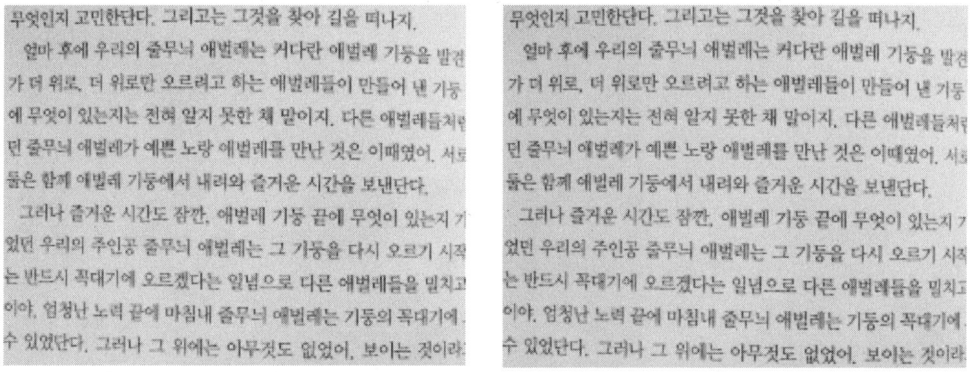

무엇인지 고민한단다. 그리고는 그것을 찾아 길을 떠나지.
얼마 후에 우리의 줄무늬 애벌레는 커다란 애벌레 기둥을 발견
가 더 위로, 더 위로만 오르려고 하는 애벌레들이 만들어 낸 기둥
에 무엇이 있는지는 전혀 알지 못한 채 말이지. 다른 애벌레들처럼
던 줄무늬 애벌레가 예쁜 노랑 애벌레를 만난 것은 이때였어. 서로
들은 함께 애벌레 기둥에서 내려와 즐거운 시간을 보낸단다.
그러나 즐거운 시간도 잠깐, 애벌레 기둥 끝에 무엇이 있는지 가
였던 우리의 주인공 줄무늬 애벌레는 그 기둥을 다시 오르기 시작
는 반드시 꼭대기에 오르겠다는 일념으로 다른 애벌레들을 밀치고
이야. 엄청난 노력 끝에 마침내 줄무늬 애벌레는 기둥의 꼭대기에
수 있었단다. 그러나 그 위에는 아무것도 없었어. 보이는 것이라

(a) Scale of 1.5　　(b) Scale of 3.0

그림 8-4 책 영상에 대한 최근접 이웃 보간법 결과

Program 8-1 Nearest Neighbor Interpolation

```
#include <stdio.h>
#include <stdlib.h>
#include "util.h"


void nInterpolation(uchar **img, uchar** outImg, int ROW ,int COL, double zoom)
{
    int i,j,orgR, orgC, newR, newC;
    double tmpR, tmpC;
    double zoomScaleFactorR, zoomScaleFactorC;
    double iR, iC;

    newR = zoom*ROW;
    newC = zoom*COL;

    for(i = 0; i < newR; i++)
    {
        for(j = 0; j < newC; j++)
        {
            tmpR = i/zoom;
            tmpC = j/zoom;

            orgR = (int)floor(tmpR);
            orgC = (int)floor(tmpC);

            outImg[i][j] = img[orgR][orgC];;
            }
        }
}

/* 아래쪽에 계속 */
```

```
int main(int argc, char *argv[])
{

    int ROW, COL;
    uchar **inImg, **outImg;
    double zoomcoeff;

    if(argc != 6)
    {
        printf("₩n Usage : %s inImage outImg ROW COL zoomcoeff ₩n", argv[0]);
        exit(1);
    }
    ROW = atoi(argv[3]);
    COL = atoi(argv[4]);
    zoomcoeff = atof(argv[5]);


    inImg = uc_alloc(COL, ROW);
    outImg = uc_alloc(zoomcoeff*COL, zoomcoeff*ROW);

    read_ucmatrix(COL, ROW, inImg, argv[1]);

    printf("Start Nearest Neighbour Interpolation  ₩n");

    nInterpolation(inImg, outImg, ROW, COL, zoomcoeff);

    printf("Finished Nearest Neighbour Interpolation  ₩n");

    write_ucmatrix(zoomcoeff*COL, zoomcoeff*ROW, outImg, argv[2]);


    uc_free(COL, ROW, inImg);
    uc_free(zoomcoeff*COL, zoomcoeff*ROW, outImg);

    return 0;
}
```

8.1.2 Bilinear Interpolation(양선형 보간법)

양선형 보간법은 주변에 있는 화소 4개를 이용하여 한 개의 화소를 새롭게 만들어 내는 과정을 가지고 있는 기법이다. 이러한 주변 4개의 화소를 가로축과 세로축으로 구분하여 그 중간 값을 가지고 처리하여 양선형 보간법이라 불린다. 양선형 보간법은 2장에서 4개의 화소를 기준으로 결과를 얻는 과정을 설명했으나 2장에서 보여준 설명은 화소를 그대로 처리하는 기법에 대해 설명하였다. 이번 절에서는 양선형의 의미를 새기는 설명을 하도록 한다.

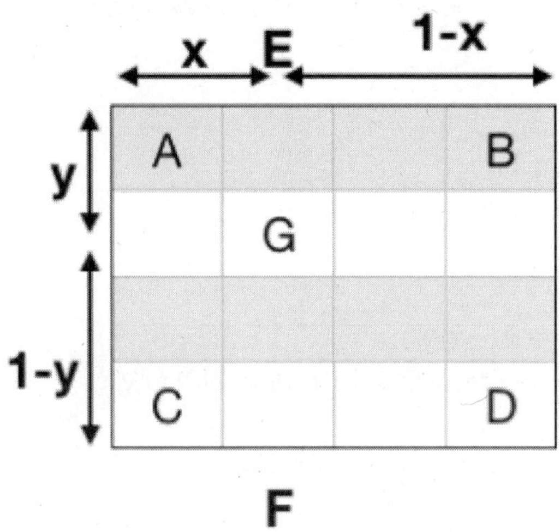

그림 8-5 Computing of Bilinear

각 변수의계산은 아래의 수식으로 쉽게 계산할 수 있다.

$$E=(1-x)A+xB=A+x(B-A)$$

$$F=(1-x)C+xD=C+x(D-C)$$

$$G=(1-y)E+yF=E+y(F-E)$$

그림 8-5는 양선형 보간법을 계산하는 방법을 알려주는 그림이다. 그림에서 A, B, C, D는 원영상의 화소 값이며 그 화소 값을 이용하여 결과 화소 값 G를 구하기 위해 3배 확대를 원하는 영상 모양을 보여준다. 모든 보간법이 그렇듯이 원영상의 화소 값과 얼마나 떨어진 위치에 있는가에 따라서 가중치를 두어 결과를 얻어야 조금 더 원본에 가까운 결과를 얻을 수 있다. 먼저 수행해야 하는 과정은 E와 F를 구하는 과정이다. 이때 E는 원본 영상의 화소

A와 B에서 떨어진 정도인 x 값을 기준으로 그 떨어진 결과에 맞는 가중치 값을 주어 결과를 계산하며 F 화소 값은 원본 화소 값인 C와 D로부터 x와 1-x만큼 떨어진 가중치 값을 가지고 계산한다. 이렇게 계산된 E와 F를 이용하여 y 값과 1-y 값만큼 떨어진 가중치 값을 적용하여 결과 값 G를 얻게 된다. 이러한 과정을 보여준 수식이 그림 8-5의 아래쪽에 표현되어 있다. 만약 A, B, C, D가 5, 6, 8, 9의 값을 가지고 있다고 가정하면 x는 약 0.33의 값을 가질 것이고 y도 0.33의 값을 가질 것이기 때문에 수식에 넣어 결과 값을 계산해 보면 다음과 같이 될 것이다.

$E = 6+0.33(7-6) = 6.33$

$F = 8+0.33(9-8) = 8.33$

$G = 6.33 + 0.33(8.33-6.33) = 6.99$

결과는 정수형 값이 나와야 하기 때문에 7의 결과 값을 갖게 된다.

(a) Scale of 1.5

(b) Scale of 3

(c) Scale of 1.5

(d) Scale of 3

그림 8-6 The Result of Bilinear Interpolation

그림 8-6은 양선형 보간법을 이용하여 LENA 영상과 Pepper 영상을 1.5배와 3배로 확대한 결과 영상을 보여준다. 이러한 결과 영상은 최근접 이웃 화소 보간법에서 보여준 결과 영상과 비교하여 눈으로 볼 때 큰 차이를 느끼기 어려운 것을 알 수 있다. 그러나 자세히 영상을 살펴보면 양선형 보간법이 최근접 이웃 보간법보다 부드러운 결과 영상을 보여주는 것을 알 수 있다. 이것은 주변에 존재하는 4개의 평균값을 가지고 얻은 결과이기 때문에 바로 이웃한 값을 가져온 경우보다 좀 더 영상이 부드러워지고 고주파 부분의 튀는 값들이 상당부분 줄어들어 있음을 알 수 있다. 그러나 인간의 시각체계가 고주파 성분에 대하여 좀 더 관대한 특성이 있기 때문에 자세히 들여다보지 않는다면 그 결과를 좋다 나쁘다 말할 수는 없다. 그림 8-2에서와 마찬가지로 Pepper 영상의 경우 크기가 큰 영상을 작은 크기로 줄여서 화면에 보여주기 때문에 확대한 후의 찌글거림을 눈으로 확인하는 것은 어려우나 직접 실험을 통하여 확인할 수 있을 것이다. 양선형 보간법은 최근접 이웃 보간법에 비하여 좋은 결과를 보여주는 것으로 알려져 있다.

그림 8-7은 영상통화용 표준 영상인 Susie 영상에 대하여 양선형 보간법을 적용하여 얻은 결과를 보여준다. 1.5배 확대한 영상과 3배 확대한 영상을 같은 크기로 보여주는 경우 크기가 큰 3배 확대한 영상이 좀 더 선명한 모양으로 보이는 것은 해상도의 변화 때문이다. 그러나 실제 크기의 3배로 확대한 영상이 1.5배 확대한 영상보다 더 선명한 결과를 보여주는 것은 쉽지 않은 작업이라는 것을 다시 한 번 강조한다. 그럼에도 Susie 영상은 단순한 배경과 변하지 않는 얼굴 화면 위주로 구성되어 있어 크게 확대해도 영상 전체의 화질이 저하되는 것이 크게 눈에 띄지 않는 표준 영상이다.

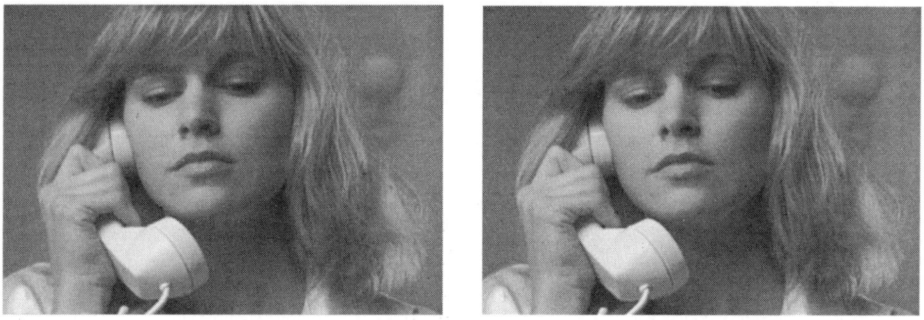

(a) Scale of 1.5　　　(b) Scale of 3

그림 8-7 The Result of Bilinear Interpolation

그림 8-8은 문자 인식 분야에서 많이 사용하는 확대한 문자 인식을 위해서 수행하는 확대 영상을 비교 분석한 영상이다. 그림 (a)는 최근접 이웃 보간법을 이용하여 3배 확대한 영상의 글자를 보여주는 영상이며 (b)는 양선형 보간법을 이용하여 3배 확대한 영상의 글자를 보여주는 영상이다. 최근접 이웃 보간법은 바로 옆의 화소를 복사해서 확대하는 방식이기 때문에 선명한 느낌이기는 하지만 언더샘플링 효과로 찌글거림이 보이는 것을 알 수 있고 양선형 보간법은 찌글거림은 없으나 주변의 값들을 평균 내는 효과를 가지고 있기 때문에 전체적으로 블러링 되는 현상이 나타나는 것을 볼 수 있다. 또한 결과 그림에서 확인할 수 있듯이 영상을 보간법으로 확대하는 경우 원 영상에 비하여 화질 저하가 발생하는 것을 피할 수는 없기 때문에 최대한 화질 저하를 줄이는 기법에 대한 연구가 진행되고 있다.

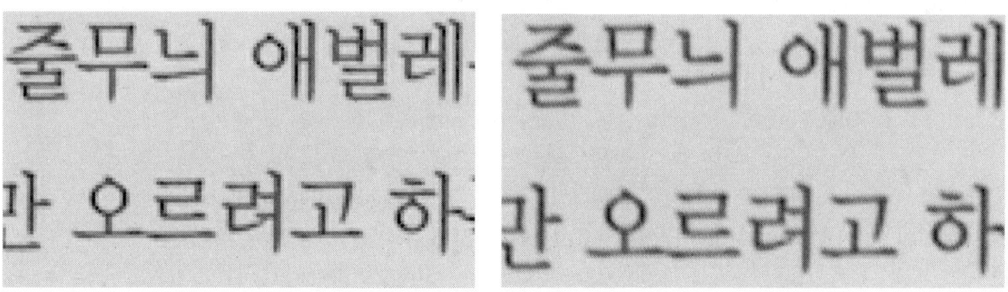

(a) Nearest Neighbor　　　(b) Bilinear

그림 8-8 Comparison of Nearest Neighbor and Bilinear Interpolation

Program 8-2 Bilinear Interpolation

```
void bInterpolation(uchar **img, uchar** outImg, int ROW ,int COL, double zoom)
{
    int i,j,orgR, orgC, newR, newC;
    double tmpR, tmpC;
    double zoomScaleFactorR, zoomScaleFactorC;
    double iR, iC;

    newR = zoom*ROW;
    newC = zoom*COL;

    for(i = 0; i < newR; i++)
    {
        for(j = 0; j < newC; j++)
        {
            tmpR = i/zoom;
            tmpC = j/zoom;

            orgR = (int)floor(tmpR);
            orgC = (int)floor(tmpC);

            zoomScaleFactorR = tmpR - orgR;
            zoomScaleFactorC = tmpC - orgC;

            if(orgR < 0 || orgR +1 >= ROW || orgC < 0 || orgC+1 >= COL)
                outImg[i][j] = 0;
            else
            {
                iR = img[orgR][orgC] + zoomScaleFactorR*(img[orgR+1][orgC]-img[orgR][orgC]);
                iC = img[orgR][orgC+1] + zoomScaleFactorC*(img[orgR+1][orgC+1]-img[orgR][orgC+1]);

                outImg[i][j] = (uchar)(iR + zoomScaleFactorC*(iC - iR));
            }

        }
    }
}
```

8.1.3 Cubic Interpolation(3차 보간법)

3차 보간법은 고등차수 보간법의 일종으로 영상의 주변 화소 16개에서 한 개의 결과값을 얻는 기법이다. 주변에 존재하는 많은 값들을 기반으로 보간이 이루어지기 때문에 좀 더 정확하고 좋은 결과를 얻을 수 있다. 현재까지 가장 성능이 좋은 방식으로 알려져 있으며 3차 보간법을 이용하여 많은 기기에서 보간법을 수행하고 있다. 그러나 많은 계산 결과와 메모리를 필요로 하므로 좋은 결과만이 목적인 경우에 사용한다고 생각할 수 있다. 3차 보간법은 3차 다항식을 이용하여 보간을 수행하는 기법이다. 3차 보간법의 보간 함수는 아래와 같이 나타낸다.

$$f(x)=\begin{cases}(a+2)|x|^3-(a+3)|x|^2+1 & 0\leqq|x|<1\\ a|x|^3-5a|x|^2+8a|x|-4a & 1\leqq|x|<2\\ 0 & 2\leqq|x|\end{cases} \tag{8-2}$$

일반적으로 계수 a를 위하여 제안된 값들은 -0.5, -0.75, 1.0이며 시각적으로 가장 좋은 결과를 나타내는 것이 -1.0으로 알려져 있다. 그러나 실제로 적용하여 결과 영상을 눈으로 비교하는 것은 커다란 의미가 없다는 것을 알아야 한다.

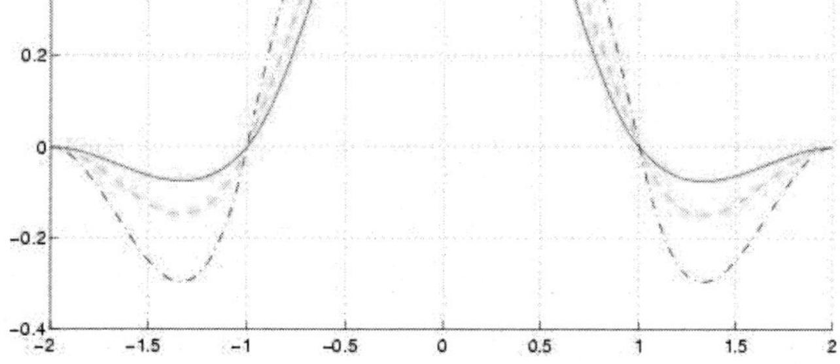

그림 8-9 cubic interpolation function

그림 8-9는 수식 (8-2)에서 a값의 변화에 따른 보간함수를 보여준다. a값이 클수록 더 넓은 영역에 대해 보간이 가능하다는 것을 알 수 있으며 a값이 작을수록 더 정확한 결과 값을 얻을 수 있다는 것을 함수 그림으로 알 수 있다.

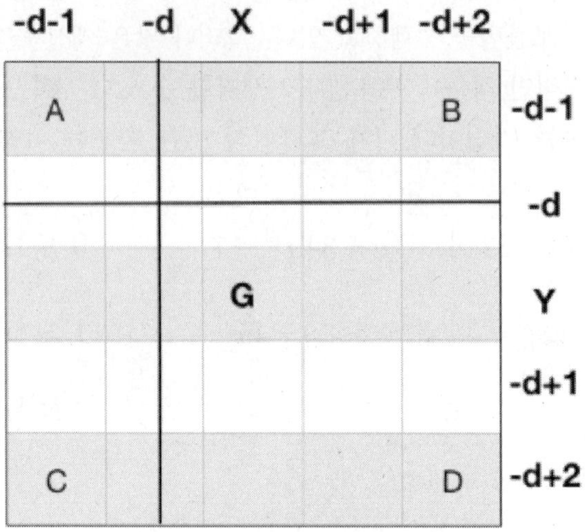

그림 8-10 고등차수 보간법

그림 8-10은 수식 (8-2)의 x 값을 보간에 의하여 구하는 과정에 대한 설명 그림이다. 목표 값 G를 기준으로 좌측 첫 번째 픽셀 값을 -d의 오프셋을 갖는 것으로 가정하며 수직 축으로는 위쪽 첫 번째 픽셀 값을 -d의 오프셋이 있는 것으로 가정하여 전체 16개의 주변 값에서 현재의 값을 구하는 과정이 필요하다. 이 과정은 수평 방향과 수직 방향에 대하여 각각 과정을 수행해야 한다. 즉, 각 y축에 대하여 각 x 축에 대한 값 f(-d-1), f(-d), f(-d+1), f(-d+2) 4개씩을 계산하여 각각의 값을 구한 후 수직 축에 대하여 마지막으로 처리를 수행하여 결과 값 G를 구하는 것이다. 이때 그림 8-5에서 알 수 있듯이 -d-1과 -d는 현재 축을 기준으로 d+1과 d로 처리하여도 대칭의 특성으로 인하여 그 결과를 동일하게 얻을 수 있다.

그림 8-11은 Cubic 보간법을 이용하여 1.5배와 3배 확대한 결과 영상을 보여준다. 여전히 화면상으로는 그 결과를 정확히 확인할 수 없으나 3차 보간법의 결과가 다른 방법의 보간법에 비하여 부드러우면서도 선명함을 유지하는 것을 알 수 있다. 3차 보간법은 현존하는 많은 스마트폰에서 디지털 줌 기능에 사용하고 있다. 이 때 가장 중요한 것은 계수 설정이며 계수는 널리 알려진 것을 사용하는 경우와 각 회사마다 연구 결과에 따라 다른 계수를 사용하는 경우가 있는데 이러한 계수 사용에 따른 영상의 결과는 특허나 각 회사의 고유한 기법이라고 생각하면 된다.

(a) Scale of 1.5

(b) Scale of 3

(c) Scale of 1.5

(d) Scale of 3

그림 8-11 Cubic Interpolation

(a) Scale of 1.5

(b) Scale of 3

그림 8-12 The Result of Cubic Interpolation.

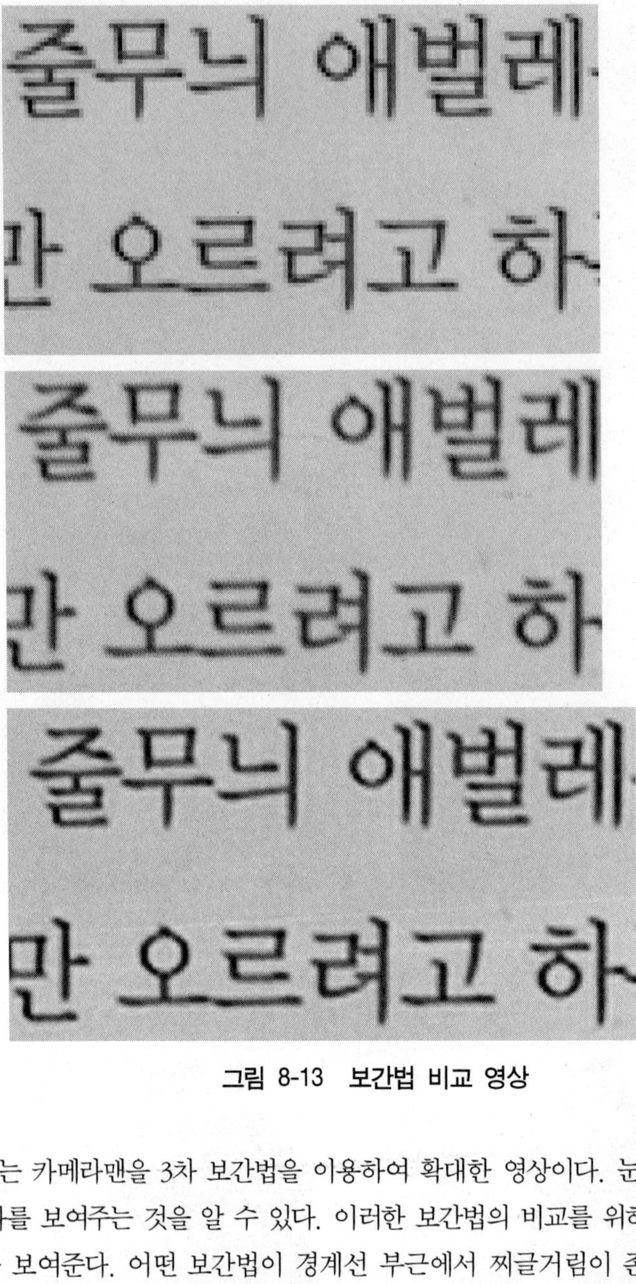

(a) 최근접 이웃 보간법

(b) 양선형 보간법

(c) Cubic 보간법

그림 8-13 보간법 비교 영상

그림 8-12는 카메라맨을 3차 보간법을 이용하여 확대한 영상이다. 눈으로 비교해 봐도 선명한 영상 결과를 보여주는 것을 알 수 있다. 이러한 보간법의 비교를 위하여 그림 8-13에 확대한 글자 영상을 보여준다. 어떤 보간법이 경계선 부근에서 찌글거림이 존재하고 어떤 보간법이 좀 더 부드러운지 그림을 보면 알 수 있다. 멀리서 보면 모든 보간법 결과가 좋아 보이지만 가까이서 좀 더 자세히 보기 위해 확대하는 것이기 때문에 좀 더 부드럽고 섬세한 표현을 가능하게 해주는 보간법을 산업체나 실무에서 많이 사용하는 것은 당연할 것이다. 예전에는 비용 상의 문제로 사용이 힘들었던 기법들도 하드웨어와 소프트웨어의 발달로 가장 좋은 결과를 제공하는 것이 많은 시스템에서 가능하게 되었다. 그러나 영상처리뿐 아니라 모든 실무

작업은 비용과 연관되기 때문에 결과가 좋아 보이는 3차 보간법만 사용한다고 생각하면 안 된다. 상황에 따라서 어떤 방법이든지 사용이 가능하다.

Program 8-3은 3차원 보간법의 하나인 Cubic Interpolation을 구현한 프로그램이다.

Program 8-3 Cubic Interpolation

```
void cInterpolation(uchar **img, uchar ** outImg, int ROW, int COL, double zoom)
{
    double column[4];                    /* storage for row interpolation results */
    double a0, a1, a2, a3;               /* interpolation coefficients */
    double x_plus_1, y_plus_1;           /* x + 1, y + 1 */
    double one_minus_x, one_minus_y; /* 1 - x, 1 - y */
    double two_minus_x, two_minus_y; /* 2 - x, 2 - y */
    double pixel;                         /* newly interpolated value */
    int i,j,p,orgR, orgC, newR, newC;
    double tmpR, tmpC;
    double zoomScaleFactorR, zoomScaleFactorC, a = -1.0;

    newR = zoom*ROW;
    newC = zoom*COL;

/* 아래쪽으로 계속 */
```

```
for(i = 0; i < newR; i++)  {
    for(j = 0; j < newC; j++) {
        tmpR = i/zoom;
        tmpC = j/zoom;
        orgR = (int)floor(tmpR);
        orgC = (int)floor(tmpC);
        zoomScaleFactorR = tmpR - orgR;
        zoomScaleFactorC = tmpC - orgC;
        if(orgR - 1 < 0 || orgR+2 >= ROW || orgC -1 < 0 || orgC + 2 >=
COL)
            outImg[i][j] = 0;
        else
        {
            if((zoomScaleFactorC == 0.0) && (zoomScaleFactorR == 0.0)) {
                outImg[i][j] = img[orgR][orgC];
                continue;
            }
            if(zoomScaleFactorC == 0.0)
            {
                for(p=0; p<4; p++)
                    column[p] = (double) img[orgR-1+p][orgC];
            }
            else
            {
                x_plus_1 = zoomScaleFactorC + 1.0;
                one_minus_x = 1.0 - zoomScaleFactorC;
                two_minus_x = 2.0 - zoomScaleFactorC;
                a0 = ((a * x_plus_1 - 5.0 * a) * x_plus_1 + 8.0 * a) * x_plus_1 - 4.0
* a;
            a1 = ((a + 2.0) * zoomScaleFactorC - (a + 3.0)) * zoomScaleFactorC *
zoomScaleFactorC + 1;
            a2 = ((a + 2.0) * one_minus_x - (a + 3.0)) * one_minus_x * one_minus_x +
1;
            a3 = ((a * two_minus_x - 5.0 * a) * two_minus_x + 8.0 * a) * two_minus_x
- 4.0 * a;

/* 아래쪽으로 계속 */
```

```
                    if(zoomScaleFactorR == 0.0)  {
                        pixel = a0 * img[orgR][orgC-1] + a1 * img[orgR][orgC] +
                            a2 * img[orgR][orgC+1] + a3 * img[orgR][orgC+2];

                        if(pixel < 0 ) pixel = 0;
                        else if (pixel > 255) pixel = 255;

                        outImg[i][j] = (uchar)pixel;
                        continue;
                    }
                    else {
                        for(p=0; p<4; p++)
                        column[p]  =  a0  *  img[orgR-1+p][orgC-1]  +  a1  *
img[orgR-1+p][orgC] +
                                a2   *   img[orgR-1+p][orgC+1]   +   a3   *
img[orgR-1+p][orgC+2];
                    }
                }
                y_plus_1 = zoomScaleFactorR + 1.0;
                one_minus_y = 1.0 - zoomScaleFactorR;
                two_minus_y = 2.0 - zoomScaleFactorR;
                a0 = ((a * y_plus_1 - 5.0 * a) * y_plus_1 + 8.0 * a) * y_plus_1
- 4.0 * a;
                a1 = ((a + 2.0) * zoomScaleFactorR - (a + 3.0)) * zoomScaleFactorR
* zoomScaleFactorR + 1;
                a2 = ((a + 2.0) * one_minus_y - (a + 3.0)) * one_minus_y *
one_minus_y + 1;
                a3 = ((a * two_minus_y - 5.0 * a) * two_minus_y + 8.0 * a) *
two_minus_y - 4.0 * a;
                pixel = column[0] * a0 + column[1] * a1 + column[2] * a2 +
column[3] * a3;
                    if(pixel < 0 ) pixel = 0;
                    else if (pixel > 255) pixel = 255;
                outImg[i][j] = (unsigned char) pixel;
            }
        }
    }
}
```

8.1.4 B-Spline Interpolation(B-스플라인 보간법)

일반적으로 스플라인 함수는 가우시안 함수와 유사한 특성을 가지고 있으며 이러한 특성은 평균값을 얻을 수 있는 저주파 필터의 특성을 지닌다. B-Spline 보간법은 좋은 결과의 저주파 필터 특성을 갖는 보간법이다. 보간하는 방법은 3차 보간 함수와 비슷한 과정을 거치나 3차 보간 함수와 달리 음수의 값이 나오지 않으며 최대치 값 또한 작은 값을 나타내기 때문에 좀 더 부드러워진 결과를 얻을 수 있다.

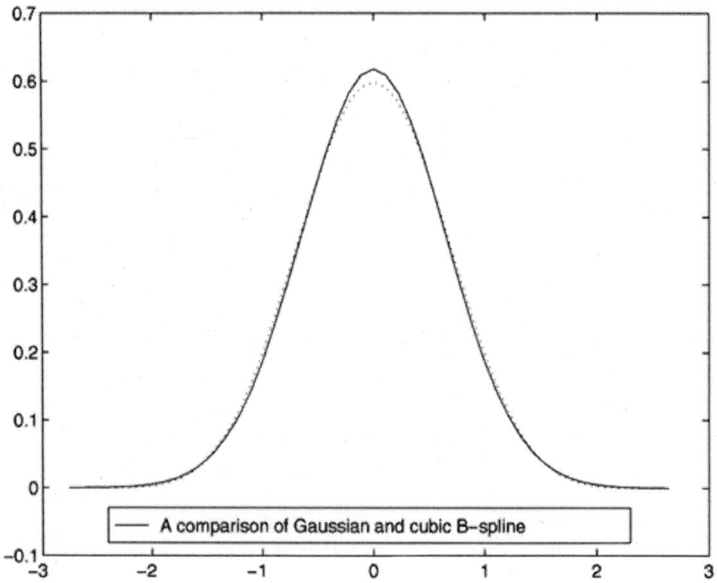

그림 8-14 B-Spline and Gaussian Function

그림 8-14는 B-Spline 함수와 Gaussian 함수의 비교 그림을 보여준다. 가우시안 함수는 실선으로 B-Spline 함수는 점선으로 표시하였다. 이 그림에서 알 수 있듯이 B-Spline 함수는 가우시안 함수의 저주파 특성과 매우 유사함을 알 수 있다. B-Spline 함수는 3차 함수로 앞 절에서 설명한 3차 보간 함수와 비슷한 수식을 가지고 있으며 처리하는 과정 또한 유사한 과정을 통하여 결과를 얻을 수 있다. 수치해석 시간에 대부분의 Spline 함수를 처리하면서 다양한 기법을 배우지만 영상처리에서는 B-Spline 기법을 널리 사용하지는 않는데 그 이유는 가우시안 함수의 특성과 매우 유사하여 가우시안 함수를 사용하는 것이 더욱 더 보편화되어 있기 때문이다.

$$
f(x)=\begin{cases} \dfrac{1}{2}|x|^3-|x|^2+\dfrac{2}{3} & 0 \leqq |x| < 1 \\ \\ -\dfrac{1}{6}|x|^3+|x|^2-2|x|+\dfrac{4}{3} & 1 \leqq |x| < 2 \\ \\ 0 & 2 \leqq |x| \\ \end{cases} \tag{8-3}
$$

수식 (8-3)은 B-Spline 3차 다항식을 표현한 것이다. 수행 과정은 3차 보간법과 동일하게 처리한다.

(a) Scale of 1.5 (b) Scale of 3

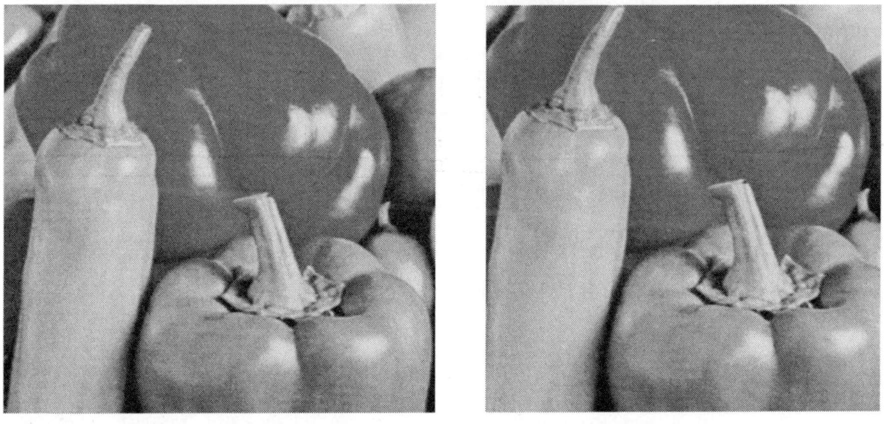

(a) Scale of 1.5 (b) Scale of 3

그림 8-15 B-Spline Interpolation

그림 8-15는 수식 (8-3)을 적용하여 B-Spline 보간법을 LENA 영상과 Pepper 영상에 대하여 적용하여 각 1.5배와 3배로 확대한 결과 영상이다. Cubic 보간법보다는 부드러운 결과를 보여준다. Pepper영상의 경우 너무 커다란 영상이었기 때문에 좀 더 부드러운 화면을 인식할 수 있도록 하기 위하여 일부 영역만 화면에 보여주었다. B-Spline 보간법 역시 3차 보간법의 일종이기 때문에 부드러우면서 좋은 결과를 보여주는 것을 알 수 있다.

(a) Jet(Scale of 1.5)

(b) livingroom(Scale of 1.5)

(c) camera man(Scale of 1.5)

그림 8-16 B-Spline Interpolation

그림 8-16은 표준 영상들에 B-Spline 보간법을 적용하여 각각 1.5배로 확대한 영상을 보여준다. 책에서 보여주는 확대 영상은 눈으로 보기에 원본과 차이 없이 동일한 느낌으로 볼 수 있다. 3차원 보간법은 성능이 좋기 때문에 많은 기기에서 사용하지만 보간법을 이용한 확대는

영상의 열화를 가져오기 때문에 원본보다 더 좋을 수는 없다. 영상 전문가들이 보간법을 이용하여 원본 영상을 촬영하는 경우는 거의 없다는 것도 알아두기 바란다. 영상을 처리하는 중간 단계에서 글자를 확대하여 인식률을 높이기 위하여 사용하는 경우가 가장 많은 경우이다. 자동차 번호판을 인식하기 위한 기법에 사용되거나 지문 인식을 위하여 사용하거나 글자를 인식하는 OCR 프로그램에서 사용하는 경우도 특별한 목적을 위하여 보간법을 사용하게 된다.

Program 8-4 B-Spline Interpolation

```
#include <stdio.h>
#include <stdlib.h>
#include "util.h"


void bsInterpolation(uchar **img, uchar ** outImg, int ROW, int COL, double zoom)
{
    double column[4];                    /* storage for row interpolation results */
    double a0, a1, a2, a3;               /* interpolation coefficients */
    double x_plus_1, y_plus_1;           /* x + 1, y + 1 */
    double one_minus_x, one_minus_y; /* 1 - x, 1 - y */
    double two_minus_x, two_minus_y; /* 2 - x, 2 - y */
    double pixel;                        /* newly interpolated value */
    int i,j,p,orgR, orgC, newR, newC;
    double tmpR, tmpC;
    double zoomScaleFactorR, zoomScaleFactorC;

    newR = zoom*ROW;
    newC = zoom*COL;

    for(i = 0; i < newR; i++)
    {
        for(j = 0; j < newC; j++)
        {
            tmpR = i/zoom;
            tmpC = j/zoom;

            orgR = (int)floor(tmpR);
            orgC = (int)floor(tmpC);

            zoomScaleFactorR = tmpR - orgR;
            zoomScaleFactorC = tmpC - orgC;

/* 아래쪽으로 계속 */
```

```
            if(orgR - 1 < 0 || orgR+2 >= ROW || orgC -1 < 0 || orgC + 2 >=
COL)
                outImg[i][j] = 0;
            else
            {
                if((zoomScaleFactorC == 0.0) && (zoomScaleFactorR == 0.0))
                {
                    outImg[i][j] = img[orgR][orgC];
                    continue;
                }
                if(zoomScaleFactorC == 0.0)
                for(p=0; p<4; p++)
                    column[p] = (double) img[orgR-1+p][orgC];
                else
                {
                    x_plus_1 = zoomScaleFactorC + 1.0;
                    one_minus_x = 1.0 - zoomScaleFactorC;
                    two_minus_x = 2.0 - zoomScaleFactorC;
                    a0 = ((-0.16666666 * x_plus_1 + 1.0) * x_plus_1 - 2.0) *
x_plus_1 + 1.33333;
                    a1 = (0.5 * zoomScaleFactorC - 1.0) * zoomScaleFactorC *
zoomScaleFactorC + 0.666666667;
                    a2 = (0.5 * one_minus_x - 1.0) * one_minus_x * onc_minus_x
+ 0.66666667;
                    a3 = 1.0 - a0 - a1 - a2;
                    if(zoomScaleFactorR == 0.0)
                    {
                        pixel = a0 * img[orgR][orgC-1] + a1 * img[orgR][orgC] +
                            a2 * img[orgR][orgC+1] + a3 * img[orgR][orgC+2];
                        if(pixel < 0 ) pixel = 0;
                        else if (pixel > 255) pixel = 255;
                        outImg[i][j] = (uchar)pixel;
                        continue;
                    }

/* 아래쪽으로 계속 */
```

```
                    else
                    {
                            for(p=0; p<4; p++)
                            column[p] = a0 * img[orgR-1+p][orgC-1] + a1 *
img[orgR-1+p][orgC] + a2 * img[orgR-1+p][orgC+1] + a3 * img[orgR-1+p][orgC+2];
                    }
                }
                /* interpolate the resulting column */

                y_plus_1 = zoomScaleFactorR + 1.0;
                one_minus_y = 1.0 - zoomScaleFactorR;
                two_minus_y = 2.0 - zoomScaleFactorR;

                a0 = ((-0.16666666 * y_plus_1 + 1.0) * y_plus_1 - 2.0) * y_plus_1
+ 1.33333;
                a1 = (0.5 * zoomScaleFactorR - 1.0) * zoomScaleFactorR *
zoomScaleFactorR + 0.666666667;
                a2 = (0.5 * one_minus_y - 1.0) * one_minus_y * one_minus_y
+ 0.666666667;
                a3 = 1.0 - a0 - a1 - a2;

                pixel = column[0] * a0 + column[1] * a1 + column[2] * a2 +
column[3] * a3;

                if(pixel < 0 ) pixel = 0;
                else if (pixel > 255) pixel = 255;

                outImg[i][j] = (unsigned char) pixel;
            }
        }
    }
}


/* 아래쪽으로 계속 */
```

```
int main(int argc, char *argv[])
{

    int ROW, COL;
    uchar **inImg, **outImg;
    double zoomcoeff;

    if(argc != 6)
    {
        printf("₩n Usage : %s inImage outImg ROW COL zoomcoeff ₩n", argv[0]);
        exit(1);
    }
    ROW = atoi(argv[3]);
    COL = atoi(argv[4]);
    zoomcoeff = atof(argv[5]);


    inImg = uc_alloc(COL, ROW);
    outImg = uc_alloc(zoomcoeff*COL, zoomcoeff*ROW);

    read_ucmatrix(COL, ROW, inImg, argv[1]);

    printf("Start B-Spline  Interpolation  ₩n");

    bsInterpolation(inImg, outImg, ROW, COL, zoomcoeff);

    printf("Finished B-Spline Interpolation  ₩n");

    write_ucmatrix(zoomcoeff*COL, zoomcoeff*ROW, outImg, argv[2]);


    uc_free(COL, ROW, inImg);
    uc_free(zoomcoeff*COL, zoomcoeff*ROW, outImg);

    return 0;
}
```

각각의 보간법 기법으로 얻은 결과 값들은 서로 다른 값들을 가지게 되는데, 그 차이 값을 통하여 어떤 기법과 어떤 기법이 비슷한 형태를 가지는지를 추측할 수 있다. 이미 원 영상을 벗어난 결과 값들이기 때문에 원 영상과의 비교는 어려우며, 확대한 영상들 간의 특성을 비교하기 위하여 차이 값을 보여주는 그림이 그림 8-17 이다. 그림 8-17의 (a)는 최근접 이웃 보간법과 양선형 보간법의 결과 차이를 보여준다. 그림 8-17의 (b)는 최근접 이웃 보간법과 3차 보간법에서 Cubic 보간법의 차이 값을 보여준다. 이 값은 발생한 차이 값에 10을 곱하여 차이 값을 눈에 띄도록 만든 것이다. 그림에서 볼 수 있듯이 3차 보간법과 최근접 이웃 보간법의 차이가 더 하얗게 눈에 띄는 것을 알 수 있다.

N: Nearest Neighbor　　B: Bi-linear　　C: Cubic　　S: B-Spline

(a) Difference of NB

(b) Difference of NC

(c) Difference of BC

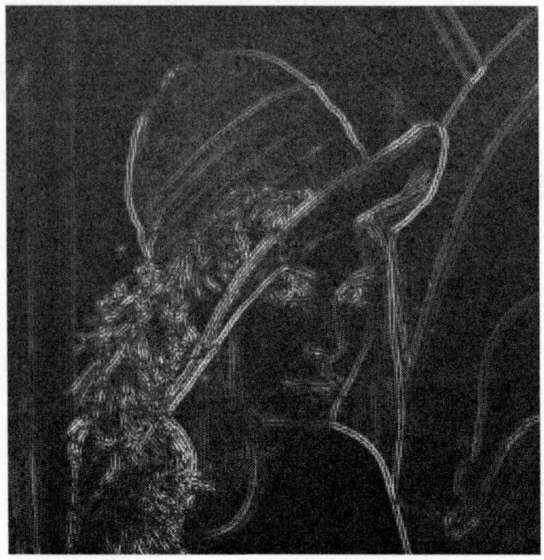

(d) Difference of SC

그림 8-17　보간법의 결과에 따른 차이 결과

이것은 최근접 이웃 보간법의 결과와 3차 보간법의 결과 차이가 크게 나타난다는 것을 의미한다. 양선형 보간법에 비하여 3차 보간법이 좀 더 선명한 결과 영상을 보여준다는 면에서 고주파 성분이 존재하는 경계선 부분에서 더 큰 차이 값을 나타낸다. 그림 8-17의 (c)는 양선형 보간법과 3차 Cubic 보간법의 결과 값 차이를 보여준다. 그림 (a)와 (b)에서 보이듯이 큰 차이 값으로 나타나지 않는 것을 알 수 있다. 이것은 양선형 보간법과 3차 보간법의 결과가 비슷한 수준으로 결과를 나타내 준다는 것을 의미한다. 또한 그림 8-17의 (d) 는 B-Spline 과 Cubic 보간법의 결과 차이인데 역시 별로 큰 차이를 나타내지 않는 것을 알 수 있다. 이러한 차이 값은 확대를 크게 할수록 더 큰 차이로 나타나는데, 스마트폰에서 일반적인 디지털 줌이 5배 줌을 넘기는 경우가 드문 것도 이러한 이유 때문이다. 보간법은 상황에 맞추어 적절한 기법을 사용하면 될 것이다.

8.1.5 Scale 변환

지금까지의 변환은 수평 수직축 상에 대해 동일한 확대만을 적용한 결과를 보았으나 이번 절은 수평 축과 수직 축 각각 개별적인 확대 방법에 대하여 알아본다. 앞 절에서 적용한 4가지 기법이 모두 적용될 수 있으며 단지 수평 축과 수직 축 각각에 대하여 독립적인 확대 축소를 적용할 수 있다. 영상의 특성이 수평 축과 수직축이 동일하게 동작하지 않아도 그 결과를 보장할 수 있는 기법들이 존재하는데 여기서 제시하는 보간법이 그 중의 하나이다.

그림 8-18 수직축 2배 확대 수평축 1.5배 확대

그림 8-18은 수직축으로 2배의 확대와 수평축으로 1.5배의 확대를 수행한 결과이다. 확대를 위하여 양선형 보간법을 적용하였다.

그림 8-19 수평축 2배 확대 수직축 1.5배 확대

그림 8-19는 수평축으로 2배, 수직축으로 1.5배의 확대를 수행한 결과 영상이다. 역시 양선형 보간법을 적용하여 확대하였다. 이러한 Scale의 변화는 우리가 원하는 어떤 모양의 영상이라도 만들 수 있는 가능성을 보여준다. 축소와 확대의 문제가 영상의 가로축과 세로축에 대하여 다양하게 적용될 수 있다면 어떤 변화된 영상이라도 만들 수 있을 것이다. 다음은 영상의 회전과 이동에 대하여 알아보도록 한다.

Program 8-5 Scale with Bilinear Interpolation

```
#include <stdio.h>
#include <stdlib.h>
#include "util.h"


void bInterpolation(uchar **img, uchar** outImg, int ROW ,int COL, double zoomR,
double zoomC)
{
    int i,j,orgR, orgC, newR, newC;
    double tmpR, tmpC;
    double zoomScaleFactorR, zoomScaleFactorC;
    double iR, iC;

    newR = zoomR*ROW;
    newC = zoomC*COL;
```

```
    for(i = 0; i < newR; i++)
    {
        for(j = 0; j < newC; j++)
        {
            tmpR = i/zoomR;
            tmpC = j/zoomC;

            orgR = (int)floor(tmpR);
            orgC = (int)floor(tmpC);

            zoomScaleFactorR = tmpR - orgR;
            zoomScaleFactorC = tmpC - orgC;

            if(orgR < 0 || orgR > ROW || orgC < 0 || orgC > COL)
                outImg[i][j] = 0;
            else
            {
                iR = img[orgR][orgC] +
zoomScaleFactorR*(img[orgR+1][orgC]-img[orgR][orgC]);
                iC = img[orgR][orgC+1] +
zoomScaleFactorC*(img[orgR+1][orgC+1]-img[orgR][orgC+1]);

                outImg[i][j] = (uchar)(iR + zoomScaleFactorC*(iC - iR));
            }

        }
    }
}

/* 아래쪽에 계속 */
```

```
int main(int argc, char *argv[])
{
      int ROW, COL;
      uchar **inImg, **outImg;
      double zoomR, zoomC;

      if(argc != 7)
      {
            printf("₩n Usage : %s inImage outImg ROW COL zoomcR zoomC ₩n",
argv[0]);
            exit(1);
      }
      ROW = atoi(argv[3]);
      COL = atoi(argv[4]);
      zoomR = atof(argv[5]);
      zoomC = atof(argv[6]);


      inImg = uc_alloc(COL, ROW);
      outImg = uc_alloc(zoomC*COL, zoomR*ROW);

      read_ucmatrix(COL, ROW, inImg, argv[1]);

      printf("Start Bilinear Interpolation with Scale  ₩n");

      bInterpolation(inImg, outImg, ROW, COL, zoomR, zoomC);

      printf("Finished Bilinear Interpolation  with Scale ₩n");

      write_ucmatrix(zoomC*COL, zoomR*ROW, outImg, argv[2]);


      uc_free(COL, ROW, inImg);
      uc_free(zoomC*COL, zoomR*ROW, outImg);

      return 0;
}
```

8.2_ 회전(Rotation)과 이동(Translation)

회전과 이동은 기하학적 변환에서 보간법보다 더 중요한 요소이다. 영상의 픽셀 값들이 공간상에서 그대로 회전하거나 이동을 수행하여 원하는 형태의 영상을 만들 수 있기 때문이다.

8.2.1 회전

영상의 회전은 우리가 보는 영상을 가운데를 기준으로 돌리는 것을 의미한다. 이때 영상을 회전하면서 사각형 영상의 뾰족한 부분이 보여줄 수 있는 영역을 넘어가거나 빈 공간이 생기는 문제가 발생하는데 이때 전체 영상을 키워서 처리할지 아니면 현재의 해상도를 유지하면서 처리할 지는 각자 알아서 결정하면 된다. 이 책에서는 현재의 해상도를 그대로 유지하면서 회전하는 방식을 다룰 것이다. 또한 회전을 수행하는 경우 회전한 위치가 정확히 정수형 위치로 결정되지 않는 경우가 발생하는데 이때 근처의 가까운 값을 사용하는 Nearest Neighbor 기법을 사용할 지 양선형 기법을 사용할지는 스스로 결정해야 한다. 이 또한 각자 알아서 처리할 수 있도록 할 것이며 이 책에서는 화소의 위치를 Nearest Neighbor로 처리한 결과를 보여줄 것이다.

디지털 영상의 회전을 수행하기 위해서는 회전하는 각도에 따른 좌표 선정이 필요한데 좌표 선정을 위한 수식은 수식 (8-4)로 정의한다.

$$\begin{bmatrix} x_{dest} \\ y_{dest} \end{bmatrix} = \begin{bmatrix} \cos\theta - \sin\theta \\ \sin\theta \quad \cos\theta \end{bmatrix} \begin{bmatrix} x_{org} - orgc_x \\ y_{oeg} - orgc_y \end{bmatrix} + \begin{bmatrix} destc_x \\ destc_y \end{bmatrix} \tag{8-4}$$

$$\begin{bmatrix} x_{org} \\ y_{org} \end{bmatrix} = \begin{bmatrix} \cos\theta & \sin\theta \\ -\sin\theta & \cos\theta \end{bmatrix} \begin{bmatrix} x_{dest} - destc_x \\ y_{dest} - destc_y \end{bmatrix} + \begin{bmatrix} orgc_x \\ orgc_y \end{bmatrix} \tag{8-5}$$

역변환은 수식 (8-5)로 나타낸다. 회전한 영상은 원영상의 위치로 되돌아 올 수 있으나 이때 소수점의 변환에 따른 위치 이동에 오차가 발생할 수 있기 때문에 원본과 동일하게 완벽하게 복구되지는 않는다.

그림 8-20의 (a)와 (b)는 수식 (8-4)와 수식 (8-5)를 이용하여 LENA 영상을 45도 회전한 결과와 회전한 영상을 복원한 결과 영상을 보여주고 있다. 그림 (c)와 (d)는 카메라맨 영상을 30도 회전한 영상과 30도를 복원한 영상을 보여주고 있다. 그림에서 보듯이 회전을 수행한 경우 존재하지 않는 화소는 0으로 처리하였으며 기존의 해상도를 벗어나는 경우 또한 0으로 처리하였다. 45도의 변환과 복원은 영상에 커다란 오류를 발생시키지 않는데 30도 회전 영상은

양선형 보간법을 적용하였음에도 영상에 찌글거리는 부분이 눈에 많이 띄는 것을 볼 수 있다. 이것은 각도에 따른 지수형 값의 계산을 정수형 값으로 변환하는 과정에서 온전하게 정수형 값이 나오지 않기 때문이다. 이것은 어쩔 수 없이 나오는 결과라고 생각하면 된다. 또한 이러한 찌글거림을 제거하기 위한 많은 연구가 진행되고 있다. 이렇게 처리한 회전 영상은 복원을 수행한 경우 그림 8-20의 (b)와 (d)와 같이 검은 부분으로 나타나는 영역이 생기는 데 이것은 회전하면서 손실된 영역을 회복할 수 없기 때문이다. 이러한 손실을 방지하기 위해서는 전체 영상의 크기를 회전을 수행한 경우 발생할 수 있는 최대 크기로 결과 영상을 설정한 후 처리하여 다시 복원하는 방법이 있다. 이것은 이 책을 보는 독자의 몫으로 남겨둔다.

(a) 45도 회전 영상 (b) 45도 복원 영상

(c) 30도 회전 영상 (d) 30도 복원 영상

그림 8-20 회전한영상과 복원 영상

Program 8-6 Rotation

```
#define PI 3.1415926

void rotate(uchar **img, uchar** outImg, int ROW ,int COL, double degree)
{
    int i,j;

    double Radius, sinValue, cosValue;
    double newR, newC;
    int orgR, orgC;
    int centerR, centerC;

    Radius = degree*(PI/180.0);

    printf("Radius = %lf ₩n", Radius);

    sinValue = sin(Radius);
    cosValue = cos(Radius);
    centerR = ROW/2;
    centerC = COL/2;
    for(i = 0; i < ROW; i++)
    {
        for(j = 0; j < COL; j++)
        {
            newR = (i-centerR)*cosValue - (j-centerC)*sinValue + centerR;
            newC = (i-centerR)*sinValue + (j-centerC)*cosValue + centerC;

            orgR = (int)floor(newR+0.45);
            orgC = (int)floor(newC+0.45);
            if(orgR < 0 || orgR >= ROW || orgC < 0 || orgC >= COL)
                outImg[i][j] = 0;
            else
                outImg[i][j] = img[orgR][orgC];
        }
    }
}
/* Continue */
```

```
int main(int argc, char *argv[])
{

    int ROW, COL;
    uchar **inImg, **outImg;
    double degree;

    if(argc != 6)
    {
        printf("₩n Usage : %s inImage outImg ROW COL degree ₩n", argv[0]);
        exit(1);
    }
    ROW = atoi(argv[3]);
    COL = atoi(argv[4]);
    degree = atof(argv[5]);


    inImg = uc_alloc(COL, ROW);
    outImg = uc_alloc(COL, ROW);

    read_ucmatrix(COL, ROW, inImg, argv[1]);

    printf("Start Rotation  ₩n");

    rotate(inImg, outImg, ROW, COL, degree);

    printf("Finished Rotation ₩n");

    write_ucmatrix(COL, ROW, outImg, argv[2]);


    uc_free(COL, ROW, inImg);
    uc_free(COL, ROW, outImg);

    return 0;
}
```

8.2.2 이동(Translation)

이동은 수평축과 수직으로 현재의 영상을 이동시키는 것으로, 이동시킨 자리에 원 영상을 남겨놓을 수도 있고 0으로 모두 채워 넣을 수도 있다. 이동하는 영역에 따라서 어떤 영상이 나올지는 상황에 따라서 다르다고 할 수 있다. 그림 8-21 (a)는 수직축 방향으로 50화소와 수평축 방향으로 100 화소를 이동한 LENA 영상을 보여주고 있으며 (b)는 (a) 그림을 역방향으로 이동하여 원 영상을 복원한 결과 영상이다. 결과 그림에서 보듯이 이동이 발생한 경우 새로운 영역의 값은 0으로 채워 넣었으며 복원한 경우도 역시 존재하지 않는 영상은 0으로 채워 넣어 결과를 보여주고 있다.

(a) 이동한 영상 (b) 복원 영상

그림 8-21 이동한 영상과 복원 영상

Program 8-7 Translation

```
void translate(uchar **img, uchar** outImg, int ROW ,int COL, int moveY, int moveX)
{
    int i,j;
    int newR, newC;
    for(i = 0; i < ROW; i++)
    {
        for(j = 0; j < COL; j++)
        {
            newR = i+moveY;
            newC = j+moveX;
            if(newR < 0) newR = 0;
            else if(newR >= ROW) newR = ROW-1;

            if(newC < 0) newC = 0;
            else if(newC >= COL) newC = COL-1;
            outImg[newR][newC] = img[i][j];
        }
    }
}
```

8.2.3 뒤집기(reflection)

영상의 기하학적 변환에서 회전은 다양한 각도로 가능하나 복잡한 복소수 연산이 수행되므로 계산상에 있어서 굉장히 복잡한 연산을 수행한다.

(a) 수직축 반사

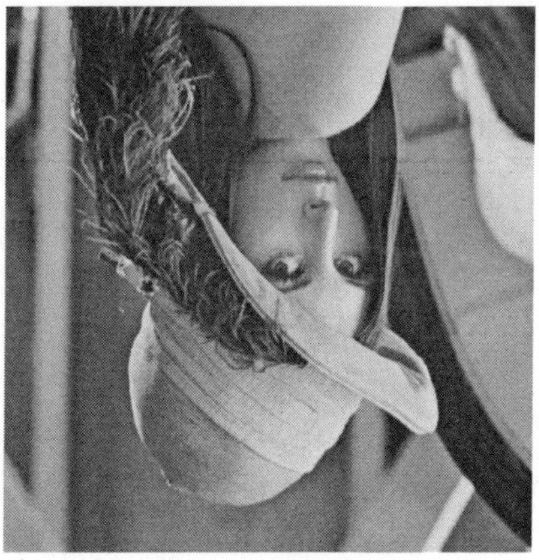

(b) 수평축 반사

(c) 수직축 반사

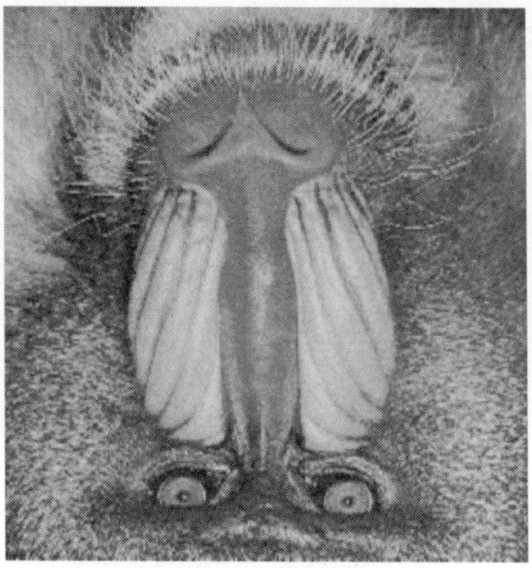

(d) 수평축 반사

그림 8-22 회전한 영상과 복원 영상

이러한 수행은 수직축 기준이나 수평축 기준을 통한 회전을 위해서는 불필요한 연산이 된다. 이러한 수직 수평 방향으로의 회전은 뒤집기 기법을 이용하여 쉽게 구현할 수 있다.

그림 8-22는 이러한 회전의 결과를 보여준다. 그림 8-22의 (a) 그림은 수직축에 대하여 반사를 수행하여 수직축을 기준으로 뒤집혀 있는 결과를 보여준다. (b) 그림은 수평축에 대하여 반사를 수행하여 수평축을 기준으로 뒤집혀 있는 결과를 보여준다.

그림 8-23은 수평축과 수직축에 대하여 동시에 반사를 수행하여 원 영상의 꼭지점을 기준으로 뒤집혀진 결과 영상을 보여준다. 이와 같이 수평 수직 축을 기준으로 회전하는 영상은 쉽고 빠르게 처리할 수 있다. 따라서 복잡한 삼각함수를 이용한 회전을 수행하지 않아도 된다.

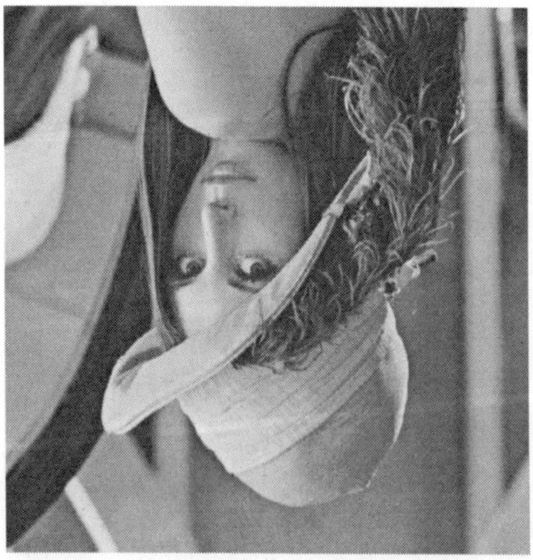

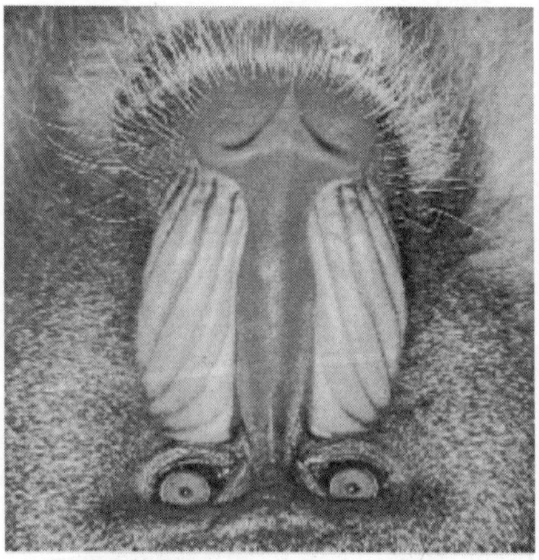

그림 8-23 수직축과 수평축 반사

Program 8-8 Reflection

```
void reflection(uchar **img, uchar** outImg, int ROW ,int COL, double flip)
{
    int i,j;

    for(i = 0; i < ROW; i++)
    {
        for(j = 0; j < COL; j++)
        {
            if(flip == 0)
                outImg[i][j] = img[i][COL-j-1];
            else if(flip == 1)
                outImg[i][j] = img[ROW-i-1][j];
            else if(flip == 2) outImg[i][j] = img[ROW-i-1][COL-j-1];
        }
    }
}
```

09
문자 인식 알고리즘

이전 장에서는 앞장까지 배운 내용만을 가지고 데이터베이스 없이 숫자와 문자를 인식하는 알고리즘으로 문자를 인식했던 연구 결과에 대해 설명했다. 오래전 필자가 문자 인식을 위해서 수행했던 결과와 작업을 설명하고 보여준다. 이장의 내용은 8장까지 마친 학생들이 프로젝트로 수행할 수 있는 과정을 보여준다. 지금은 비즈니스용으로 스마트폰에서 명함 인식 프로그램도 판매를 하기 때문에 문자 인식 알고리즘은 생각보다 쉽게 구현이 가능한 것이라고 생각하면 된다. 대부분의 문자인식은 문자에 대한 학습을 통하여 데이터베이스를 구축한 후 데이터베이스를 기반으로 인식을 수행하나 이 책에서는 단순한 프로그래밍만으로 문자를 인식하는 설명을 하도록 한다. 이것은 실무에 직접 적용하기보다는 실무에서 이러한 인식작업을 수행할 때 인식에 대한 이해를 높이고 영상을 처리하는 과정에 대한 프로그래밍 기술을 향상시키는 데 목적이 있다. 먼저 소영역 분류를 통하여 각 영역의 무게 값과 더불어 방향성을 결정하는 Region을 도입함으로써 숫자를 인식할 수 있도록 한다. 숫자를 제대로 인식하기 위해서는 카메라에서 입력되는 영상이 올바르게 찍혀야 하며 영상에 잡음이 섞인 경우에 이진화 과정을 통하여 깨끗한 영상을 획득할 수 있어야 한다. 원 영상에 존재하는 blurring 이나 훼손은 이진화 과정을 통하여 나타나지 않는 경우도 있으나 잡음이 존재하는 경우 제대로 된 인식이 불가능하므로 잡음 제거 과정도 함께 수행하여야 한다.

9.1_ 숫자 인식(Number Recognition)

숫자 인식에 대한 연구는 디지털 영상이 등장한 이후에 많은 문자인식 시스템을 연구한 연구자들에 의하여 이루어졌다. 그러나 시스템이 소형화되면서 실질적인 인식 결과가 요구되었는데 대부분의 OCR 이라는 이름으로 제공되는 컴퓨터용 프로그램들은 일반인들이 사용하기에는 불편하다는 것이다. 첫 번째는 인식률이 너무 떨어지기 때문에 문자 인식 후에 들여야 하는 시간이 너무 많이 요구되고 두 번째는 고급 기능이라는 이름하에 너무 고가에 팔린다는 사실이다. 물론 사용자 입장에서 너무나 필요한 기능이기는 하지만 성능은 떨어지고 가격이 비싸다면 누구나 외면하게 될 것이다. 게다가 너무나 많은 기능으로 인해 최신 컴퓨터에서야 제 성능을 발휘하도록 구성되어 있다는 것도 문제점일 수 있는데 오늘날은 핸드폰이나 PDA와 같은 소형화 기기가 컴퓨터를 대체하거나 실용적으로 쓰이는 시대이기 때문에 그러한 기기에 맞출 수 있는 올바른 인식 장치가 필요하다. 따라서 본 논문에서는 이러한 소형 기기에서 실시간으로 동작하는 것을 목표로 하여 숫자를 인식할 수 있는 알고리즘에 대하여 제안하고 제안한 기법이 올바른 결과를 나타내는가를 실험을 통하여 검증하였다. 많은 분야에서 문자 인식이 필요하고 쓰일 것이기 때문에 매우 효율적인 시스템이 될 것으로 기대한다.

9.1.1 숫자를 구분하기 위한 영역 분류

그림 9-1 은 숫자를 구분하기 위한 소영역으로 숫자를 분류한 블록도이다. L은 왼쪽을 의미하고 T 는 위, B 는 아래, R은 오른쪽을 의미하며 C를 위와 아래의 중앙영역뿐 아니라 왼쪽과 오른쪽의 중앙 영역을 나타내는 의미로 사용하여 그림과 같은 소영역으로 구분하였다. 이때 TL 과 BL 은 TCLR 과 BCLR 로 이름을 정하여야 하나 표기의 편의상 TL과 BL로 설정하였다.

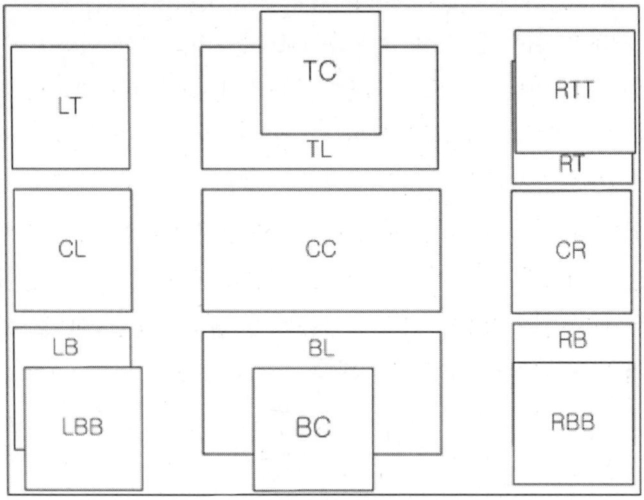

그림 9-1 숫자 내 소영역 구분

각 숫자가 존재하는 영역을 추출한 후에 그 영역의 1/4 영역별로 소영역을 구분하여 각 소영역에 대한 무게를 계산하였다. 각각의 무게는 소영역내에 존재하는 영상의 값을 모두 더한 것으로 하였으며 각 소영역은 원하는 숫자별로 각각 이용하였다.

각 영역에 대한 설명은 다음과 같다.

전화번호부 상에 존재하는 숫자 '1' 과 괄호 '(', ')' 는 별도로 처리하는데 그 이유는 숫자로 분류하지 않을 만큼 독특한 특징을 가지고 있기 때문이다.

LT, CL, LB는 검색된 숫자의 최 좌측에 존재하는 글자의 무게를 검색하기 위한 영역을 설정한 것이다. LT, TL, RT는 맨 위쪽 영역에 걸쳐서 존재하는 글자를 검색하기 위한 영역이고, RT, CR, RB는 우측 영역에 존재하는 글자의 유무를 검사하기 위하여 도입한 것이다. 이때 RB와 RBB가 존재하는데 이것은 숫자 2와 8을 구분하기 위하여 사용한다. 아래쪽 영역을 구분하는 것은 LB, BL 그리고 RB와 RBB로 박스 영역의 좌우와 위아래 영역에 대한 글자의 무게 계산을 수행하며 맨 밑쪽의 LBB는 왼쪽 하단 부분을 추가로 검색하여 무게를 계산하였는데 LBB영역은 숫자 2와 7을 구분하기 위하여 도입한 소영역이다. 가운데 영역은 CC 로 구성하여 주변 영역보다 2배 넓은 영역으로 설정하여 처리하였다.

표 9-1 각 숫자별 소영역에서의 무게 값

	Diff	1	2	3	Cro	hup	hdc	do	XYR	TL	TLI	TRC	TC	TTC	BL	BLC	BC	CR	CRB	RT	RTT	RB	RBB	LT	LB	LBB	CL	CC
1	0	1	0	0	1	1	1	1	23	15	9	0	13	11	18	6	13	1	0	0,5	0	0	0	4	0	4	0	18
2	-5	5	5	0	2	1	1	1,2	15	0	1	11	2	4	15	6	11	7	0	11	9	1	9	8	6	10	0	11
3	-4	0	4	0	2	1	1	2	15	6	3	11	2	-4	13	4	5,10	3	11	12	4	11	5	6	9	8	0	11
4	5	2	-5	0	1	2	2	1	16	0	0	6	9	10	15	5	9	6	8	6	4	6	9	0	5	0	3	11
5	-2	-6	1	-1	0	1	1	2	14,16	13	6	0	6	13	9	2	6	8	10	0	4	9	5	4	9	9	5	2,10
6	3	1	-1	2	2	2	2	2	14	7	7	6	5	7	7	9	3	4	11	6	6	11	7	0	10	5	8	11
7	-5	3	3	-2	2	1	1	1	15	9	7	6	15	11	11	5	11	2	0	7	14	0	0	13	0	0	0	11
8	0	1	2	2	2	2	2	2	15	5	5	8	6	4	4	4	3	6	11	9	5	11	6	4	11	8	0	15
9	0	-2	-1	-1	2	2	1,2	2	13,15	6	5	4	0	3	14	3	7	10	11	8	7	10	6	8	3	6	7	6
0	1	0	-1	0	2	2	2	2	12,14	10	12	9	0	3	12	9	4	9	9	11	4	8	7	3	8	4	11	0

표 9-1은 각 숫자별로 소영역에서의 값을 나타내고 있다. 위와 같은 값 영역을 기준으로 하여 각 숫자를 구분할 수 있도록 한다. 위와 같은 분류를 통하여 인간이 숫자를 인식하는 방법에 대해 생각해 볼 수 있는데 순간적인 인식이기는 하지만 인간 역시 경험에 의한 숫자나 문자 등을 인식한다고 볼 때 위의 표에 있는 값들은 특정한 숫자에 대한 값일 뿐 변화가 섞인 숫자에 대한 인식은 불가능하다. 위 숫자는 신명조체와 명조체를 기준으로 수평하게 존재한다는 가정 하에 숫자의 소영역 값을 추출해 낸 것이다.

다음 그림 9-2는 실험에 사용할 Arial 문자형의 숫자를 보여준다.

그림 9-2 Arial 숫자

Arial 숫자는 전형적인 영어체에서의 기본 문자로 대부분의 문장이나 숫자에서 널리 쓰이는 글자체이다. 반듯한 모양을 하고 있음을 알 수 있다.

그림 9-3 System 숫자

그림 9-3은 System 숫자로 Arial 보다 단순한 형태를 가지고 있는 컴퓨터에서 널리 쓰이는 기본 문자체이다. 서로 다른 문자체이기는 하나 시각적으로 구분하는 데 있어서 별다른 차이점이 없음을 알 수 있다.

그림 9-4 Courier New 숫자

그림 9-4는 Courier New 숫자체인데 Arial 이나 System 보다는 고어체 풍의 휨이 존재하며 글자의 끝이 튀어나오는 특징을 가지고 있는 문제체이다. 1의 예를 보아도 아랫부분이 좌우로 나가 있어서 영문자와 섞이는 경우에는 1인지 I인지 구분하는 것이 매우 곤란할 수도 있는 문자체이다. 이러한 복잡한 구조를 가지고 있는 문자체를 100% 인식하는 것은 매우 어려운 문제이며 상당히 복잡한 시스템을 요구할 수 있다. Courier New를 인식하기 위해서는 그림 2와 3과는 다른 별도의 알고리즘 요소가 추가되어야 하며 추가되는 새로운 알고리즘에 의한 기존의 인식률을 낮출 수도 있다.

9.1.2 숫자 인식 알고리즘

소영역 분류와 더불어 숫자를 인식하기 위하여 좌우상하의 영역을 구분하기 위한 성분 요소를 도입한다. 좌측이 막혀 있는지 혹은 뚫려 있는지와 같은 성분 요소는 숫자를 인식하는데 있어서 매우 중요한 요소가 된다. 이러한 방식으로 위쪽이나 오른쪽 아래쪽 등을 구분하여 처리할 수 있다. 각 영역을 구분하는 Region을 설정하여 RegionL, RegionT, RegionR, RegionB로 구분한다. 이러한 성분 요소들을 이용하여 숫자를 인식하는 알고리즘을 형성할 수 있다. 다음은 각 숫자별로 적용되는 기초적인 인식 기법이다.

- 숫자 '1'

숫자 '1'은 세로의 길이와 가로의 길이의 비율을 이용하여 쉽게 인식할 수 있는 문자이나 Courier New 숫자에서는 '1'의 세로 길이가 아래쪽의 튀어나온 부분 때문에 완전하게 보장할 수 없다. 또한 문자들이 모두 일정한 모양으로 존재하는 것이 아니라 길이가 길게 혹은 넓게도 쓰일 수 있으므로 가로와 세로의 길이 비율을 적용하기는 하지만 완전한 인식 조건으로 사용할 수 없음을 알 수 있다. 따라서 '1'을 인식하기 위해서는 소영역내에 존재하는 Center의 값을 가장 중시하여 처리할 수 있다. 숫자 '1'은 숫자로 존재할 때는 가장 쉽게 인식할 수 있는 문자이나 영문자와 섞이는 경우 대문자 'I'(아이)나 소문자 'l'(엘)과 구분할 수 있는 기준점이나 무게 값들이 매우 애매해지기 때문에 인식하기 쉬운 숫자라는 것은 오해일 수 있다. 실제로 문자와 섞어서 적용해 보면 복잡한 인식과정이 필요한 경우도 있으며 혹은 포기해야 하는 경우까지 발생하는 것을 알 수 있다. 숫자상에서의 '1'이 간단할 뿐이다.

- 숫자 '2'

숫자 '2'는 상당히 많은 글자들 속에서 '3'과 더불어 길게 표시되곤 하는 숫자이다. 소영역 TC 값과 BC 값이 확실한 위치를 차지하고 있으나 실제의 문자를 보면 아랫부분 쪽의 가로선이 얇게 나타나는 경우가 많이 있어서 BC 값에 의존할 수 없는 상황이 발생하며 LB와 RB보다는 더 낮은 영역의 값이 필요하여 소영역 LBB와 RBB를 도입하였다. 숫자 '2'는 LT와 RT 그리고 RTT 영역을 지나서 CC를 거쳐 가는 형태로 되어 있는데 표 1에서 보여주는 값을 기준으로 정하기에는 많이 약한 모습을 가지고 있음을 알 수 있다. 그러나 RegionL 과 RegionR을 도입하여 그 값이 참일 경우에 2라는 것을 인식하는 것이 매우 쉬워짐을 알 수 있다. Region 영역을 도입하여 더욱 쉽게 숫자를 인식할 수가 있지만 잡음이 섞인 숫자의 경우 인식을 더욱 어렵게 하는 요소로 작용하기도 한다. 위에서 설명한 것처럼 '2'의 아랫부분이 잡음이 섞인 영상인 경우에 이진화 과정에서 얇은 선으로 나타나거나 가운데 부분의 선이 안 보이는 경우가 나타나는데 이 경우에 RegionB 가 참값을 가지게 되므로 '2'로 인식하는 것은 불가능하게 된다. 이러한 문제는 '2'를 제대로 인식하기 위하여 도입한 Region의 사용을 어렵게 만들기 때문에 Region의 사용에 신중을 기할 필요가 있다. 따라서 일정한 영역 이상의 값이 참일 경우에만 진정한 그 Region으로 인정해 주는 방법을 사용하여 숫자를 인식할 수 있도록 하였다.

- 숫자 '3'

숫자 '3'은 '2'와 함께 세로와 가로의 비율이 커다란 숫자에 해당한다. RegionL 만이 참이며 나머지 Region이 모두 거짓이므로 Region이 제대로만 결정된다면 당연한 결과로 인식할 수 있는 숫자이다. 그러나 본 논문이 다루는 것이 숫자이기는 하지만 일반 문자와 숫자가 섞일 수 있으므로 그러한 문제를 고려하여 처리를 하여야 제대로 된 결과를 얻을 수 있음을 알 수 있다. '3'은 '2'와 마찬가지로 TC와 BC의 절대적인 값을 확인할 수 있는데 이 또한 '2'가 가지고 있던 문제를 내포하게 된다. 즉, TC와 BC값이 글자의 특성에 따라 아주 얇게 써지기 때문에 인식하기 어려워진다. RegionT와 RegionB가 참으로 나타나기도 하고 TC와 BC의 값이 아주 작게 형성됨으로써 다른 문자들과 많은 혼란을 주기도 한다. '3'은 LT를 거쳐서 TC와 RT 그리고 CC와 함께 RB 값을 가지며 LB 값을 갖기도 한다. 소영역 구분으로만 보면 '2'와 특별히 구분할 수 있는 영역이 없다고 할 수도 있다. '2'는 CR 값이 없는데 '3'의 경우도 CR 값이 없는 경우가 나타나기도 하며 심지어는 RegionL이 닫히는 문제도 발생한다. 이것은 여러 개의 참이 존재해야 진정한 Region으로 결정하도록 만들었기 때문인데 잡음이 끼거나 왼쪽이 뭉개진 듯한 글씨체의 '3'은 숫자 '8'과 거의 구분할 수 없는 모양으로 보이기도 한다. 어떤 경우에는 CC 값이 전혀 나타나지 않는 경우도 있기 때문에 무슨 숫자인지 애매모호해 지기도 한다.

- 숫자 '4'

숫자 '4'는 가장 복잡한 형태의 구조를 가진 문자에 해당한다. 다른 숫자와 달리 Region을 정확히 정하기가 애매한데 그 이유는 '4'의 왼쪽 편에 사선으로 쳐진 선이 '4'가 가지고 있는 가로와 세로 비율에 따라서 RegionL의 참과 거짓이 바뀔 수 있기 때문이다. 이것은 실제로 작업을 할 때 매우 어려운 문제이며 복잡한 알고리즘을 요구하는 것을 알 수 있다. 본 논문에서는 작업 시 발행할 수 있는 오류를 방지하기 위하여 숫자 '4'는 가장 나중에 처리하는 방법을 택하였다. 숫자 '4' 는 오른쪽 아래 부분 끝이 많이 튀어 나온 경우와 적게 튀어 나온 경우에 처리하는 방식이 완전히 달라진다. 그림 2, 3, 4에서 보여준 글자체처럼 표준 글자체로 이진화되는 숫자들이 항상 존재하지 않기 때문에 실제의 '4'는 다양한 형태를 가지게 된다. 실험상에서 이러한 문제점들을 고려하여 인식 알고리즘을 적용할 필요가 있다. 심한 경우에는 RegionR이 참으로 살아나는 경우까지 발생할 수 있다. 이 경우 '4'의 사선부분이 갖는 CC 값이 나타나지 않는 경우도 발생하기 때문에 단순한 인식이 어려워진다.

- 숫자 '5'

숫자 '5' 는 '6'과 비교하여 인식이 필요한 숫자인데 Region만 제대로 인식이 된다면 숫자 '2'와의 차이점을 찾아서 그 비교 점을 알 수 있지만 숫자 '5'의 아랫부분이 위로 조금만 더 올라간 숫자가 나타나도 숫자 '6'과 비교를 수행하게 된다. 처음부분부터 설명했듯이 Region은 참조의 역할은 하지만 결정적인 역할을 수행하는 것이 아니기 때문에 숫자 '5'를 인식하기 위해서는 여러 가지 형태의 소영역을 잘 조합하여 확인해야 한다. '5'의 왼쪽 위에 LT 값은 '2' 가 가지는 LT 값과 크게 차이가 나지 않는 경우가 허다하다. 또한 오른쪽 끝의 RT 값조차도 '2' 가 가지는 RT값과 차이가 안 나는 경우까지 존재한다. 아랫부분도 당연히 마찬가지이며 CC도 마찬가지의 문제를 가지게 된다. '6'과 비교한다면 더욱 어려운 문제가 발생하는데 CL이 '6'과 비교할 때는 유일한 기준점의 역할을 할 수 있는데도 5의 왼쪽 아래 끝이 올라간 경우에는 거의 '6'과 구분을 할 수 없게 된다. '5'를 인식하기 위하여 매일 세밀하게 정성을 기울여서 숫자를 구분해 줄 필요가 있다. 실제의 인식 작업을 수행하기 위하여 TL과 RT를 가로로 잇는 가로선을 검사하는 기법을 수행하고 있다. 이것도 역시 문제점이 없는 것은 아니나 '6'과 확실한 비교를 해 줄 수 있는 방법 중의 하나이기 때문에 좀 더 좋은 인식을 위하여 도입하였다.

- **숫자 '6'**

숫자 '6'은 숫자 '5'에서 설명한 바와 같이 인식을 위한 과정에서 숫자 '5'와 많이 부딪히게 되는 것을 알 수 있다. '5'를 인식하기 어려우면 숫자 '6'도 역시 인식하기 어려운 문제가 발생하는데, '6'의 경우 위에 삐져나온 선이 조금 더 아래로 내려오면서 RegionR로 인식이 안 되는 경우에는 '8'로 인식될 가능성이 크기 때문에 주의해서 인식해야 한다. CC 값의 경우에는 '6'의 가로 세로 비율에 따라 나타나기도 하고 아닌 경우도 있기 때문에 신빙성 있는 값은 되지 못한다. 좌측 선을 따라 있는 LT, CL과 LB 값에 의존하면서 RT와 RB 값에 의하여 결정된다. 또한 숫자 '8' 뿐만 아니라 아래쪽이 막혀 올라오는 숫자 '9'와도 비교할 경우 애매하게 되므로 신중히 결정하여야 한다. 이때 BL이나 TL의 소영역을 이등분하여 그 값을 가지고 '6'과 '9'를 구분하는 방법도 좋은 방법으로 사료된다. 숫자나 문자를 인식하기 위하여 정형화된 과정을 거치지 않기 때문에 더욱 더 가로 세로 비율을 신경 쓰면서 처리해야 하는 문제가 발생한다. 이것은 모두 정수형 연산만을 지원하는 소형 시스템에서 동작하기 위한 것이기 때문이다.

- **숫자 '7'**

숫자 '7'은 아래쪽 가운데 부분에 글자의 획이 나오는 것과 왼쪽 끝으로 글자의 획이 완전히 넘어가는 2가지 경우를 들 수 있다. 모두다 RegionT를 제외한 Region이 참으로 등록되며 특별한 경우에 '7'의 오른쪽 획이 일직선으로 내려오는 경우에는 RegionR도 거짓이 되므로 특별히 처리하는 알고리즘이 적용되어야 한다. 왼쪽 위의 획이 있든 없든 소영역에서 보면 LT 의 값이 존재하므로 그 영역의 모양은 커다란 영향을 미치지 않으며 인식 시 커다란 문제가 발생하지 않는다. 얇게 쓰여서 가로와 세로 비율이 높아지는 경우 숫자 '1'로 인식하지 않도록 조치를 취하는 것이 필요하다. Courier New 의 '1'은 아래 부분에 값이 존재하고 윗부분에도 값이 존재하므로 값을 잘못 계산하면 오인식할 수도 있으나 그 확률은 극히 적다고 할 수 있다.

- **숫자 '8'**

숫자 '8'은 CC 값만 제대로 표현해 준다면 각 Region 값들이 모두 거짓이므로 쉽게 찾아낼 수가 있다. CC 값에 의하여 '0'과 구분만 하면 되기 때문이다. 그러나 앞에서 설명한 것처럼 '6'이나 '9'의 경우 Region이 모두 거짓으로 나오는 경우가 발생하기 때문에 전체적인 소영역을 확실하게 구분할 필요가 있다. 또한 '8'의 경우 아래쪽 동그라미가 특별히 커지면서 CC 값이 나타나지 않는 경우도 발생하기 때문에 주의가 필요한 숫자라고 할 수 있다. LT, RT, LB 그리고 RB를 기준으로 값을 정하며 TC와 BC 값이 영향을 준다는 것을 알 수 있다. 어떤 문자던지 정상적인 모양으로 이진화 되는 경우는 문제가 되지 않기 때문에 '8'도 마찬가지로

CL과 CR의 값이 작은 경우를 가정하여 처리하게 되는데 CL이나 CR이 '0'과 비교할 수 없을 만큼 커다란 값을 가지는 경우가 발생한다. 모든 영상은 잡음의 영향을 받을 수 있기 때문에 이러한 문제에 대하여 생각해 보아야 한다. 실제로 '8'은 가운데 위에서 아래로 세로 선을 그어서 세로선에 어떤 값이 걸리는지를 확인하여 '0'과 구분한다. 또한 전 영역의 모든 값을 가지고 있는 문자에 속하기 때문에 복잡한 알고리즘으로 처리하기보다는 '4'를 처리하기 전에 처리하도록 순서를 고려하여 수행한다.

- 숫자 '9'

숫자 '9'는 숫자 '6'을 바라보는 시각에서 바라볼 수 있다. RegionL이 참으로 판정되어야 하고 TC와 BC가 값을 가지고 있어야 하며 RT나 CR이 '6'에 비하여 큰 값을 가지고 있다는 가정을 하고 숫자를 인식한다. 그러나 모든 문자들이 그렇듯이 TC와 BC는 얇은 글자체의 모양을 가진 경우가 많으므로 표준 글자를 기준으로는 제대로 된 숫자를 찾는 것이 쉽지 않다. '9'의 경우는 훼손된 '6'이 오른쪽 가운데가 뭉개진 듯한 영상을 갖는 경우가 있는데 '9'와 소영역 값에서 거의 차이가 없었다. 이러한 경우에는 Region을 기준으로 찾아야 하는데 실제로 훼손이 발생한 영상의 경우 Region을 제대로 검출해 낼 만큼 좋은 영상이 아님을 알 수 있다. 따라서 아주 세밀한 부분까지 검색하는 노력이 요구된다. '9'는 '6'에 비하여 CC 값이 많이 약한 것을 알 수 있는데 표준화된 문서체의 경우 '9'의 위쪽 동그라미 영역이 크기 때문이나 실제의 영상에서는 여러 가지가 존재하는 것을 볼 수 있다.

- 숫자 '0'

숫자 '0'은 숫자로만 확인한다면 '1'과 마찬가지로 가장 인식하기 쉬운 숫자라고 할 수 있다. 그러나 '1'에서와 마찬가지로 문자와 함께 존재하는 경우를 감안한다면 '0'은 영어 대문자 'O'나 소문자 'o'와 함께 가장 인식하기 어려운 문자가 되어 버린다. 서로 구분할 만한 커다란 기준점이 가로와 세로의 비율을 들 수 있는데 영문자의 경우도 많은 경우에 세로로 세워서 얇게 쓰는 글자형태들이 많기 때문에 그러한 방법으로는 인식을 할 수 있는 기본적인 기법이 되지는 못한다. 이것은 문자와 혼합되어 있을 경우에 더욱 신경 써서 연구하여야 할 영역임이 틀림없다. 본 논문에서는 숫자 인식을 다루고 있지만 문자와의 혼합을 고려한 문자 인식까지를 알고리즘 상에서 구현하였다.

전화번호와 같은 숫자들은 앞부분에 영문자가 존재하는 경우가 많아서 숫자만을 인식하는 것을 근거로 하여 프로그램을 처리하였다.

그림 9-5(a)는 명함에 있는 전화 번호부분을 획득한 영상이다. 그림에서 보이듯이 순수하게 번호만 존재하는 것이 아니라 TEL과 같은 영문자 그리고 : + 와 - 같은 특수문자들이 함께 존재함을 알 수 있다. 9-5(b)는 이진화 작업을 통하여 순수하게 인식할 필요가 있는 숫자

영역의 윗부분과 아랫부분을 구분하여 선을 그려 놓은 영상을 보여주고 있다. FAX 번호 부분은 선을 그은 부분 아랫부분에 존재하므로 인식 대상에서 제외하게 된다.

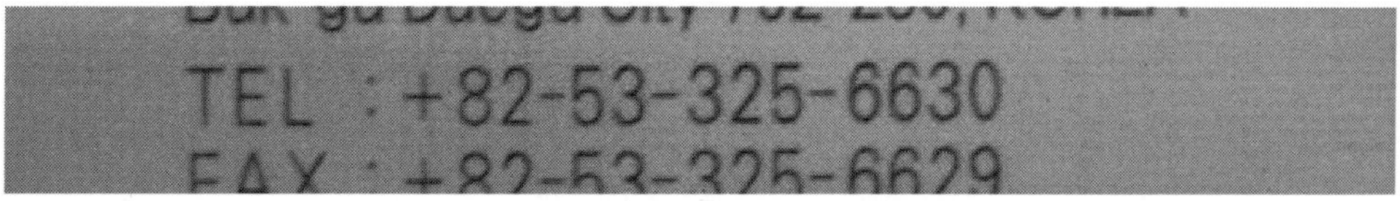

(a)

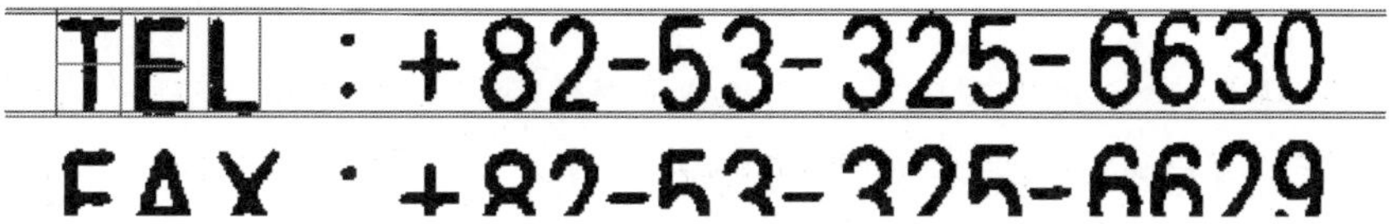

(b)

그림 9-5 전화번호 숫자

그림 9-6은 그림 9-5의 아랫부분에 FAX 숫자가 있는 영상을 보여 주는 그림이다. 역시 이 영상도 FAX 번호가 있는 아랫부분만 이진화 과정에서 획득하여 처리하게 된다.

그림 9-6 FAX 숫자

그림 9-7 (a)는 이동 전화번호가 존재하는 영상 부분을 보여 주고 있다. 맨 왼쪽에 검은 점이 존재하는데 이것은 동그라미 표시를 해 주는 것으로 인식할 수 없는 특수 기호다.

그림 9-7 (b)는 숫자를 인식하기 위하여 이진화 과정을 수행 후에 각 문자별로 영역을 구분한 그림이다. 이동 전화번호는 그림 9-5에서 설명한 것처럼 인식을 위한 범위 안에 존재하는 영역만이 이진화 영상을 처리하는 과정에 존재한다. 그림 9-7 (a)의 아랫부분에 존재하던 글자체들은 나타나지 않는 것을 볼 수 있다.

(a)

(b)

그림 9-7 이동전화 숫자

그림 9-8은 일반 전화번호를 찍은 것인데 흐리게 찍혔음을 알 수 있다. 그리고 이진화 영상도 뭉개진 부분들이 주변에 보이는 것을 알 수 있다. 그러나 숫자 인식 과정에서는 이러한 약간의 흐림은 별로 영향을 주지 못한다. 이진화 과정만 제대로 수행된다면 어떤 흐린 영상에서도 올바른 결과 값을 얻을 수 있다.

(a)

(b)

그림 9-8 일반 전화번호

그림 9-9는 Fax 번호를 나타내는데 그림 8과 마찬가지로 흐린 영상임을 알 수 있다. 그러나 그림 9-8보다 얇은 선으로 구성되어 있기 때문에 이진화를 수행한 경우에 그림 9-8보다 훨씬 선명한 영상 결과를 보여 주고 있음을 알 수 있다. 이 영상 역시 인식을 하는데 전혀 문제가 발생하지 않는 좋은 영상이라고 할 수 있다.

(a)

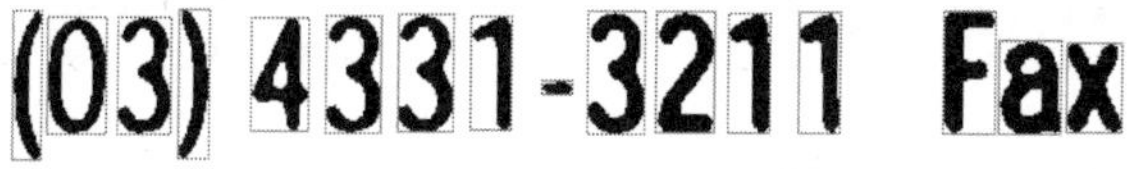

(b)

그림9-9 Fax 전화번호

그림 9-10은 일반 전화번호 영상으로 이진화한 후에 영역을 구분하여 처리한 결과 영상을 그림 9-10(b)에 보여 주고 있다. 그림에서 보이듯이 TE가 서로 붙어 있는 것으로 영상이 처리됨을 알 수 있는데 이렇게 붙게 되는 경우 인식할 수 없는 문제가 발생한다. 이것은 영상이 잘못 찍히는 경우도 있을 수 있으며 이진화 과정에서 잡음들을 제대로 제거해 내지 못하면서 발생하는 문제일 수도 있는데 매우 어려운 문제로 남아있다.

(a)

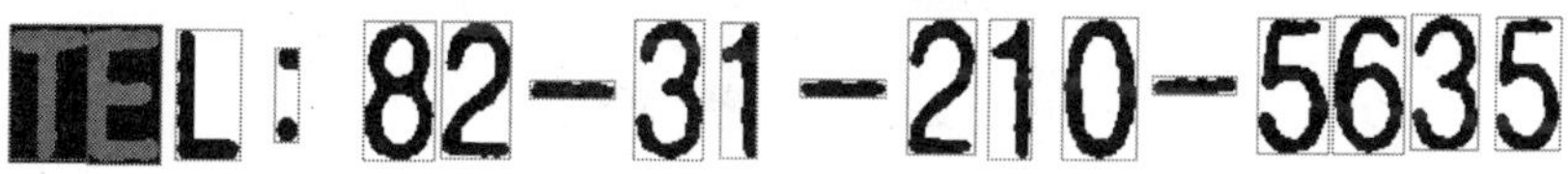

(b)

그림 9-10 전화번호

그림 9-11 은 이동 전화번호를 나타내는 영상이다. 글자와 특수 문자가 역시 그림 10번처럼 섞여서 존재하는 것을 알 수 있으며 이진화 영상 부분을 보면 붙어 있는 영상은 존재하지 않아 숫자를 인식하는데 전혀 문제가 발생하지 않는다.

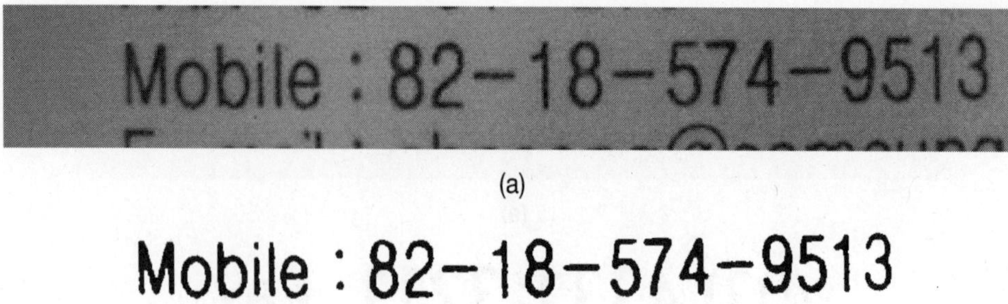

(b)

그림 9-11 이동전화번호

그림 9-12는 숫자가 붙어있는 예로서 60 부분이 이진화 과정에서 붙게 되면서 올바른 결과값을 제공하지 못하는 문제가 발생한다. 게다가 문자가 붙어 있는지의 여부를 판가름하는 것이 매우 어려운 문제이므로 이진화가 제대로 수행되지 않거나 원 영상에 잡음 성분이 들어가는 경우에 처리하는 문제는 매우 신중하게 검토되어야 한다.

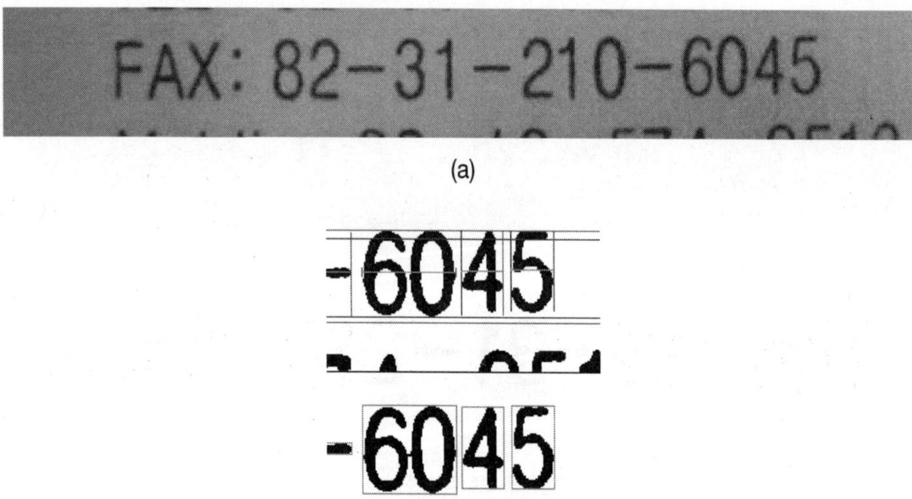

(b)

그림 9-12 FAX 번호

9.2_ 문자 인식

소영역 분류는 숫자 인식 알고리즘에서 제안한 기법을 사용하여 처리한다.

9.2.1 대문자 인식 알고리즘

숫자 인식 알고리즘에서 사용된 영역 분류 기준을 그대로 반영하여 대문자 인식에 사용하였다. 다음은 대문자 각각에 대한 알고리즘 설명이다. 문자의 검은색 영역을 정보가 있는 영역으로 간주하여 처리한다.

- 'A'

상단 왼쪽과 오른쪽의 배경영역이 아무 정보도 없으며 하단 왼쪽과 오른쪽 영역에 많은 정보가 존재하는 것을 알 수 있다. 또한 상단 중앙에 많은 정보가 존재하는 것을 알 수 있으며 하단 중앙은 정보가 존재하지 않는 것을 알 수 있다. LT, RTT, BC는 정보가 존재하지 않는 것으로 검사가 이루어지며 TC, LBB, RBB는 많은 정보를 포함하는 것으로 검사가 이루어진다.

- 'B'

왼쪽 영역에 정보가 많이 존재하지만 글자의 특징에 따라서는 상단과 하단 왼쪽이 튀어나와서 왼쪽 가운데 부분에 정보가 존재하지 않는 경우도 발생한다. 이러한 문제에 대한 고려가 필요하다. 또한 상단과 하단 중앙에 정보가 존재하며 오른쪽 상단과 하단에 아주 약한 정보가 존재하는 것을 알 수 있다. 문자만 인식할 경우는 문제가 발생하지 않지만 숫자를 도입하여 통합형을 이루게 될 경우에 숫자 8과 유사한 문자의 틀을 가지고 있음을 알 수 있다. 차후에 연구하여야 영역으로 간주한다.

- 'C'

왼쪽 중앙에 많은 정보가 존재하고 오른쪽 중앙에 정보가 미약하게 존재하는 형태이다. 상단과 하단 중앙에 많은 정보가 존재하고 가운데 영역에 정보가 존재하는 않는다. 그러나 문자 중에 혹은 잡음에 의하여 오른쪽 끝 부분이 뭉쳐져서 숫자 0 과 같은 모양을 가질 때도 존재하며 대문자 G와 유사하여 검색이 어려운 경우도 발생한다.

- 'D'

'B'와 마찬가지로 모든 region이 막혀있는 형상을 하고 있으며 B가 가운데 부분에 정보를 소유했던 것과는 반대로 가운데에 전혀 정보를 가지고 있지 않은 경우이다.

- **'E'**

'C'와 유사한 모양을 가지고 있으며 가운데 부분에 정보를 가지고 있는 모양임을 알 수 있다. 그러나 오른쪽 위와 아래에 있는 선의 끝이 조금 더 번지는 경우에는 'B'와 유사한 모양이 되면서 인식에 오류가 발생하는 경우도 존재한다. 따라서 각 영역에 대한 철저한 검사를 수행하여야 제대로 인식이 가능한 문자이다.

- **'F'**

'E'와 유사한 문자이다. 아래쪽 하단에 정보가 존재하지 않기 때문에 인식이 쉬운 편에 속할 수도 있으나 'P'의 존재와 유사하여 RTT 변수의 유무와 RT변수 값의 미세한 변화에 대하여 참조하여야 하는 문제가 있다. E와 P를 고려하여 문자 인식을 수행하여야 한다.

- **'G'**

'C'를 설명하는 특징과 유사하나 정 가운데가 아닌 가운데 약간 오른쪽 부분에 새로운 정보가 존재하는 형태이다. 사람의 눈으로 보면 명확한 글자일 수 있으나 컴퓨터 시스템의 인식 능력이 아직은 C와 명확히 구분하는 것이 매우 어려운 글자이다. 그림 1에서는 표현하지 않았으나 G를 인식하기 위해 오른쪽 위에서 아래로 내려오는 소영역을 새롭게 도입하여 인식을 가능할 수 있도록 하였다.

- **'H'**

인식하기 쉬워 보이는 문자 구조를 가지고 있는 글자이다. 위와 아래쪽 중앙에 정보가 존재하지 않고 각 에지 영역에 많은 정보가 포함되어 있으며 가운데 부분에 정보가 존재하는 것을 알 수 있다. 그러나 대문자 M도 양쪽 위에서 내려오는 사선이 가운데 부분까지 오는 글자 형태가 많아서 H와 커다란 구분이 가지 않는 경우도 있다. 당연히 M에서 사선부분을 처리하는 기법이 필요하다. H는 M과 비교하여 문자를 인식할 수 있도록 한다.

- **'I'**

가장 인식이 쉬운 문자중의 하나이면서 가장 인식하기 어렵다. 대문자만을 보았을 때는 가장 쉬운 문자이며 숫자와 소문자를 함께 통합적으로 고려한다면 가장 어려운 문자가 된다. 숫자 '1'과 유사하며 문자 'ㅣ'와 유사한 것을 알 수 있다. 이것은 인간도 앞뒤 문자를 보지 않으면 구분하기 어려운 것들이다. 게다가 손으로 쓴 것이 아닌 프린터로 출력한 시스템에서는 더욱 더 어려운 문자가 된다. 그러나 본 연구에서는 대문자만을 독립적으로 처리하므로 아주 쉽게 인식 가능한 문자에 해당한다.

- 'J'

대문자 I 만큼이나 쉬운 문자이다. 왼쪽 아래쪽에 많은 정보가 존재하고 왼쪽 위는 정보가 존재하지 않으며 오른쪽 위에 많은 정보가 존재하고 오른쪽 아래쪽에 정보가 존재하는 형태이다. 그러나 J의 위쪽 선이 너무 길어서 양쪽 모두 가운데 부분에 존재하는 경우에 위아래 가로로 선이 긴 I와 유사한 형태의 소영역 결과를 나타내기 때문에 주의하여야 한다. 특성상 I보다는 가로 세로 비율이 적은 값을 갖는다.

- 'K'

K는 실제 인식 실험을 해 보면 많은 문자와 연관되어 유사한 결과를 나타내곤 하였는데 이것은 스캔하면서 발생하는 잡음 문제와 연관이 있다고 생각한다. K의 맨 위쪽 가로선이 붙게 되는 경우에는 P와 헷갈리는 결과를 나타낼 수도 있으며 더욱 근사한 결과는 R의 결과와 구분하는 것이 매우 어렵다는 사실이다. 위쪽이 붙는 경우는 전적으로 잡음에 의한 결과인데 붙은 잡음을 제거하는 것은 어려운 작업이기 때문에 본 연구에서는 잡음 제거 기법은 사용하지 않았다. 실제로 잡음 제거를 수행하는 경우에 다른 문자들이 가지고 있는 문자의 미세한 영역들이 함께 지워지는 결과를 초래하기 때문에 더 나쁜 결과를 나타내곤 하였다. 또한 K의 위와 아래가 붙은 경우에 E와 유사한 결과를 초래하는 것도 있었는데 아주 섬세하게 비교 검색을 해야만 제대로 된 결과를 얻을 수 있다.

- 'L'

어떤 것을 섞어 놓아도 가장 쉽게 인식되는 문자이다. 위와 오른쪽에 아무 정보도 없는 문자는 L밖에 없다. T가 잡음이 섞여서 위쪽 정보가 사라지는 경우 약간의 혼란이 있을 수는 있지만 역시 L은 인식하기에 가장 쉬운 문자이다.

- 'M'

N과 함께 비교하여야 하는 문자로 잡음이 섞이는 경우 앞에서 설명한 H와 유사한 경우도 있으며 위쪽 가운데가 아무 정보도 존재하지 않는 경우가 대부분인데 어떤 경우에는 위쪽에 사선이 붙으면서 위쪽 가운데 부분에 많은 정보가 존재하는 경우가 있어서 주의가 필요한 문자이다. 위쪽 중앙에 정보가 존재하는 경우에는 방향을 알려주는 region 선정이 다시 이루어져야 하므로 복잡한 형태의 인식 수행이 발생한다.

- 'N'

M과 함께 인식이 수행되어야 하며 위와 아래 중앙에 정보가 없거나 아주 소량 존재하는 것으로 볼 수 있는데 이것이 가끔씩 M 문자의 특성과 헷갈리는 경우가 발생한다. 또한 H와도

헷갈리는 경우가 존재하는데 위와 아래 중앙에 아무 정보도 없는 경우가 발생하기 때문이다. 또한 위쪽 중앙에만 정보가 존재하는 경우도 있으며 아래쪽 중앙에만 정보가 존재하는 경우도 발생하곤 하는데 아래쪽 중앙에 정보가 존재하는 경우는 U와 헷갈리는 결과를 나타내기도 한다.

- **'O'**

I와 함께 대문자에서만 보면 인식하기 가장 쉬운 문자이다. 또한 I와 마찬가지로 숫자와 소문자가 섞이는 경우에는 사람도 구분하기 힘든 동그라미라고 해야 할 것이다. 본 연구에서는 대문자만을 고려하므로 가운데 부분에 정보가 존재하지 않으며 전후좌우에 모두 정보가 존재하는 것으로 간주하여 아주 쉽게 인식을 수행한다. 그러나 C에서 설명한 것처럼 잡음이 섞인 C의 경우 오른쪽 중앙에 정보가 존재하는 경우가 많기 때문에 주의가 필요한 문자이다.

- **'P'**

오른쪽 아래에 정보가 존재하지 않으며 왼쪽 선상을 따라서 많은 정보가 있는 것은 F와 똑같은 조건이다. F와의 차이점은 RT 영역에 더 많은 정보를 포함하고 있다는 것인데 F의 오른쪽 위에 잡음이 섞이는 경우에는 구분하는 것이 아주 어려운 문자이다. 또한 E가 스캔이 제대로 되지 않아 아래 오른쪽 부분의 정보가 제거되는 경우가 있는데 이러한 경우를 모두 고려하여 처리를 하여야 한다.

- **'Q'**

O와 비교해 보면 인간의 눈으로는 쉽게 알 수도 있으나 잡음이 섞일 수 있는 Q나 O는 차이점을 구분하는 것이 그다지 쉽지는 않다. 단지 Q는 오른쪽 하단의 RBB가 많은 정보를 가지고 있으나 O는 Q보다는 적은 정보를 가지고 있다는 것뿐이다. 이러한 특징도 잡음이 오른쪽 하단에 섞이지 않았다는 가정 하에서다. 인식하기 어려운 문자이다.

- **'R'**

B의 하단부분에 대한 정보만 없으면 충분히 제대로 인식할 수 있는 문자이다. 문자들은 스캔을 하다보면 상단과 하단 혹은 외곽부분의 정보가 손실되거나 잡음이 섞이는 현상들이 있는데 B의 하단 부분이 손실되는 경우에 R로 잘못 인식하는 문제가 발생하기도 한다. 또한 R의 상단 부분이 손실되는 경우 H로 잘못 인식하는 문제도 생길 수 있는데 특수한 몇몇 상황에서 발생하는 문제를 해결할 수 있도록 처리하여야 한다.

- 'S'

문자 인식을 위한 정보를 그림 1에서 분류한 소영역으로 한정하였기 때문에 소영역 구분만으로 인식을 수행하는 경우 Z와 아주 유사한 결과를 보여주기도 한다. 네 귀퉁이의 정보량이 많고 가운데 정보량이 많으며, 위와 아래 그리고 가운데 정보량이 많은 것까지 똑같다. 대각선 방향의 정보량을 검사해야 하는데 본 연구에서는 region을 도입하여 위와 아래쪽의 정보가 없는 영역을 따로 구분하여 처리한다.

- 'T'

좌우 중앙에 정보를 포함하지 않고 있으며 상하 중앙에 정보를 포함하고 있는 문자이다. 좌우 위쪽에 비슷한 정보를 포함하고 있는 것을 알 수 있는데 이 문자 역시 잡음의 영향으로 좌측이나 우측 위쪽에 있는 문자의 모양이 손실되는 경우가 발생한다. 이 경우 I나 J로 인식되는 경향을 보인다.

- 'U'

V와 비교했을 때 아주 미세한 부분만 차이가 있을 뿐 그림 1의 소영역을 가지고 구분을 하는 것이 쉽지만은 않은 문자이다. 그러나 잡음이 섞이지 않은 경우는 인식하기가 매우 쉬운 문자에 해당한다. 그러나 스캔을 하는 경우 아래 중앙부분이 손실되는 경우가 있는데 이 경우에는 H로 인식되거나 N으로 인식되는 경우도 발생할 수가 있기 때문에 가운데 부분에 정보가 있는지 없는지를 명확히 구분해 주어야 한다. 문제는 N이나 H의 경우에도 가운데 부분의 정보가 손실되어 결과를 알 수 없는 경우가 있다는 것이다.

- 'V'

U와 유사한 모양을 가지고 있는 문자이다. 그러나 컴퓨터 시스템에서 문자를 보면 Y에 더욱 근사한 문자라는 것을 알 수 있는데 Y의 하단 부분이 손실되는 경우가 발생하기 때문이다. Y의 경우 하단이 손실되면 V와 구분하는 것은 거의 불가능하다. 각 문자의 비율이라는 것이 정확히 소수점을 나눌 수 있는 것이 아니기 때문에 더욱 어렵다.

- 'W'

비교적 쉽게 인식이 가능한 문자이다. 위쪽 좌우와 중앙에 많은 정보를 포함하고 있으면 region이 구분된다. 아래쪽 좌우에는 그리 많지 않은 정보를 포함하고 있으며 가운데 부분은 많은 정보를 포함하고 있다. 이러한 특징을 가지고 있는 문자가 없기 때문에 소문자가 검색되지 않는 한 대문자 내에서 인식이 아주 쉬운 문자이다.

- 'X'

소문자와 함께 인식을 하지 않는다면 W보다도 더 쉽게 인식이 가능한 문자이다. 네 귀퉁이는 정보를 많이 포함하고 있고 위아래 좌우는 정보를 포함하지 않은 특징을 가지고 있다.

- 'Y'

정보의 손실이 발생하지 않는다면 아래쪽 좌우의 정보가 없고 중앙에만 정보가 존재하며 좌우 중앙 부분에 정보가 존재하지 않는다. 이러한 특징은 V와 거의 동일하나 중앙 부분에 많은 정보를 포함한다는 것이다. 그러나 하단부의 정보가 손실되는 경우 V나 U와 매우 유사한 특징을 가지게 되어 인식에 어느 정도의 어려움이 존재한다.

- 'Z'

S와 굉장히 비슷한 정보를 많이 가지고 있는 문자이다. S에서도 설명했듯이 대각선의 정보를 제외하고는 S와 구분하기 수월한 소영역이 존재하지 않는다고 할 수 있다. 좌우측 중간정도에 위치하는 소영역을 구분하여 문자를 인식하도록 하였다.

실험은 hwp 상에서 대문자를 프린터로 출력하여 디지털 카메라로 사진을 찍어 컴퓨터로 스캔하여 받은 문자를 가지고 실험을 수행하였다. 문자의 개수가 26개가 되는 관계로 다섯 글자씩 잘라서 실험을 수행하였다.

그림 9-13은 Arial 대문자를 보여준다. UVWX와 XYZ는 X를 중복시켜서 처리하는 문자의 수를 맞추어 잘라놓았다.

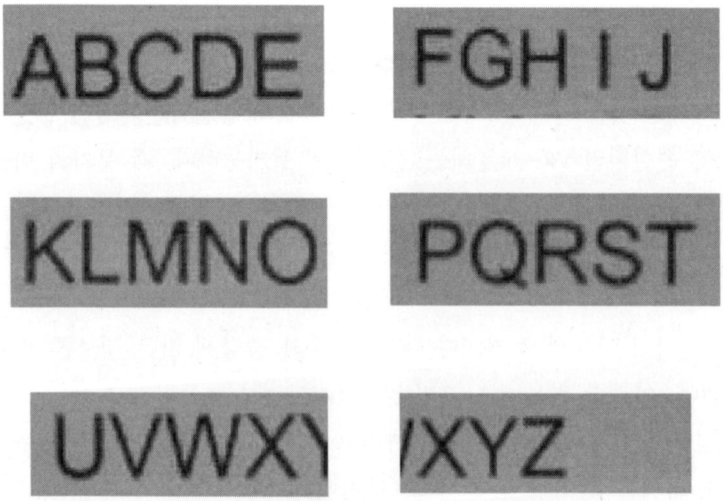

그림 9-13 실험에 사용한 Arial 대문자

그림 9-14는 대문자 ABCDE를 인식하는 과정에서 각 글자를 구분하면서 문자를 인식해 가는 과정을 색 그래프로 표현한 것이다. 글자 크기가 일정한 형태로 이루어져 있어서 동일한 크기임을 알 수 있는데 이와 같이 동일한 모양을 유지하는 글자를 구분하여 각 region을 나누어 인식할 수 있도록 하였다. ABCDE를 아주 잘 인식한 결과를 보여주는 것을 확인하였다. 실험에 사용한 이미지는 잡음이 들어간 것이 E 외에는 거의 없는 것을 볼 수 있는데 E는 상단부에 잡음 형태의 그림이 들어 있는 것을 알 수 있다. 그러나 전체적인 정보량에 영향을 미칠 수 있을 만큼 크지 않았기 때문에 제대로 인식이 되었다.

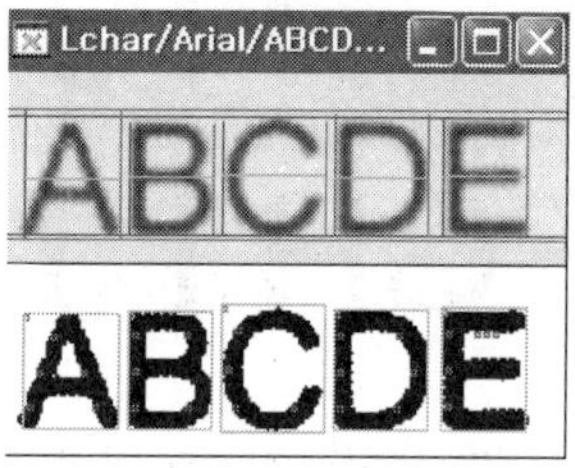

그림 9-14 ABCDE 대문자 인식과정

그림 9-15는 UVWX를 인식하는 과정을 그림으로 보여주고 있다. 그런데 X에서 보이듯이 X의 오른쪽 끝부분까지 가지 못하고 중간에 멈추어 있는 것을 알 수 있다. 이렇게 중간까지의 정보만을 가지고 있는 경우 알고리즘 상에서 최종 단에 있는 문자를 대문자로 인식하는 것이 불가능한데 그 이유는 일정한 가로 세로 비율을 가지고 대문자가 존재한다고 가정하고 있기 때문이다. 또한 제대로 경계선을 찾지 못하면 영역 내 소영역의 정보를 제대로 얻을 수 없기 때문에 데이터베이스가 없는 상황에서는 어쩔 수 없이 인식을 할 수 없게 된다.

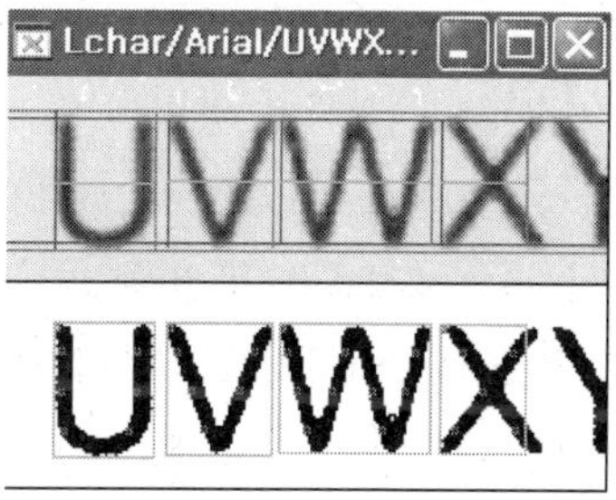

그림 9-15 UVWX 인식과정

그림 9-16은 위에서 보던 균일한 비율을 가지고 있는 대문자의 틀이 아닌 가로 세로의 비율이 전혀 달라지는 대문자를 보여주고 있다. 보기 편하도록 수직선 기준만을 제시하여

보여주고 있는데 보이는 것처럼 I와 J는 다른 문자와 달리 협소한 공간을 차지하고 있는 것을 알 수 있다. 문자 인식을 위해서 이러한 비율에 대한 검사가 함께 수행되기 때문에 잡음이 섞이지 않은 영상 내에서는 제대로 된 결과를 찾을 수 있다. 이진화한 영상 내에 보면 글자의 표면에 잡음 성분이 눈에 띄기는 하지만 전체적인 정보량에 영향을 미치지 못하기 때문에 대문자를 제대로 인식하는 것을 알 수 있다.

그림 9-16 FGHIJ 인식

9.2.2 소문자 인식 알고리즘

숫자와 대문자 인식 알고리즘에서 사용된 영역 분류 기준을 그대로 반영하여 소문자 인식에 사용하였다. 다음은 소문자 각각에 대한 알고리즘 설명이다. 문자의 검은 색 부분이 존재하는 영역을 정보가 있는 영역으로 간주하여 처리한다. 소문자가 가질 수 있는 몇몇 특징들이 존재하지만 기본적인 알고리즘은 대문자 인식 기법과 유사한 과정을 가지고 있다.

- 'a'

'a'는 소문자에서 두 가지 종류로 사용된다. 하나는 'a'이고 다른 하나는 'α'이다. 두 가지의 문자를 인식하는 기법은 상이하며 서로 인식하는 방법이 다르게 된다. 'α'는 대문자 'O'나 'Q' 그리고 숫자 '0'과 구분할 경우에 혼동을 줄 수 있다. 그러나 본 연구에서 대문자와의 통합 시스템이 아니라 소문자만을 인식하는 시스템을 구현하였기 때문에 문제가 발생하지는 않는다. 명확히 문자가 스캔된 경우는 괜찮으나 이미지를 스캐닝하면서 잡음이 생길 수 있기 때문에 문자를 인식하기 위한 특별한 소영역을 가지고 구분한다. 오른쪽 아랫부분을 특별히 크게 구분하여 인식을 제대로 할 수 있도록 구현한다. 'a'는 특별한 경우가 아니면 무난하게 인식할 수 있는 구조이다.

- 'b'

'b'는 아래쪽 둥근 영역이 너무 높게 올라온 경우에는 대문자 'D'와 혼동될 수 있는 속성을 가지고 있으나 본 연구에서는 다루지 않는다. 그러나 소문자 'h'와는 많은 혼동을 줄 수 있는 것을 확인하였다. 아랫부분의 선이 약한 선 성분으로 스캔이 잘 안 되는 경우나 흐리게 된 경우에 'h'와 많은 혼동이 발생하는 것을 볼 수 있었다.

- 'c'

'c'는 대문자 'C'와 동일하게 생겼으며 모든 인식 과정이 동일하다. 왼쪽 중앙에 많은 정보가 존재하고 오른쪽 중앙에 정보가 미약하게 존재하는 형태이다. 상단과 하단 중앙에 많은 정보가 존재하고 가운데 영역에는 정보가 존재하지 않는다.

- 'd'

왼쪽 윗부분과 가운데 윗부분은 정보가 존재하지 않으며 오른쪽 전 영역에 많은 정보가 존재하고 오른쪽 아래쪽에 많은 정보가 있는 반면에 왼쪽 아래쪽에는 정보량이 적은 것을 알 수 있다. 위쪽과 아래쪽이라는 것을 배제한다면 'b'와 혼동되는 결과를 주는 경우가 있는데 전체 영역 중에 아래쪽 절반의 정보가 동일한 모양을 하고 있기 때문이다.

- 'e'

'c'와 상당히 유사한 모양을 하고 있어서 인식을 하는데 혼동이 발생할 경우가 많다. 가운데 부분에 정보량이 많고 'c'는 가운데 부분에 정보량이 없어야 하는데 실제 영상은 그렇지 않은 경우가 많이 발생한다. TTC를 도입하여 구분하여 인식할 수 있도록 하였다.

- 'f'

'f'는 long 문자로 다른 소문자들보다 상단이 높은 문자이다. 'f'는 't'나 'l'과 함께 구분하여 전체적인 길이를 기준으로 인식을 수행하며 인식을 수행하는 중에는 'i'와 'j'도 동일하게 다른 소문자에 비하여 길기 때문에 구분 점을 따로 두고 계산한다. 실제로 't'로 구분하는 경우도 많이 발생하기 때문에 세심한 주의가 필요하다.

- 'g'

'a'와 마찬가지로 두 가지로 사용되는 문자이다. 그러나 'a'와 마찬가지로 문자형 글자가 주로 사용되기 때문에 'g'로 인식하는 경우는 아주 드물게 발생하는 사건이다. 그러나 인식을 위하여 두 개의 글자를 구분하여 처리할 수 있도록 하였다. 'f'와 마찬가지로 long 문자이지만 일자형 문자가 아니라 소영역을 충분히 구분할 수 있기 때문에 인식에 필요한 특징들을 제공함으로써 인식할 수 있다.

- ‘h’

앞에서 ‘b’를 설명할 때 ‘h’와 유사하다고 서술하였다. ‘b’는 아래 부분에 있는 약한 선이 흐릿해지는 경우에 ‘h’와 구분하는 것이 힘들었으나 ‘h’의 경우 왼쪽 위에 있는 선의 정보가 불량한 이미지 스캐닝에 의하여 소실되는 경우 ‘n’과 구분하는 것이 어려워지는 경우도 있었다. 전체적으로 왼쪽 위의 선이 짧은 모양으로 되어 있어도 인식하는 것이 쉽지 않았다. 게다가 잡음이 섞여서 아랫부분에 검은 선이 끼는 경우에는 역으로 ‘b’로 인식하는 경우도 발생할 수 있음을 알 수 있다.

- ‘i’

‘i’와 ‘j’는 위쪽에 검은 점이 존재함으로 인해서 long 문자임에도 인식이 비교적 수월한 문자에 속한다. 그러나 잡음이 섞이는 경우 점이 없어지거나 점이 이어지는 경우가 발생하게 되고 이때는 인식 자체가 어려운 문자가 되고 만다. 또한 ‘j’의 경우 왼쪽 아래 부분에 많은 정보가 존재하여야 하나 잡음 때문에 왼쪽 아래 부분의 정보가 유실되는 경우 ‘i’와 구분하는 것이 또한 어려워진다.

- ‘j’

위에서 설명한 것처럼 ‘i’와 함께 long 문자로 분류하여 인식을 수행한다. 특별한 특징은 없고 왼쪽 아래 부분에 존재하는 정보가 온전히 남아 있어야 하며 다른 소문자에 비하여 아래 부분으로 글자가 내려가 있는 특징이 있다.

- ‘k’

대문자 ‘K’와 비슷한 구조로 되어 있어서 인식이 쉬운 편이다. 대문자 ‘K’는 다른 대문자들과 헷갈리는 경향이 있었는데 소문자는 좌측 전체에 정보가 많고 오른쪽 아래에 있는 정보와 위쪽 오른쪽에 정보가 없는 것을 감안하여 계산해 주면 쉽게 처리할 수 있다.

- ‘l’

가장 쉬울 수도 있고 가장 어려울 수도 있는 문자이다. 소문자만을 인식하는 경우에는 점이 붙어 버린 ‘i’와 혼동이 되는 경우가 있지만 이것은 특수한 경우이기 때문에 쉽게 인식이 되는 문자이다. 그러나 숫자와 함께 인식이 수행된다면 숫자 ‘1’ 과 전혀 구분할 수 있는 근거가 없는 것도 문제가 될 수 있다. 통합 시스템을 구성할 때 다시 고려해야 할 사항이다.

- ‘m’

‘n’과 혼동될 정도로 한 줄이 훼손되지 않는다면 인식하기에 가장 쉬운 문자이다. 아래쪽을 제외한 모든 곳이 정보를 가지고 있으며 가운데 부분도 정보를 가지고 있다.

- 'n'

'm'과 매우 유사하면서 가운데 부분에 정보가 없는 문자이다. 그러나 훼손이 발생하는 경우 유사한 문자들이 많아서 주의해서 처리해야 한다. 'b'나 'h'의 경우 위쪽 선이 훼손돼서 이진화 과정에서 없어지거나 아래쪽 정보가 손실되는 경우 인식에 실패할 수 있다.

다음의 그림 9-17은 Arial 소문자를 보여준다. 스캔을 한 결과가 그다지 선명하고 좋은 결과를 나타내지는 않는다. 그러나 글자영역이 명확하게 검은 색 부분을 띄고 있으므로 이진화 고정을 통하여 충분히 좋은 결과를 얻을 수 있다.

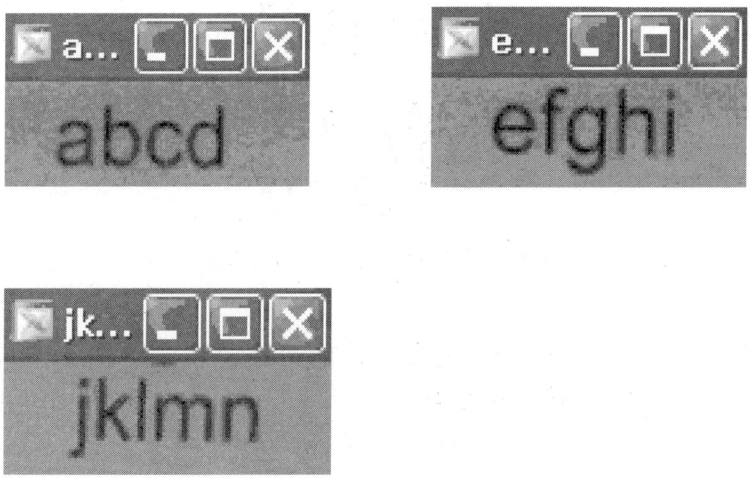

그림 9-17 실험에 사용한 Arial 소문자

그림 9-18은 소문자 abcd를 인식하는 과정에서 각 글자를 구분하면서 문자를 인식해 가는 과정을 색선으로 표현한 것이다. 각 영역을 정확하게 구분하는 것을 알 수 있으며 이진화도 순조롭게 진행되어 제대로 된 abcd를 얻는 것을 확인할 수 있다. 대문자와 달리 위쪽으로 튀어나온 b와 d가 존재하기 때문에 문자 인식 과정에서 위쪽으로 올라간 문자를 구분하여 처리할 필요가 있다. 더 쉽게 문자를 인식하기 위하여 글자의 상하 비율을 계산하여 b와 d를 처리한다.

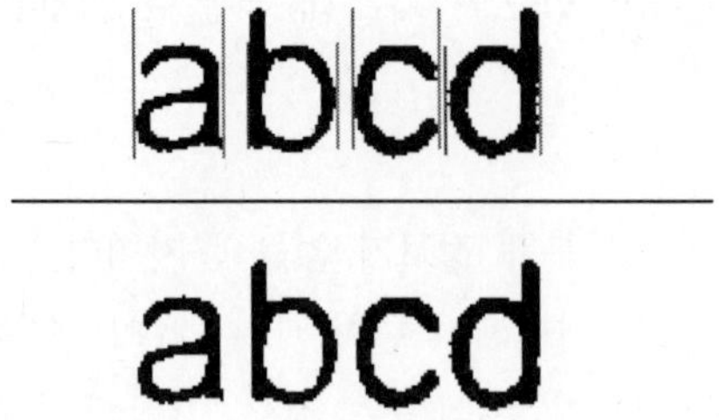

그림 9-18 abcd 소문자 인식과정

그림 9-19는 efghi를 처리하는 그림을 보여주고 있다.

그림 9-19 efghi 소문자 인식 과정

그림 9-19에서 보면 소문자 f와 g는 위쪽과 아래쪽으로 각각 삐져나온 것을 알 수 있는데 소문자 e외의 모든 글자가 정상적인 비율의 문자가 아닌 것을 알 수 있다. 이러한 경우에는 위쪽으로 튀어나간 문자의 비율과 아래쪽으로 내려간 문자의 비율을 고려하여 문자 인식을 수행한다. i는 위쪽의 점이 훼손되지 않는다면 정확히 인식할 수 있다. 이진화 된 결과 그림에서 보면 f와 g는 서로 붙어 있는 그림으로 인식되어 한 개의 경계선 안에 들어가 있는 것을 볼 수 있다. 이러한 경우 문자 인식은 실패한 것으로 결과가 나오게 되는데 실패한 문자에 대해서는 분할 과정을 도입하여 전체적인 분할이 아니라 가운데 부분에서의 분할을 수행하여 분할된 문자가 제대로 인식되는 경우에 인식된 결과를 나타낼 수 있도록 하였다. h는 왼쪽 윗부분에 정보가 존재하고 오른쪽 아래 부분에 정보가 존재하기 때문에 b와 혼동될 수도 있으나 b가 가지고 있는 아랫부분의 정보가 없기 때문에 h를 구분하는 것은 크게 복잡하지는 않다. 그러나 오른쪽 정보가 훼손되는 경우는 k로 인식될 수도 있다.

그림 9-20은 jklmn을 인식하는 과정을 보여준다. j는 위쪽과 아래쪽 모두에 걸쳐서 길게 늘어서 있는 것을 볼 수 있는데 아래쪽의 정보가 훼손되는 경우는 i로 인식되는 오류가 발생할 수 있다. k는 위쪽으로 올라간 정보가 왼쪽에만 존재한다. k는 오른쪽 아랫부분이 훼손되어 이진화 과정에서 정보가 추가되는 경우 위에서 설명한 h로 인식되는 문제가 있을 수 있다는

것을 고려해야 한다. l은 아주 쉽게 인식할 수 있는데 가로와 세로의 비율이 i와 동일하면서 선이 연결되어 있기 때문이다. l이 i로 인식되는 경우는 없으나 훼손된 i 가 l로 인식되는 경우는 발생할 수 있다. m은 n에 비하여 가로의 비율이 넓은데 인식 과정에 별다른 문제는 없는 것을 알 수 있다. n은 역시 쉽게 인식할 수 있는 문자이다.

그림 9-20 jklmn 인식 과정

- 'o'

소문자 'o'는 인식이 어려운 문자에 해당한다. 그 이유는 대문자 'O'나 숫자 '0'과 유사하기 때문이다. 모양은 똑같으면서 문자 내에서 크기가 다른 경우이므로 인식을 위하여 주변의 문자를 검색해야 하는 문제가 발생하며 인간의 시각 시스템은 전체 문장이나 글을 읽으면서 수와 문자를 구분할 수 있으나 컴퓨터 시스템은 낱글자에 의지하게 되는 경우 소문자와 대문자를 구분하는 것이 불가능해진다. 따라서 소문자 'o'를 제대로 인식하기 위해서는 단어 전체의 의미를 파악하는 과정을 수행해야 한다. 그러나 본 연구에서는 소문자만을 인식하는 경우를 가정하여 연구를 수행하였다. 'o'는 글자의 중심을 기준으로 모두 막혀있어서 기본적인 인식은 쉽게 할 수 있으나 문자가 훼손되는 경우 위쪽의 문자가 없어지는 경우가 발생하곤 한다. 이때는 글자를 'u'로 인식할 수도 있다.

- 'p'

'o'와 마찬가지로 소문자와 대문자의 모양이 동일한 문자이다. 오른쪽 아래 부분과 가운데 아래 부분의 문자 정보가 없기 때문에 인식하기는 쉬운 편이다. 전체적으로 위쪽과 왼쪽에 있는 정보를 기준으로 문자를 인식할 수 있으며 문자가 훼손되는 경우의 대부분이 위쪽 가운데와 오른쪽 위쪽 부분이기 때문에 'f'와 혼동되는 경우가 발생하는 경우도 있으며 훼손된 소문자 'e'와 혼동되는 경우도 발생할 수 있다.

- 'q'

소문자 'g'와 거의 구분을 할 수 없을 정도로 비슷한 속성을 가지고 있다. 다행히 문자화되어 사용되는 글자에서는 대부분 'g'라고 쓰여 있어서 오류의 가능성을 줄여주기는 하지만 소문자 'q'는 숫자 '9'와도 비슷하다. 당연히 전체적인 단어의 모양을 파악한 후에 글자를 인식할 수 있도록 해야 한다. 'q'는 왼쪽 아래 부분의 정보가 존재하지 않으며 위쪽과 오른쪽에 많은 정보를 포함하고 있는 문자이다. 그러나 문자가 훼손되는 경우 글자의 맨 위쪽인 경우가 많은데 사실 다른 곳에도 훼손이 많이 발생하지만 위쪽은 훼손이 발생하는 경우 정보를 완전히 잃게 된다. 이 경우 소문자 'y'로 오동작하는 경우도 발생한다.

- **'r'**

문자 내의 정보는 왼쪽과 위쪽에만 존재하며 오른쪽과 아래쪽은 어떤 정보도 포함하고 있지 않다. 훼손되지 않는다면 문자 인식은 쉬운 편이다. 그러나 카메라를 통해 입력되는 많은 정보들이 훼손의 가능성이 있기 때문에 훼손되는 경우를 가정해야 한다. 'r'은 아래쪽 정보가 훼손된 'c'와 구분이 어려운 속성을 가지고 있다. 또한 오른쪽이 훼손된 'n'과도 혼동되는 경우가 발생한다. 따라서 각 영역에 대한 정확한 정보를 구축하여야 제대로 인식할 수 있다.

- **'s'**

소문자 'o'나 'p'처럼 대소문자가 동일한 문자이다. 당연히 인식은 쉽게 수행할 수 있으나 소문자인지를 구분하기 위하여 문자 전체의 특성을 파악하여 대소문자를 구별하여야 한다. 왼쪽과 오른쪽 정보가 존재하지 않고 위쪽과 아래쪽 그리고 가운데 부분의 정보만이 존재하므로 기본 정보만을 가지고 작업을 수행하면 'z'와 동일한 구성 요소를 가지고 있다고 볼 수 있다. 따라서 대각선 부분의 정보를 민감하게 검사하는 작업을 수행해 주어야 'z'와 혼동하지 않을 수 있다.

- **'t'**

기본적인 글자 속성만을 가지고 비교를 수행한다면 소문자 't'는 길고 얇은 특성을 가진 문자이다. 위쪽에 존재하는 십자가형의 모양은 제대로 인식되지 않는 경우도 많으며 오른쪽 아래에 존재하는 문자 정보도 손실되어 있는 경우가 많은 문자이다. 따라서 소문자 'f'와 혼동을 일으키는 경우가 있는데 문자의 속성을 잘 파악해서 혼동되지 않도록 처리하여야 한다. 심한 경우 소문자 'l'과도 혼동되기도 한다.

- **'u'**

대문자와 동일한 모양을 가지고 있는 소문자이다. 당연히 전제 단어의 구조가 대문자 구조인지 소문자 구조인지를 파악하여 문자를 인식할 수 있도록 해야 한다. 위쪽 가운데 부분만 정보가 존재하지 않으며 나머지 모든 영역에 문자 정보가 존재한다. 특히 오른쪽 아래 부분의 정보가 왼쪽 아래 부분의 정보보다 더 많은 문자 정보를 가지고 있기 때문에 위쪽이 훼손된 대문자 'Q'와 혼동되는 경우도 발생할 수 있다는 것을 염두에 두어야 한다. 또한 소문자 'v'와 혼동되는 경우가 발생하기도 하는데 'u'의 아래 부분의 정보가 훼손되거나 약해져서 정보가 없어지는 경우가 발생하기 때문이다.

- 'v'

소문자 'v' 역시 대문자와 동일한 모양을 가지고 있는 소문자이다. 따라서 전제 단어의 구조가 대문자 구조인지 소문자 구조인지를 파악하여 문자를 인식할 수 있도록 해야 한다. 왼쪽 아래와 오른쪽 정보가 약한 경우를 제외하면 소문자 'u'와 대부분의 속성이 동일한 특징을 가지고 있다. 소문자 'y'의 아래쪽이 훼손된 경우에 소문자 'v'로 인식되는 문제가 발생할 수도 있다.

- 'w'

이 소문자 또한 대문자와 동일한 모양을 가지고 있는 문자이다. 당연히 전제 단어의 구조가 대문자인지 소문자인지를 파악하여 문자를 인식할 수 있도록 해야 한다. 가운데 부분에 문자 정보가 존재하는 경우를 제외하면 'u'나 'v'와 혼동되기 쉬운 속성을 가지고 있으나 문자의 전체 특징이 옆으로 넓은 모양을 하고 있기 때문에 특별히 얇게 쓰인 'w'가 아니라면 문자를 구분하는 것은 그리 어렵지 않다. 그러나 문자가 훼손되는 경우 소문자 'u'와 마찬가지로 아래 부분에 훼손이 발생하여 문자 정보를 잃어버리는 경우가 발생하는데 이때는 가운데 정보의 손실도 함께 발생하는 경우가 종종 있어서 'u'와 확실히 구분할 수 있는 정보를 계산하여야 한다.

- 'x'

소문자 'x' 역시 대문자와 동일한 모양을 가지고 있다. 따라서 전제 단어의 구조가 대문자인지 소문자인지를 파악하여 문자를 인식할 수 있도록 해야 한다. 대소문자가 동일한 모양이라는 특징을 제외한다면 왼쪽, 오른쪽, 위쪽 그리고 아래쪽의 문자 정보가 존재하지 않는다. 각 모서리와 가운데 부분만 문자 정보가 존재하기 때문에 쉽게 인식할 수 있는 문자이며 특별한 기법을 요하지 않는다.

- 'y'

소문자 'y'는 대문자와 아래 부분의 모양만 약간 다를 뿐 거의 비슷한 모양을 하고 있다. 왼쪽 오른쪽 아래쪽 그리고 위쪽까지 가운데를 기준으로 보면 문자 정보가 모두 존재하지 않는다. 그렇다면 소문자 'x'와 동일한 속성을 가지고 있는 것이다. 그러나 혼동하지 않을 수 있는 이유는 소문자 'y'는 오른쪽 아래 부분의 문자 정보가 없기 때문이다. 그럼에도 불구하고 아래쪽에 훼손이 발생하여 정보가 존재하지 않을 경우 소문자 'v'와 혼동할 수 있다. 또한 위쪽 정보가 훼손된 소문자 'q'와 비슷한 정보를 가지고 있다는 것도 주의해야 한다.

- 'z'

소문자 'z' 역시 대문자 'Z'와 동일한 모양을 가지고 있다. 따라서 전제 단어의 구조가 대문자 구조인지 소문자 구조인지를 파악하여 문자를 인식하도록 해야 한다. 앞에서 's'를 설명할 때 언급한 것처럼 대각선을 제외한 거의 모든 속성이 's'와 유사한 속성을 가지고 있다. 왼쪽과 오른쪽이 문자 정보를 포함하고 있지 않기 때문에 훼손되지 않는다면 쉽게 인식할 수 있는 구조이다. 위쪽과 아래쪽 정보를 가지고 있는 'c'나 's'와 같이 비슷한 문자가 존재하면 'c'의 경우 왼쪽 중앙부분이 훼손되어 정보가 사라지는 경우가 있기 때문에 'z'와 혼동되는 경우도 발생한다. 또한 숫자와의 통합을 고려한다면 숫자 '2'와 거의 동일한 모습이라는 것을 염두에 두어야 할 것이다.

이번에 실험을 수행한 그림들은 system과 Arial 문자로 스캔한 이미지로 실험을 수행하였다. 그림 9-21, 그림 9-22, 그리고 그림 9-23까지는 system 문자에서의 인식과정을 보여주고 있으며 그림 9-24, 그림 9-25 그리고 그림 9-26까지는 Arial 문자의 인식 과정을 보여주고 있다.

그림 9-21은 각 문자를 스캔한 영상을 보여주고 있다. 이미지 크기는 임의로 설정하였으며 문자는 이어서 프린트 한 것을 알 수 있다. 화질은 스캔을 했기 때문에 잡음도 섞여 있으며 깨끗하지는 않은 편이다.

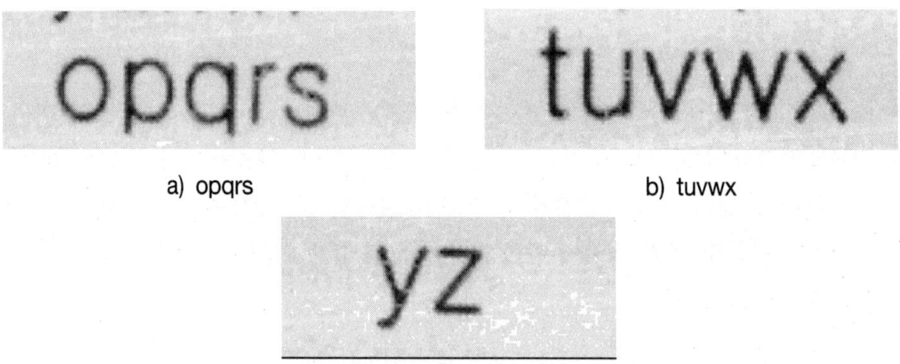

a) opqrs b) tuvwx

c) yz

그림 9-21 실험을 수행한 system 문자

그림 9-22는 원본 영상을 이진화 시켜서 얻은 이진화 결과 영상이다. 전체적으로 울퉁불퉁한 문자 정보들이 존재하는 것을 볼 수 있다.

그림 9-22 이진화 결과 영상

그림 9-23은 각 문자의 인식과정과 결과를 보여주고 있다. 그림 9-23의 (b)에서 t와 u를 처리한 후 v와 w를 처리하는 과정을 보여 주고 있다. 그림에서 보이듯이 'p'와 'q'는 다른 문자들보다 더 큰 높이를 가지고 있는 것을 알 수 있다. 또한 'r'의 경우 왼쪽 위쪽의 정보가 별로 존재하지 않는 모습인 것도 확인할 수 있다. (b)에서 보면 't'는 특별히 얇고 긴 모양인 것을 알 수 있으며 'w'는 다른 문자들보다 넓은 영역을 가지고 있는 것을 알 수 있다. 이진화 결과는 전체적으로 충분히 잘 수행되었음을 알 수 있다. (c)에서 보면 'y'는 더 커다란 높이를 가진 문자임을 알 수 있다.

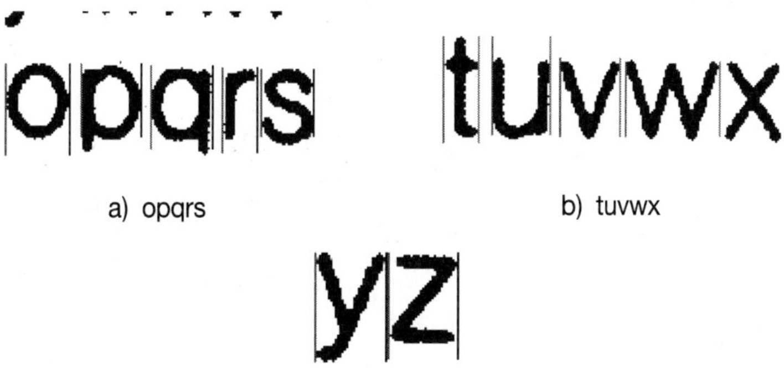

a) opqrs

b) tuvwx

c) yz

그림 9-23 문자 인식 결과 영상

특별히 주의하여야 할 점은 'p'와 'q'의 아래쪽 정보가 손실되는 경우 'o'와 구분하는 것이 힘들어질 수도 있다는 것이다. 이것은 system 문자의 속성이기 때문에 문자별로 인식하는 내용에 대하여 주의하여야 한다.

그림 9-24는 Arial 문자의 실험용 영상을 보여주고 있다. system 문자와는 약간 다른 특성을 가지고 있는데 'p'와 'q'의 경우 아래쪽 문자 정보가 더 증가되어 있는 것을 볼 수 있다. 또한 전체적으로 정제된 모습의 아담한 문자형으로 이루어진 느낌을 준다.

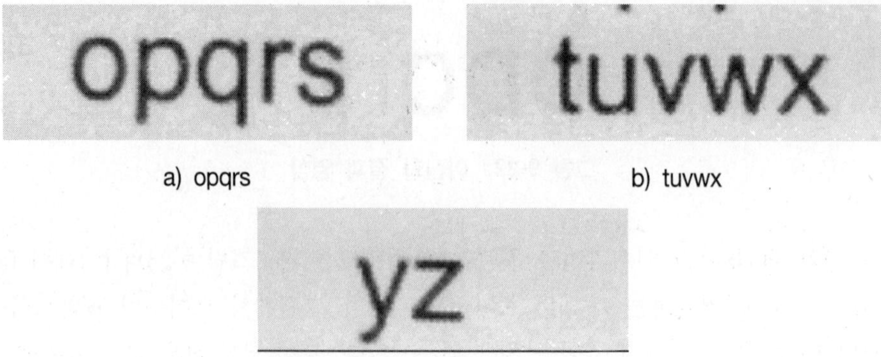

a) opqrs　　b) tuvwx

c) yz

그림 9-24 실험을 수행한 Arial 문자

그림 9-25는 Arial 문자에 이진화를 수행한 결과 영상이다. 이진화 영상의 각 부분이 파이거나 튀어나온 것을 볼 수 있는데 이것은 원 영상에 잡음이 존재했다는 것을 의미한다. 스캔한 영상이기 때문에 나타나는 단점이라고 할 수 있다.

그림 9-25 이진화 결과 영상

그림 9-26은 이진화 과정을 수행한 후 문자 인식과정을 보여주는 결과 영상이다. 문자 tuvwx에서는 system 문자와 달리 vw 영역이 잡음 때문에 제대로 분리되지 않아 문자를 재검색하는 그림 결과를 보여주고 있다. 'v'의 오른쪽 윗부분이 'w'의 왼쪽 윗부분과 서로 겹쳐지면서 문자를 분리해야 하는 문제가 발생하였다.

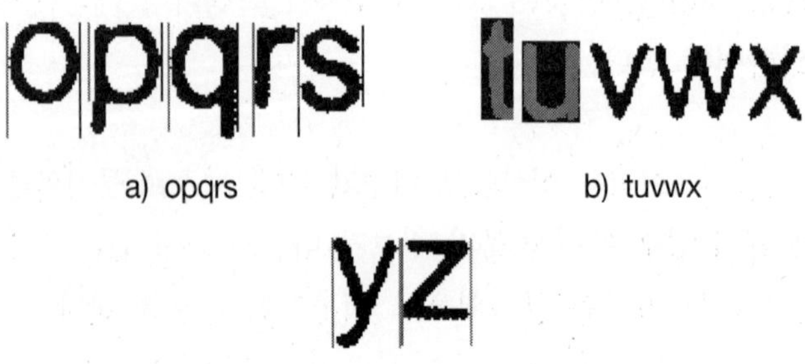

a) opqrs　　b) tuvwx

c) yz

그림 9-26 문자 인식 결과 영상

소문자 인식 실험 결과는 system 문자의 경우나 Arial 문자의 경우 좋은 결과를 보여 주었으나 잡음이 심한 경우에는 틀린 결과를 보여 준다. 따라서 영상을 이진화 하기 위하여 원 영상에 대하여 잡음 제거 등 전처리가 필요하다.

9.3_ 특수문자 인식 알고리즘

전자우편 시스템이나 인터넷상에서 사용되는 문자 중에서 특수문자를 인식하는 것은 일반 문자를 인식하는 것보다는 복잡한 특성을 가지고 있으나 자주 발생하는 것이 아니기 때문에 확률 상으로 보면 오류 발생 확률은 드물다고 할 수 있다.

또한 특수문자들 중 여러 문자가 영문 대문자와 높이가 비슷하기 때문에 문자를 비교할 경우 대문자와의 비교만을 통하여 특수문자들을 인식하도록 할 수 있다.

전자 우편 시스템에서 가장 널리 사용되는 특수문자는 @와 .를 들 수 있다. 그 이외의 주소 값들은 주로 영문 소문자를 가지고 표현한다. 그러나 인터넷상에서 사용되는 문자의 특성이 여러 가지 형태로 발전하고 있기 때문에 사용 가능한 특수 문자에 대하여 모두 검사하는 것이 필요하다.

@ - 기본적인 모양은 영문 대문자 O와 유사하며 센터에 다양한 값을 가지고 있다. 상하 좌우에서 조금씩 안쪽으로 들어간 영역의 값들이 존재하는 것으로 @을 알 수 있다. 특수 문자라는 것이 복잡한 구조이기는 하나 독특한 특성이 존재하기 때문에 인식이 더 쉬운 결과를 보여준다.

& - 다양한 특성을 가지고 있는 문자이다. 어느 특정 영역에 값이 존재하거나 존재한다고 해도 약한 값으로 표현되는 경우가 많아서 여러 가지 방법으로 특수 문자에 대한 검증이 필요한 문자이다. 왼쪽과 오른쪽 위쪽 부분에 값이 없으며 왼쪽 가운데에 아주 작은 값을 가지고 있다. 오른쪽 아래 부분도 작은 값을 가지고 있는 것을 알 수 있다. 또한 숫자 인식에서 사용했던 영역 구분을 통하여 아랫부분이 막혀 있다는 것을 검사해야 한다.

- 대체적으로 인식이 편한 문자이다. 각 영역의 센터를 기준으로 지나가는 값이 두 번씩 존재하는 것을 알 수 있다. 문자가 심하게 기울어진 경우는 확인이 어려울 수 있으나 보편적인 문자의 경우 센터를 기준으로 수직과 수평 막대기가 두 개씩 존재하는 것으로 확인할 수 있다. 또한 오른쪽 위와 왼쪽 아래 부분이 영역 값을 가지고 있는 것을 알 수 있다.

/ - 대문자 I 나 소문자 l 그리고 숫자 1과 구분하는 것이 어려워질 수 있는 문자이다. 기울기의 상태가 문자를 받아들이는 형태에 따라서 어려울 수 있기 때문에 기존의 문자 인식과 비슷한

형태를 가진다. 기본적인 틀은 왼쪽 위와 오른쪽 아래의 값이 없으며 오른쪽 위와 왼쪽 아래에 값이 존재하는 것으로 특수 문자를 찾아 낼 수 있다.

- - 마이너스 부호는 가장 단순한 형태로 1자와 서로 180도 다른 속성이다. 문자의 좌우 폭과 상하 폭을 조사하여 인식을 수행할 수 있다. 좌우의 폭이 크게 잘 나온 경우는 문제가 없으나 좌우 폭이 작게 나타나는 경우 점 문자와 혼동될 수 있으므로 전체 이미지 내에서의 위치를 고려하여 인식을 수행한다.

_ - 아래 줄은 마이너스 부호와 속성이 동일하며 위치만 아래쪽에 존재하는 특수문자이다. 아래쪽에 있는 점 문자와 구분을 하기 위하여 좌우 폭과 상하 폭에 대한 정밀한 측정이 수행되어야 한다.

. - 점 문자는 아래쪽에 위치하며 좌우 폭과 상하 폭이 동일한 경우에 검색할 수 있다. 문자 처리를 위하여 점 문자를 확대하여 처리하는 경우 여러 잡음이 섞여서 인식에 어려움을 주는 경우도 있다. 이와 같은 모든 상황을 고려하여 처리하여야 한다. 그러나 실제로 많이 사용되는 용도는 전자우편 시스템에서 일반 영문자와 섞여서 인식이 수행되기 때문에 전자 우편이라는 속성만을 가지고 검색이 수행되는 경우 거의 오류가 발생하지 않는다. 그러나 일반적인 인식 시스템에서는 크기가 너무 작기 때문에 쉽지 않은 문자적 속성을 가지고 있다.

, - 점 문자의 인식을 더욱 어렵게 하는 콤마 문자이다. 콤마 문자의 아래쪽에 있는 꼬리 부분에 잡음이 섞이는 경우 점 문자와 구분하는 것이 어려워진다. 콤마 문자는 좌우 폭과 상하 폭이 구분이 명확하며 그 비율은 i나 j와 같은 영문자와 비슷한 비율을 가지고 있다. 그 이유는 좌우의 폭에 비해 상하 폭이 크게 존재하기 때문이다. 하지만 문자의 위치가 아래쪽에 위치해 있기 때문에 인식에 커다란 어려움은 없다.

‘ ’,“ ” - 작은따옴표와 큰 따옴표는 한 문자로 인식할 수 있을 정도로 비슷한 속성을 가지고 있다. 콤마 문자가 위쪽에 존재한다고 가정하고 처리할 수 있는 문자이다. 큰 따옴표는 작은따옴표가 연속하여 존재하는 경우에 큰 따옴표로 인식한다.

: - 콜론은 가운데 부분을 통과하고 위와 아래에 정보가 존재하는 유일한 문자이다. 그러나 영문 소문자 i나 j의 경우 위쪽 부분에 통과하는 영역이 존재하기 때문에 중심 좌표가 잘못 잡힐 만큼 잡음이 존재하는 경우 콜론과 영문 소문자를 잘못 인식할 수도 있다. 가운데 위쪽과 아래쪽에 거의 모든 정보가 있다.

+ - 플러스 기호는 인식이 가장 쉬운 문자 중의 하나이다. 잡음이 아주 심하게 섞이지 않는다면 상하 좌우 양쪽에 아무 정보도 존재하지 않으며 가운데 부분에만 정보가 존재하기 때문이다. 쉽게 인식할 수 있는 특수 문자이다.

(- 슬래시(/) 문자와 마찬가지로 위 아래로 긴 영역을 가지고 있으며) 와 반대되는 속성을 가지고 있다. 왼쪽 가운데 정보가 있고 오른쪽 가운데는 정보를 가지고 있지 않다. 또한 왼쪽 위와 아래쪽은 정보가 없으며 오른쪽 위와 아래쪽에 정보를 가지고 있는 특수 문자이다. 영문자 f에 잡음이 섞인 경우 오류가 발생할 수 있다.

) - 괄호 (와 반대이다. 왼쪽 위와 아래쪽에 많은 정보를 가지고 있으며 왼쪽 가운데는 정보가 없고 오른쪽 위와 아래쪽에 정보가 없으며 가운데 부분에 많은 정보를 가지고 있는 특수 문자이다. 괄호 속성상 t나 f와 혼동되는 경우가 있으며 위아래 쪽에 잡음이 섞이는 경우 l과도 혼동될 수 있다.

| - 괄호에 대한 모든 검사가 끝난 후 괄호가 아니면서 주변 문자와의 비교를 통하여 특수 문자를 인식할 수 있다. 중간에 통과하는 특성이 없기 때문에 영문 소문자 i 나 j 와는 구별할 수 있으며 숫자 1이나 영문 소문자 l 등과 구분이 어려울 수 있다. 주변에 있는 문자보다 상하 폭이 더 큰 경우 특수문자로 인식할 수 있는데 이 경우 좌우에 일반 문자가 있을 경우는 구분이 쉬우나 특수문자가 섞여 있는 경우는 오류가 발생할 수 있다. 그러나 고의적으로 특수문자를 나란히 쓰는 경우가 아니라면 여러 문자들 속에 특수문자만 섞여 있는 것이 보통의 문장일 것이다.

그림 9-27 전자우편 인식

그림 9-27은 전자우편을 인식하는 과정을 보여주고 있다. 원본 그림은 명함에 있는 글자를 핸드폰에 있는 카메라로 촬영한 것이다. 명함의 바탕화면이 흰색이지만 카메라의 명암도가 좋지 못하여 짙은 회색으로 나타난 것이다. 이미지의 해상도는 640×120이다.

그림 9-28은 카메라로 획득한 영상을 이진화 하여 전자우편 주소만을 검출해 낸 그림이다. 검출된 전자우편 영역에 대하여 순차적으로 검색을 수행하면서 문자 인식을 수행한다.

그림 9-28 전자우편 이진화 영상

아래는 모든 수행이 끝난 후에 화면에 보여주는 결과이다.

Recognized Char = tblyth@intrinsyc.com

그림 9-29는 잡음이 섞인 경우를 보여주는 그림이다.

그림 9-29 잡음 섞인 영상

이진화 과정을 수행하면서 전자우편 주소보다 흐린 영상의 경우 거의 다 제거되는 것을 알 수 있다.

그림 9-30 이진화 영상

그러나 잡음이 존재함으로 인하여 r과 t가 서로 붙은 채로 인식이 되는 것을 알 수 있다. 인식 프로그램이 잡음으로 인하여 붙은 영상에 대한 처리를 수행하기는 하지만 글자가 붙어 있는 경우에 분리하는 방식을 적용하지 않았기 때문에 오류가 발생하곤 한다.

오류가 생긴 결과를 보여준다. rt가 tt로 인식된 것을 알 수 있다. 이렇게 발생하는 오류의 경우 문자의 폭을 연산하여 계산하는 새로운 기법이 필요하다.

그림 9-31 인식 결과

Recognized Char = yoo@smattwind.com

그림 9-32는 명함영상으로 문자를 인식하는 과정을 보기 위한 그림이다.

그림 9-32 명함 영상

첫 번째 줄에 인식 가능한 문장이 Fax 번호임을 알 수 있다.

그림 9-33 이진화 과정

최종적으로 인식되어 나온 결과를 볼 수 있다. F a x 로 표시되는 것은 그림에서 Fax 사이에 스페이스가 존재하기 때문이다.

Recognized Char = F a x:(82-2)3453-8802

다음의 그림은 핸드폰 번호를 알려주기 위한 명함의 한 부분을 인식하는 것을 보여준다. 본 실험은 한 번에 한 줄씩만 인식하는 프로그램이기 때문에 아래 그림 9-34와 같이 나타내고 있다.

그림 9-34 전화번호 인식 과정

아래는 인식된 결과를 보여준다. 여러 글자가 있고 특수문자가 존재하며 숫자가 존재하는 모양을 그대로 인식하여 결과를 보여준다.

Recognized Char = Mobile:(82)16-9593-2244

아래 그림은 사진의 해상도 문제로 인하여 글자가 위로 치켜 올라간 영상이다.

그림 9-35 카메라로 찍은 명함 영상

그림 9-36은 이진화시킨 영상을 보여주고 있다. 이진화가 제대로 잘 수행되었다.

그림 9-36 이진화 결과

그림 9-37은 위로 치켜 올라간 영상을 제대로 쫓아가고 있는 것을 보여주고 있다. 아주 조금씩 이동하는 영상은 약 15도의 경사도를 가지고 있는 경우에도 인식할 수 있도록 처리하였다.

그림 9-37 인식 결과영상

아래는 제대로 인식된 결과를 보여주고 있다. 또한 하이픈(-)과 콜론(:)과 같은 특수 문자와 대·소문자가 섞여 있음에도 불구하고 제대로 인식하고 있다.

Recognized Char = E-mail : banggar@samsung.co.kr

IoT에서의

디지털 영상처리

1판 1쇄 2018년 10월 20일

저 자	김인겸
발행인	송광헌
발행처	복두출판사
주 소	서울특별시 영등포구 경인로82길 3-4 센터플러스 807호 (우) 07371
전 화	02-2164-2580
FAX	02-2164-2584
등 록	1993. 11. 22. 제 10-902 호

정가 : 20,000원

ISBN : 979-11-5906-445-6 93560

한국과학기술출판협회 회원사

* 본 도서의 자료 업데이트가 있을 경우 본사 홈페이지 자료실에 업로드 됩니다. 정기적으로 들러서 유익한 자료를 받아가시기 바랍니다.